人工智能技术丛书

自己动手做
聊天机器人

刘杰飞◎编著

中国水利水电出版社
www.waterpub.com.cn
·北京·

内 容 提 要

《自己动手做聊天机器人》从零开始介绍了聊天机器人的发展历程及技术原理，并配合项目实战案例，重点介绍了问答系统、对话系统、闲聊系统这三种主要聊天机器人的技术原理及实现细节。让读者可以由浅入深、循序渐进地学习聊天机器人的相关知识，并对聊天机器人有深入的理解。

《自己动手做聊天机器人》分为12章，主要内容有聊天机器人概述；快速开发一个智能语音助手；文本相似度计算方法；基于BERT模型的智能客服；基于知识库的问答系统；基于知识图谱的电影知识问答系统；基于知识图谱的医疗诊断问答系统；基于任务导向的聊天机器人；基于Rasa的电影订票助手；基于UNIT的智能出行助手；快速搭建一个“夸夸”闲聊机器人；聊天机器人的发展展望。

《自己动手做聊天机器人》内容通俗易懂，案例丰富，实用性强，特别适合对聊天机器人技术感兴趣的入门读者和进阶读者阅读，也适合人工智能技术研究人员、自然语言处理技术研究人员等其他编程爱好者阅读。另外，本书还可以作为高等院校或相关培训机构的教材使用。

图书在版编目（CIP）数据

自己动手做聊天机器人 / 刘杰飞编著. -- 北京 : 中国水利水电出版社, 2022.8（2023.7重印）

ISBN 978-7-5226-0571-5

Ⅰ. ①自… Ⅱ. ①刘… Ⅲ. ①人-机对话－智能机器人 Ⅳ. ①TP11

中国版本图书馆CIP数据核字(2022)第052143号

书　　名	自己动手做聊天机器人 ZIJI DONGSHOU ZUO LIAOTIAN JIQIREN
作　　者	刘杰飞　编著
出版发行	中国水利水电出版社 （北京市海淀区玉渊潭南路1号D座　100038） 网址：www.waterpub.com.cn E-mail：zhiboshangshu@163.com 电话：（010）62572966-2205/2266/2201（营销中心）
经　　售	北京科水图书销售有限公司 电话：（010）68545874、63202643 全国各地新华书店和相关出版物销售网点
排　　版	北京智博尚书文化传媒有限公司
印　　刷	河北文福旺印刷有限公司
规　　格	190mm×235mm　16开本　18.75印张　472千字
版　　次	2022年8月第1版　2023年7月第2次印刷
印　　数	3001—6000册
定　　价	79.80元

前　言

人工智能技术是近年来最热门的研究领域之一，甚至已经上升到国家战略的高度，可以说当前我们即将步入人工智能时代。

在人工智能技术中有两个主要的领域，即计算机视觉技术与自然语言处理技术，尽管我们在计算机视觉领域已经取得了辉煌的成就，如机器对图片的识别早就超过了人类，但自然语言处理技术仍是人工智能技术最难破解的领域。

聊天机器人是自然语言处理领域的一颗璀璨明珠。从技术角度讲，聊天机器人集结了自然语言理解技术与自然语言生成技术，这两部分均是当前自然语言处理技术研究的前沿方向与热点；从经济角度讲，聊天机器人技术在智能家居、在线客服、出行导航、智能办公等领域都有广泛的应用前景，可以极大地降低人力消耗，并为人们提供更便捷的服务。

使用体会

近年来，随着神经网络技术的再度兴起，大家的研究热点越来越集中在新模型的提出上，而很少有人真正将这些技术落地实践，特别是某些具体应用场景的使用。笔者刚开始接触聊天机器人的研究时，翻阅了很多技术文档和参考资料，发现了一个问题：市面上专门介绍聊天机器人的书寥寥无几，介绍自然语言处理技术的应用的专业书籍也很少，即便有，介绍的都是一些通用的技术内容，理论性很强，却没有实际代码示例，导致实际的使用效果往往不尽人意。对初学者和基础较为薄弱的读者来说很不友好，况且很多资料中使用的技术也已经被废弃了。如果想自己动手实现一个聊天机器人则不知道从何处着手。因此，笔者编写这本聊天机器人技术的书籍，主要是通过实际项目代码示例的方式，带领读者进入聊天机器人的世界，了解其背后的技术原理及主要的实现思路，揭开聊天机器人的面纱，帮助大家深入理解这门技术的核心思想。

人工智能技术的核心是用技术服务人类，只有技术真正落地，切实应用于我们的日常生活中，才可以让技术有更好的迭代发展，从而与人类社会的进步相辅相成。

本书特色

本书通俗易懂，适合对人工智能技术、自然语言处理技术、聊天机器人技术感兴趣的读者及编程能力较为薄弱的读者阅读。

本书内容从简单到复杂，逐步深入地带领读者理解聊天机器人中的三种主要类别（问答系统、对话系统、闲聊系统）的技术原理及技术路线。

本书对每种类别都加载了详细的代码示例，读者可以跟着书中的代码自己手动实践相应的聊天机器人。代码中均配备了详细的注释，可读性强。

本书配备了详细的图表，细致地阐述了聊天机器人系统的模块功能、技术细节及操作步骤。

主要内容

本书分为 12 章，主要分为 5 部分内容，其中第 1 章是绪论章节，主要介绍了聊天机器人的概念及发展历程，聊天机器人的主要类别（问答系统、对话系统及闲聊系统）及其应用场景，最后介绍了聊天机器人的常用评价指标及当前面临的主要挑战。

第 2 章到第 7 章是问答篇，其中第 2 章介绍了聊天机器人的技术路线，并带领读者快速完成一个智能语音助手的实现。第 3 章介绍了文本相似度计算的原理及主要方法思路，该部分的知识会在后续章节中使用。第 4 章通过使用 BERT 模型搭建一个智能客服聊天机器人，实现了一个简易的基于检索方式的问答系统。第 5 章主要介绍了基于知识库的问答系统的概念并介绍了图数据库 Neo4j 及其操作方式。第 6 章则基于知识图谱的知识构建了一个电影知识问答系统。第 7 章则从零开始介绍数据采集、知识图谱构建等，搭建了一个完整的医疗诊断问答系统。

第 8 章到第 10 章是对话篇，其中第 8 章介绍了问答系统的技术原理及各模块功能。第 9 章主要介绍了 Rasa 对话框架，通过 Rasa 框架实现了一个电影订票助手，并模拟完成了将其部署到实际应用环境的过程。第 10 章主要介绍了百度的 UNIT 对话平台，基于 UNIT 完成了一个智能出行助手。

第 11 章是闲聊篇，主要介绍了闲聊机器人的技术原理及主要实现方法，并且完成了基于检索式的“夸夸”机器人及基于 UniLM 模型的生成式“夸夸”机器人。

第 12 章是结尾部分，主要展望了聊天机器人的未来研究方向。

作者介绍

刘杰飞，硕士，2017 年毕业于山西大学，NLP 算法工程师，曾任北京师范大学未来教育高精尖创新中心人工智能实验室技术负责人，负责自然语言处理及教育问答对话系统的研究及开发。目前为蔚来前瞻智能系统部 NLP 算法工程师，在语义理解及对话机器人领域有多年实战经验，拥有多篇国际顶会论文及专利，对自然语言处理、图像识别、Python 等相关技术有深入的研究，积累了丰富的实践经验。

读者对象

- 聊天机器人技术入门者、研究人员及爱好者。

- 人工智能技术入门者、研究人员及爱好者。
- 自然语言处理技术入门者、研究人员及爱好者。
- 各计算机、软件专业的大中专院校学生。
- 对人工智能技术感兴趣的人员。
- 实际业务场景中需要搭建聊天机器人服务的编程人员。
- 对编程感兴趣的非专业人员及聊天机器人训练师。

资源下载

本书提供实例的源码文件，读者使用手机微信扫一扫下面的二维码，或者在微信公众号中搜索"人人都是程序猿"，关注后输入 JQR0571 至公众号后台，即可获取本书的资源下载链接。将该链接复制到计算机浏览器的地址栏中，根据提示进行下载。

读者可加入本书的读者交流圈，与其他读者在线学习交流，或查看本书的相关资讯。

人人都是程序猿

读者交流圈

特别说明：本书特将与本书内容相关的部分网址汇总在一个 word 文档中，供读者参考学习，读者依照本书资源下载方式下载后即可查看。

致谢

本书能够顺利出版，是作者、编辑和所有审校人员共同努力的结果，在此表示深深的感谢。同时，祝福所有读者在通往优秀工程师的道路上一帆风顺。

编　　者

目　录

第 1 章

聊天机器人概述

随着人工智能的发展，很多以前仅出现在科幻小说与科幻电影中的场景正在逐渐变成现实。我们过去对于未来世界的想象中，往往会有这样的场景：每个人都拥有一个智能助手或者智能管家，可能帮助人们完成许多日常工作。例如，根据当天的天气信息、交通信息等，帮助安排出行计划，安排会议时间地点，预订晚餐等。

这些场景均属于人工智能应用的主要场景，其中涉及语音识别、人机交互、自然语言处理、计算机视觉等技术，这些技术的集合体就是可以帮助我们实现一种能够理解人类语言的机器，进而通过语言指令帮助我们完成相应的工作任务，这种可以与人类通过“聊天”的方式进行交流的机器也就是本书要介绍的聊天机器人。

近年来，聊天机器人的研究在学术界和工业界都得到了广泛的关注，其中聊天机器人在学术界受到青睐是由于聊天机器人在一定程度上是图灵测试的一种实现方式。而图灵测试被誉为人工智能领域王冠上璀璨的明珠，因此聊天机器人也被称作人工智能领域“最后的战场”，隐含着上帝造物的最终秘密。

在工业界，随着各大互联网公司纷纷推出自己的聊天机器人产品，如微软推出了基于情感计算的聊天机器人小冰，百度推出了用于交互式搜索的聊天机器人小度，大大推动了聊天机器人产品化的发展。此外，聊天机器人系统可以看作机器人产业与“互联网+”的结合，也符合国家的科研及产业化发展的未来方向。

从本章开始，我们将走进聊天机器人的世界，通过实际的项目案例理解聊天机器人所蕴含的技术原理，以及不同类型聊天机器人的实现方案，从零开始搭建并完成不同类型的聊天机器人，最后将其实际部署在相应的生产环境。

本章主要涉及的知识点有：

- 聊天机器人的发展历程及前景。
- 聊天机器人的分类与应用场景。
- 聊天机器人的评价指标。
- 聊天机器人面临的挑战。

1.1 了解聊天机器人

聊天机器人是一种通过程序设计，以音频或文本形式的自然语言与人类进行智能对话的聊天代理，可以运行在特定的平台（如 PC 端或者移动端），也可以在机器人设备及其他类人的硬件上运行。

聊天机器人的研究来自人工智能（artificial intelligence，AI）领域的发展，而人工智能的标志性研究最早可以追溯到 20 世纪 50 年代图灵提出的图灵测试。图灵测试也被广泛认为是人工智能研究发展的起点，那么什么是图灵测试呢？

1.1.1 人工智能与图灵测试

图灵测试（Turing test）是被誉为“人工智能之父”的阿兰·图灵（Alan Turing）（图 1.1）提出的。图灵是英国数学家、逻辑学家，其提出的图灵机模型为现代计算机的逻辑工作方式奠定了基础，然而其更伟大的工作在于正式提出了人工智能的概念。

图灵于 1950 年在英国哲学杂志 *Mind* 上发表了一篇具有划时代意义的文章 *Computing Machinery and Intelligence*《计算机与智能》。就是在这篇文章中，他提出了著名的图灵测试，被公认为最早对人工智能进行了系统化和科学化的论述。

图灵测试是用于验证机器是否具有智能的一种标准。具体方法是假设有两间密闭的房间，将被测试的机器 A 与被测试的人 B 分别放置在这两个房间，同时在这两个房间外安排一个测试者 C，被测试者 A 和 B 与测试者 C 隔离开来，测试者无法获取两个房间中被测试者的具体情况，在互相不接触对方的情况下，测试者 C 仅通过一根导线与被测试者进行交流沟通，如通过问答聊天的方式，如图 1.2 所示。

图 1.1 阿兰·图灵

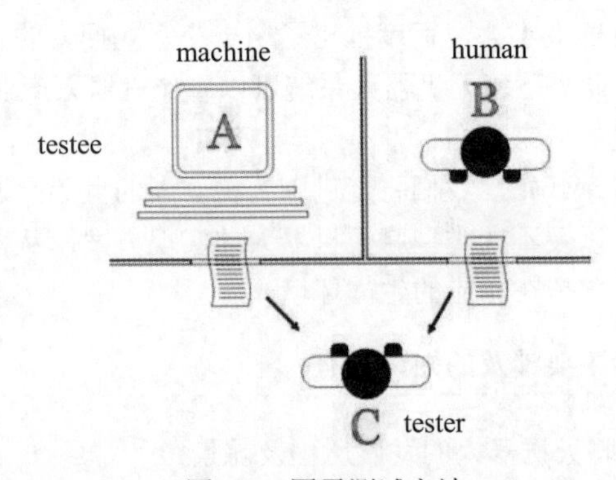

图 1.2 图灵测试方法

如果在有限的时间内，测试者无法根据这些问题的反馈判断哪个房间里的是人，哪个房间里的是机器，那么就称这台机器通过了图灵测试，也就是认为这个机器具有和人相当的智力，是可以思维的（事实上，当初只要求超过 30%的测试者无法区分机器和人即可认为通过图灵测试）。

图灵测试是促使人工智能从哲学探讨转换为科学研究的一个重要因素，引导了后来人工智能的很多研究方向，这种人与机器之间交互对话的过程也被认为是聊天机器人的雏形。

1.1.2 聊天机器人的发展历程

受图灵测试的启发，早期聊天机器人是使用音频或文本进行对话的计算机程序。这类程序的设计通常模拟人类作为聊天对象的行为，并以图灵测试作为是否成功的标准。

目前公认最早的聊天机器人程序是1966年由麻省理工学院（Massachusetts Institute of Technology，MIT）的约瑟夫·魏泽鲍姆（Joseph Weizenbaum）开发的ELIZA。图1.3所示为ELIZA与用户之间的对话示例，在对话中用户AMIT表示自己由于考试的原因压力很大，而ELIZA对其进行安慰。

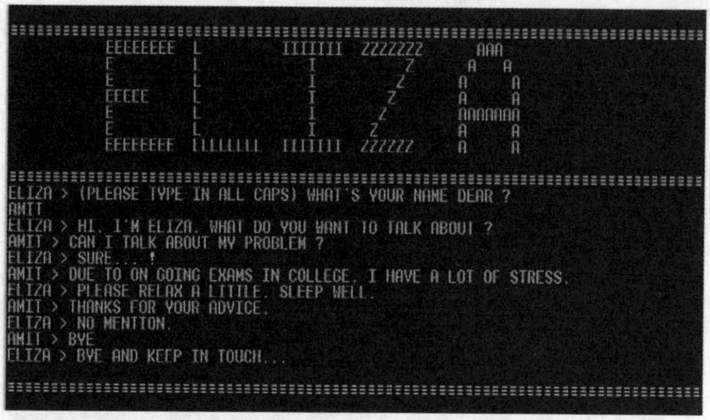

```
ELIZA > (PLEASE TYPE IN ALL CAPS) WHAT'S YOUR NAME DEAR ?
AMIT
ELIZA > HI, I'M ELIZA. WHAT DO YOU WANT TO TALK ABOUT ?
AMIT > CAN I TALK ABOUT MY PROBLEM ?
ELIZA > SURE...!
AMIT > DUE TO ON GOING EXAMS IN COLLEGE, I HAVE A LOT OF STRESS.
ELIZA > PLEASE RELAX A LITTLE. SLEEP WELL.
AMIT > THANKS FOR YOUR ADVICE.
ELIZA > NO MENTION.
AMIT > BYE
ELIZA > BYE AND KEEP IN TOUCH...
```

图1.3 最早的聊天机器人ELIZA

魏泽鲍姆的本意是设计一个可以模仿心理医生对话的系统用于对患者提供咨询服务，通过对用户输入的语句进行模式匹配和智能短语搜索，然后基于预先设置的对话脚本与用户交流。这些脚本可以模仿一个罗杰斯学派的心理治疗师，但是实际上它并不理解对话内容。

在实际对话过程中，ELIZA根据用户的输入不断提出问题，这些问题可能并不相关，但是由于用户对其回复的自动解读，甚至会让用户认为ELIZA是真的“理解”了自己的情况，进而认为ELIZA回复的语句是有意义的。图1.4所示为ELIZA与用户之间的一段对话，在该示例中可以发现ELIZA回复的内容是基于用户所表述的内容而生成的。

1972年，美国精神病学家肯尼斯·科尔比（Kenneth Colby）在斯坦福大学（Stanford University）使用LISP语言编写了聊天机器人PARRY。PARRY的结构类似于ELIZA，但是其会话策略更加先进严谨，同时具备更好的控制结构、语言理解能力，尤其是可模仿机器人情绪的心理模型。研究人员使用一种变体的图灵测试对PARRY进行测试，测试结果表明，其回复正确率达到了随机投票所产生的正确率。

1988年，英国程序员罗洛·卡朋特（Rollo Carpenter）开发出第一款能够模拟人声的聊天机器人Jabberwacky，目的是让聊天机器人能够通过图灵测试。该项目也是通过与人类互动创造人工智能聊天机器人的早期尝试。Jabberwacky在对话中使用上下文模式匹配技术返回最合适的回复语句，该项目于1997年正式上线后，通过存储用户与系统之间的对话过程，采集了许多对话数据，推动了后续的研究发展。

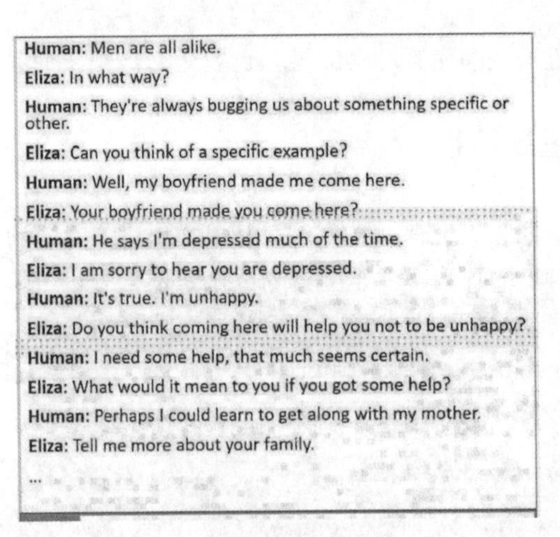

图 1.4　ELIZA 与用户的对话示例

1992 年，微软的 Creative Labs 基于 Jabberwacky 的制作脚本而发明了 Dr. Sbaitso。图 1.5 所示为该聊天机器人的页面，这款聊天机器人运行在 MS-DOS 系统上，它为聊天机器人添加了一个用户界面，使其可以更好地模拟心理学家对于相关症状信息的问答过程。

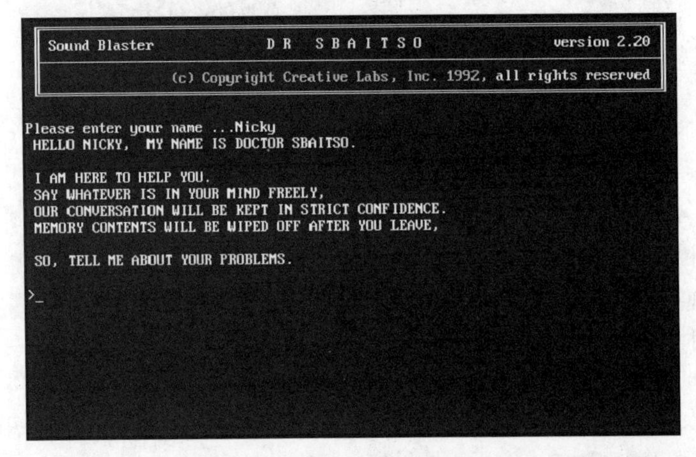

图 1.5　Dr. Sbaitso 聊天机器人

1995 年，业界诞生了标志性的聊天机器人产品，即 A.L.I.C.E（Artificial Linguistic Internet Computer Entity），如图 1.6 所示。理查德 • 华莱士（Richard Wallace）从 ELIZA 中得到启发，通过对对话数据的统计分析，他发现人们在日常谈话中涉及的谈话主体不过几千个，因此华莱士估计只需 4 万个日常回答即可覆盖全部的日常常用对话情况，一旦将这 4 万个预编程序语言全部输入 A.L.I.C.E，那么它就可以回应 95% 的人对它说的话。

A.L.I.C.E 使用了一种被称为人工智能标记语言（Artificial Intelligence Markup Language，AIML）的自定义 AI 语言，该语言目前仍然被广泛应用在移动端虚拟助手的开发中。在对话策略的设计上，尽管 A.L.I.C.E 采用的是启发式模板匹配的对话策略，但是它仍然被认为是同类型聊天机器人中性能最好的聊天机器人，分别于 2000 年、2001 年和 2004 年三次斩获勒布纳人工智能奖（Loebner Prize）。

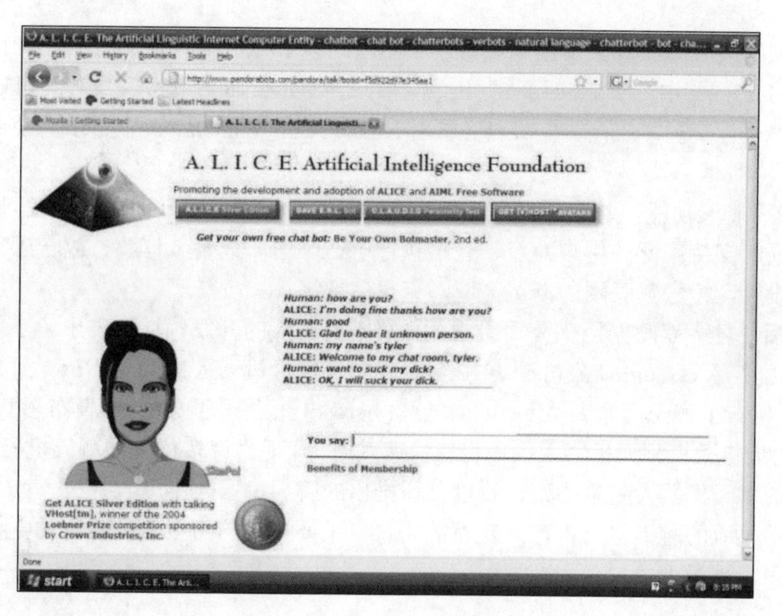

图 1.6　A.L.I.C.E 聊天机器人

2001 年，ActiveBuddy 开发了聊天机器人 SmarterChild，如图 1.7 所示。该聊天机器人在全球的即时信息和 SMS 网络中得到了广泛的应用，使聊天机器人第一次被应用在了即时通信领域，它经过预编程可以实现对用户查询给出相应的反馈，如即时访问新闻、天气、股票信息、电影网站及黄页列表和详细的体育数据等，在一定程度上类似于后来苹果公司发布的私人助理 Siri。

2006 年，IBM 公司开始研发能够用自然语言回答问题的 Watson 系统。该系统结合了信息分析、自然语言处理和机器学习领域的大量技术创新，通过自然语言理解技术与处理结构化和非结构化数据的能力，使 Watson 具有理解自然语言的能力；通过假设生成对数据进行分析使其具有一定的逻辑推理能力；通过以证据为基础的学习能力使其像人类一样具有一定的学习和认知能力。图 1.8 所示为 Watson 在 2011 年的 Jeopardy 比赛中击败了人类选手。

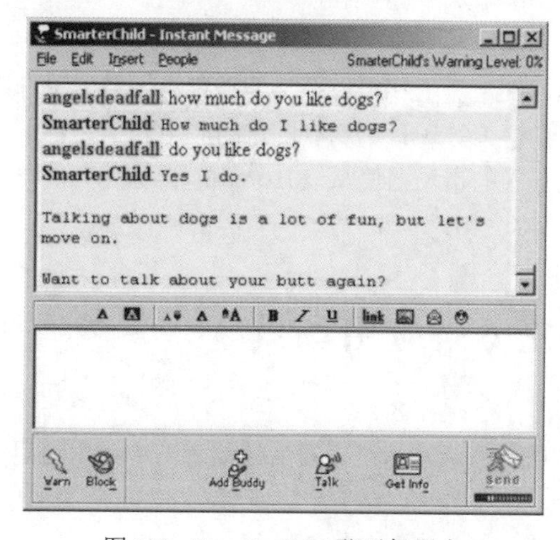

图 1.7　SmarterChild 聊天机器人

图 1.8　Watson 在比赛中击败人类选手

聊天机器人的最新一次重大革新是随着苹果私人助理 Siri 的诞生而到来的。2010 年，Siri 作为苹果公司推出的 iPhone 中的一款应用程序出现，后来被集成到 iOS 操作系统中，可以与 iOS 操作系统中的应用程序进行交互，它的语音识别引擎由 Nuance Communications 提供，并使用了先进的机器学习技术。

Siri 除了具备聊天功能，更重要的突破在于能够通过自然语言交互的形式实现问答、推荐、手机操作等功能，同时支持广泛的用户命令，包括执行电话操作，订餐、订票、放音乐，安排事件和提醒，处理设备设置，搜索互联网，浏览区域，查找信息等。

继 Siri 之后，各大互联网巨头公司纷纷加入聊天机器人的开发领域，推出了多款各具特色的聊天机器人。例如，谷歌（Google）公司于 2012 年也发布了聊天机器人 Google Now，亚马逊（Amazon）公司于 2014 年发布了聊天机器人 Alexa，微软（Microsoft）公司于 2015 年发布了 Cortana。

同时，国内近年来在聊天机器人领域也有快速发展，涌现出许多优秀的聊天机器人产品。例如，阿里巴巴推出的聊天机器人阿里小蜜，百度公司推出的聊天机器人小度。

我们对当前主流的聊天机器人产品支持的语言、主要搭载的平台以及具有的主要功能进行简单的对比，具体内容见表 1.1。

表 1.1　主流聊天机器人对比

聊天机器人	支持语言	搭载平台	主要功能		
			问答	对话	闲聊
Microsoft Cortana	Multilingual	Windows	√	√	√
Apple Siri	Multilingual	iOS	√	√	√
Google Now	Multilingual	Android	√	√	√
Amazon Alexa	Multilingual	Android	√	–	√
阿里小蜜	Chinese	iOS & Android	√	√	√
百度小度	Chinese	iOS & Android	√	–	√

1.1.3　聊天机器人的前景

聊天机器人已经广泛应用于人们的生活中。例如，在常见的智能办公、智能家电、智能出行服务、智能助手、智能穿戴设备、智能客服、在线营销机器人等场景中均有广泛的应用。

近年来对聊天机器人的投入也越来越多，聊天机器人的市场估值从 2016 年的 7 亿美元发展到 2021 年已经达到了 31.7 亿美元，年增长率达到了 35.2%。

1.2　聊天机器人的分类与应用场景

在继续介绍前，我们先介绍聊天机器人中一些常用的概念及术语。在后续的章节中频繁使用这些术语。

1.2.1 相关术语介绍

1. 意图

意图（Intent）一般是指用户与聊天机器人进行交互时，想要完成的任务或想要获取的信息，在实际项目中可以基于具体场景的需要定义不同的意图信息。

例如，当用户向聊天机器人发送“帮我订一张电影票”的信息时，那么可以认为用户希望完成的任务是“订电影票”，聊天机器人可以将该意图直接定义为“订电影票”。同样当用户向聊天机器人发送“明天的天气怎么样”或者“帮我查看下天气情况”这种信息时，尽管其输入描述不完全一致，但是仍然可以将其意图统一归类为“查询天气信息”。

2. 实体

实体（Entities）是同类型单词的合集。例如，城市、日期、颜色等，在意图中往往包含不同的实体数据。例如，语句“帮我订一张电影票”，其中“电影票”即一种实体。

在生活中，很多不同的词语往往可以表示同一种意思。例如，北京、中国首都，这两个词语都是指同一个城市，那么可以将这些词归类为同一个实体。也可以在一个意图中编辑多个实体。例如，当用户输入的信息为“我想订一个北京的烤鸭”，那么“北京”“烤鸭”即两个实体。

3. 词槽

词槽（Slot）即意图所带的参数信息，一个意图可能对应若干个槽位。例如，查询天气信息时，需要给出查询地点、时间等必要参数。

例如，在一个预订比萨的对话场景中，可以将人机之间的交互过程理解为一个“填空”的过程，随着聊天机器人对用户的提问，用户将比萨种类、大小规格、预订送达时间、预订送达地点等信息填充完整，当全部信息都填充完成后，即可完成预订。这里待填充的信息即词槽。

4. 话术

话术（Utterances）是指对同一个问题或者意图的不同表达方式。例如，对于查询天气信息，用户可能有不同的表达方式，“查询天气”“帮我查下天气信息”“请给我看下明天的天气”均表达了同样的意图，但是具体的文本描述方式千变万化，甚至可能出现语句差异性较大的情况。

1.2.2 聊天机器人的分类

近年来，各种聊天机器人产品不断涌现，尽管都属于聊天机器人，但是不同聊天机器人所侧重的方向及背后的实现原理并不相同。如果要对这些聊天机器人进行分类，则需要基于不同的维度具体分析，常用的有基于应用场景分类、基于实现方式分类、基于交互方式分类以及基于功能分类。

1. 基于应用场景分类

从应用场景的分类角度来看，聊天机器人主要分为在线客服聊天机器人、娱乐陪伴型聊天机器人、教育领域聊天机器人、个人助理型和智能问答型聊天机器人五类。

（1）在线客服聊天机器人的主要功能是自动回复用户提出的与产品或服务相关的问题，在企业运营上可以极大地降低企业客服成本，同时提升用户体验。其中，具有代表性的商用在线客服聊天机器人系统有京东 JIMI 客服机器人、阿里小蜜等。

京东 JIMI 客服机器人是一款典型的在线客服机器人，如图 1.9 所示。用户可以通过与智能客服 JIMI 进行对话来了解订单的具体信息、平台的活动信息、反馈购物过程中存在的问题等。另外，对于无法回答的问题，JIMI 可以及时将用户转向人工客服。

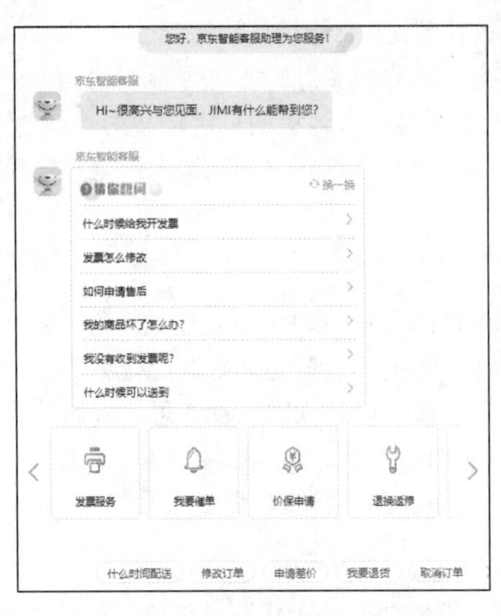

图 1.9　京东 JIMI 客服机器人

阿里小蜜为阿里巴巴集团发布的一款人工智能购物助理虚拟机器人，如图 1.10 所示。通过“智能＋人工”的方式在客户服务、导购、通用助理、闲聊、运营活动等领域服务用户。同时阿里小蜜也提供面向企业管理的智能服务钉小蜜及面向公司客服人员的店小蜜。

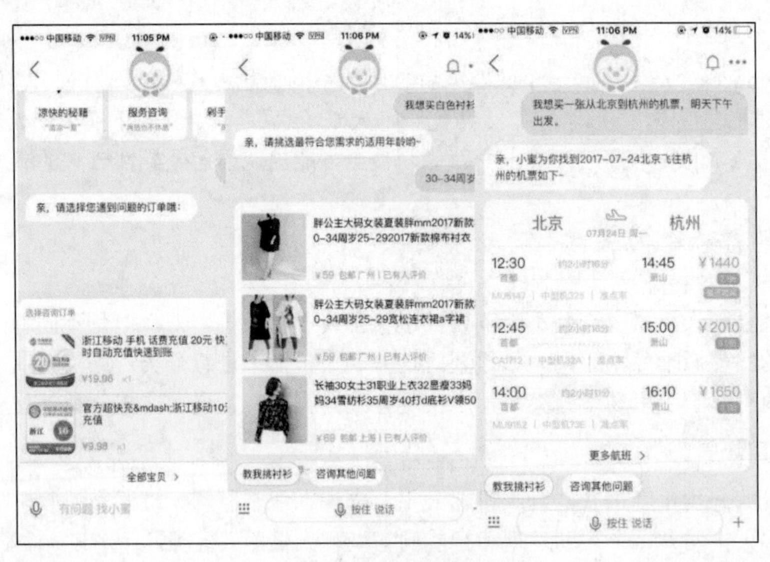

图 1.10　阿里小蜜

（2）娱乐陪伴型聊天机器人的主要功能是同用户进行不限定主题的开放域对话，也就是常说的闲聊模式，通过与用户进行的闲聊对话进而起到陪伴、慰藉等作用。这种聊天机器人的主要应用场景集中在社交媒体、儿童陪伴及娱乐等领域。其典型代表为如图 1.11 所示的微软小冰。

微软小冰不仅能够与用户进行开放领域的聊天，还能提供一些特定的服务，如支持用户询问天气信息、回答用户关于生活常识的疑问等。

（3）另一种具有实际意义的聊天机器人是应用于教育场景下的聊天机器人，且在实际应用中已经取得了很好的成绩。当前对于教育场景下的聊天机器人的研究主要集中在根据教育内容的不同及学生的学习状态进行个性化辅助教学，如图 1.12 所示。

图 1.11　微软小冰

图 1.12　教育机器人

例如，通过构建交互式的语言使用环境，帮助用户进行语言学习的聊天机器人；在用户学习某项专业技能时，指导用户逐步深入地学习并掌握该技能的聊天机器人；此外，还有可以根据用户的年龄阶段以及学习能力的不同，帮助用户制订个性化的学习方案的聊天机器人，如目前流行的早教机器人等。

（4）个人助理型聊天机器人可以通过语音或文字与用户进行交互，帮助用户完成个人事务，如天气查询、短信收发、定位及路线推荐、闹钟及日程提醒等，从而让用户可以更便捷地处理日常事务。其典型代表有如图 1.13 所示的小爱同学等。

图 1.13　小爱同学

（5）智能问答型聊天机器人可以回答用户以自然语言形式提出的事实型问题及其他需要计算和逻辑推理的复杂问题，以满足用户的信息需求并起到辅助用户决策的目的。

例如，回答“中华人民共和国的成立时间是什么时候”“姚明的出生地在哪儿”这种事实型问题。智能问答型聊天机器人的应用场景相对单一，一般作为聊天机器人的一个服务子模块。

2. 基于实现方式分类

从实现方式的角度来看，聊天机器人主要分为检索式（retrieval based）聊天机器人和生成式（generative based）聊天机器人。

（1）检索式聊天机器人的回答是提前定义的，对于用户输入的问题，聊天机器人使用规则搜索引擎、模式匹配或者机器学习的方法从知识库中挑选一个“最佳”的回复呈现给用户。

这种聊天机器人需要预先构建一个知识库，聊天机器人在知识库中以检索的方式选取合适的回复内容。因此，通过检索方式实现的聊天机器人往往受其构建的知识库影响较大，展示给用户的内容的质量严重依赖知识库的质量，若构建的知识库质量较差，则检索式聊天机器人往往会出现找不到合适回复的情况。

（2）生成式聊天机器人采用不同于检索的实现方式，不依赖于预先定义的回答，而是在训练聊天机器人的过程中，基于包含上下文信息的大量语料，直接生成回复给用户的语句。常用的模型为编码器-解码器模型（encoder-decoder），聊天机器人在接收到用户输入的自然语句后，将基于用户的输入自动“生成”相应的回复语句。

生成式聊天机器人的优点是理论上可以覆盖任意话题、任意句式的用户输入，缺点是生成的回复语句的质量往往不高且存在问题。例如，生成的回复语句存在句法错误、语义不通等。

在实际应用中，常用的聊天机器人产品的实现方式一般都是基于检索的聊天机器人，但是随着基于深度学习的发展，如序列到序列模型（sequence to sequence）的出现，基于生成式的聊天机器人未来将会有更大的发展。

3. 基于交互方式分类

按照交互方式进行分类，聊天机器人一般可以分为主动交互聊天机器人和被动交互聊天机器人。目前我们接触到的大部分聊天机器人都属于被动交互的范畴，即一般由用户发起对话请求，聊天机器人通过理解用户的对话意图作出相应的响应。而主动交互聊天机器人则是由机器人首先发起，通过共享或推荐用户感兴趣或热点事件与用户进行交互，目前主动交互更多作为传统交互方式的一种补充，作为辅助手段使用。

4. 基于功能分类

从使用功能的角度来看，聊天机器人主要分为问答聊天机器人、对话聊天机器人和闲聊机器人。

（1）问答聊天机器人（question answering bot）主要是智能问答类机器人，常见的如事实型问答聊天机器人（factoid question answering，FQA）、常见问题集问答聊天机器人（frequently asked questions，FAQ）和开放领域问答聊天机器人（open domain QA）。

（2）对话聊天机器人（task-oriented bot）又称基于任务导向的聊天机器人，是指通过多轮交互的方式帮助用户实现特定的需求及任务，如预订比萨或机票等。

（3）闲聊机器人（chitchat bot）主要是应用于开放领域用于娱乐陪伴的聊天机器人，如前面介绍的微软小冰。

除了上面的分类方式，还有按照领域将聊天机器人分为开放领域的聊天机器人和特定领域的聊天机器人等分类方式。在本书中，我们将主要按照功能来对聊天机器人进行介绍，重点介绍问答聊天机器人、对话聊天机器人及闲聊机器人的技术原理及实现细节。

1.2.3 问答聊天机器人

问答聊天机器人也称为问答系统（question answering，QA）（以下简称“问答系统”），最初由搜索需求发展而来，不同于传统的信息检索系统，问答系统接收的输入为用户输入的自然语言，通过Web 搜索或者链接知识库等方式，检索到用户的答案后，将其转换为准确简洁的自然语言并返回给用户。

问答系统一般为“一问一答”的交互模式，用户一般会通过一句话或一段文本来描述用户的问题，问答系统会针对该问题用几句话或者一段文字来进行回答，图 1.14 所示为一个典型的问答系统示例。这种回答不需要依赖上下文，但需要依赖知识库，因此问答系统中核心的工作在于知识库的构建。

图 1.14　问答系统示例

问答系统的一般框架结构如图 1.15 所示，其核心模块为问句理解模块与答案排序和生成模块。构建问答系统一般不需要涉及对话状态追踪及对话策略管理等技术，因此问答系统更侧重于对自然语句的理解层面，并需要对问句进行深层次分析，旨在获取并挖掘问句中的主题词、问题词、中心动词等关键信息，目前问句分析主要采用模板匹配和语义解析两种方式。

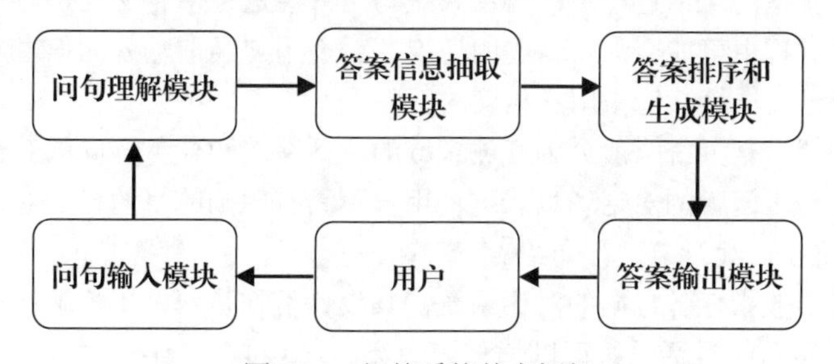

图 1.15　问答系统基本框架

传统的信息检索系统以关键字作为输入，以文档或者结构化的数据作为输出，用户需要依赖多种检索操作来让搜索引擎“理解”其搜索意图，而问答系统将这部分工作交给机器来完成，整体可以看作一个问题驱动的信息获取过程，因此问答系统更适用于特殊且复杂的信息需求，可以从多样化、非结构化的信息中获取问题的答案，并对问题进行更多的语义理解。

现代的问答系统是一种融合了知识库、信息检索、机器学习、自然语言处理等技术的综合系统，基于其知识库数据来源的不同，可以将问答系统分为基于 Web 信息检索的问答系统（Web question answering，Web QA）、基于知识库的问答系统（knowledge based question answering，KBQA），以及社区问答系统（community question answering，CQA）等。

（1）基于 Web 信息检索的问答系统以搜索引擎为支撑，在理解用户意图后，在全网范围内检索相关答案并返回给用户。典型的系统如早期的 AnswerBus 问答系统。

（2）基于知识库的问答系统则是当下应用最广泛的问答系统，该类问答系统不仅需要对复杂的自然语言输入进行语义理解，还要对相关知识库进行知识融合，并在此基础上进行一定的知识推理。典型的系统如 IBM 的 Watson。

（3）社区问答系统是基于社交平台的问答数据来构建的，问题的答案一般来自社区用户，通过检索网络社区中语义相似的问题，将其相应答案返回给用户。

基于问答领域的不同，问答系统可以分为事实型问答系统（factoid question answering，FQA）、常见问题集的问答系统（frequently asked question，FAQ）和开放领域的问答系统（open domain QA）。

（1）事实型问答系统是指通过学习百科知识、期刊、杂志、新闻及文学作品等内容，从这些资源中挖掘出知识，构建出“问题”“问题类型”“答案”，进而可以回答“诺贝尔奖获得者有哪些？”等问题。

（2）常见问题集的问答系统通常是面向一个垂直的领域，构建常用问答数据库，通过在问答数据库中找到与用户输入问题相似的问题，然后将该问题的答案返回给用户。

（3）开放领域的问答系统通常是通过抽取海量的聊天数据，提供一个可以闲聊的服务。除了上面介绍的这些问答系统，还有一些其他类型的问答系统，如混合式问答系统（hybrid QA），这里不再赘述，感兴趣的读者可以查询相关资料。

1.2.4 对话聊天机器人

对话聊天机器人也被称为对话系统，是一种典型的人机交互应用。不同于问答系统“一问一答”的交互模式，在一个典型的对话过程中，对话系统与用户会进行多轮交互，对话内容往往涉及不同的领域，同时在对话过程中可能会涉及话题的切换。对于用户当前输入的信息，对话系统往往需要结合上下文信息以及当前语境，给予用户相应的回复。

按照用途的不同，对话系统一般分为开放领域的对话系统和任务导向的对话系统，其中，开放领域的对话系统主要用于闲聊的对话场景。这种用户不具有明确的目的性的对话系统（也称为闲聊系统），其具体内容将在后续章节进行介绍。

常见的对话系统一般指任务导向的对话系统，其设计目的是帮助用户解决特定的需求。按照技术实现的方式，任务导向的对话系统可以划分为两类，一类是基于管道式（pipeline）的对话系统，另一类是基于数据驱动的端到端（end-to-end）对话系统。

（1）基于管道式的对话系统的整体架构如图 1.16 所示，主要包括语音识别模块（automatic speech recognition，ASR）、自然语言理解模块（natural language understanding，NLU）、对话状态追踪模块（dialogue state tracking，DST）、对话策略管理模块（dialogue policy optimization，DPO）、自然语言生成模块（natural language generation，NLG）和文本转语音模块（text to speech，TTS）。

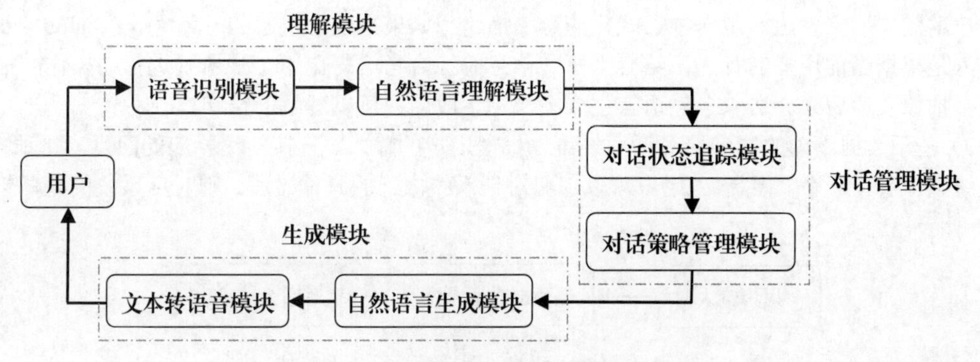

图 1.16　基于管道式的对话系统整体架构

其中，①语音识别模块将用户输入的语音信息转换成计算机可以处理的文本信息，并将其传输至自然语言理解模块；②自然语言理解模块的功能是理解其中的语义信息，并将其映射为计算机可理解的结构化语义表述，也就是识别对话领域和用户意图，然后解析用户输入信息中的词槽信息；③对话状态追踪模块的功能是更新管理当前的对话状态，该模块以多轮对话历史、当前的用户输入状态，结合对话上下文信息来理解用户输入的含义，通常需要和对话系统背后的数据库或知识库进行交互，查询满足用户需求的实体信息；④对话策略管理模块根据当前的对话状态和预订的对话策略决定系统下一步的动作；⑤自然语言生成模块将对话策略模块选择的系统动作转换为自然语言；⑥通过文字转语音模块反馈给用户。

一个典型的任务导向型对话系统与用户的交互示例如下：

```
用户：你好（User Dialog Act: greeting）
对话系统：你好，我可以帮助你搜索并预订餐厅（Sys Dialog Act: greeting）
用户：我想要找一家在中央公园 2.0 千米附近的意大利餐厅（User Dialog Act: inform(地址=中央公园 2.0，口味=意大利)）
对话系统：请问你想要在中央公园 2.0 千米附近什么价位的意大利餐厅（Sys Dialog Act: request(价位)）
用户：普通的就好（User Dialog Act: inform(价位=普通)）
对话系统：我知道那里有一家柯南家的老意大利料理餐厅（Sys Dialog Act: inform(名称=柯南家的老意大利料理)）
用户：换一个（User Dialog Act: alter()）
对话系统：我知道那里有一家意大利面餐厅（Sys Dialog Act: inform(名称=意大利面)）
用户：他家的价格怎么样？（User Dialog Act: request(价位)）
对话系统：意大利面的价位是普通（Sys Dialog Act: inform(价位=普通)）
用户：就这家吧，帮我预订（User Dialog Act: order()）
对话系统：请问有几个人？（Sys Dialog Act: request(人数)）
用户：单身狗（User Dialog Act: inform(人数=1)）
对话系统：真的就 1 个人吗（Sys Dialog Act: confirm(人数=1)）
用户：是的（User Dialog Act: confirm()）
对话系统：已经预订成功（Sys Dialog Act: order_success()）
用户：好的，再见（User Dialog Act: bye()）
对话系统：再见，欢迎下次使用（Sys Dialog Act: bye()）
```

对于对话行为（dialog acts），如果是用户发起的对话行为（user dialog act），那么它是一种处理后的用户意图的抽象表达，是一种形式化的意图描述。如果是系统发起的行为（sys dialog act），那么该行为是根据当前用户的行为，结合上下文信息等综合考虑得出下一步所要进行的操作的抽象表达，这个抽象表达后续会送入自然语言生成模块，生成用户可以理解的语句。

（2）基于数据驱动的端到端对话系统可以根据用户的输入，直接给出相应的回复。此时，若将对话系统整体看作一个“黑盒”，用户可以忽略对话系统内部的具体过程，则对话系统的整体架构如图 1.17 所示。

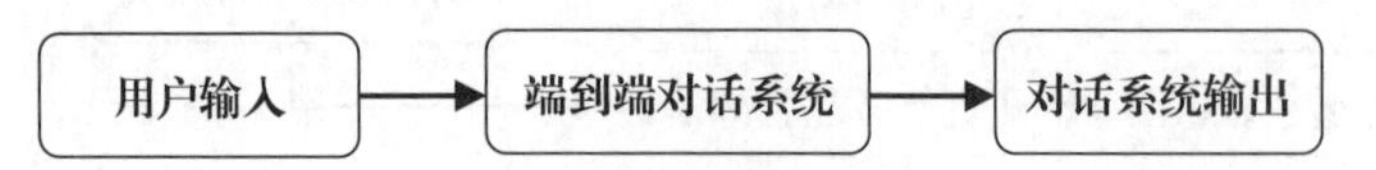

图 1.17　基于数据驱动的端到端对话系统的整体架构

1.2.5　闲聊机器人

闲聊机器人是聊天机器人的另一个典型应用，针对的是用户没有特定的目的、具体需求或者目的比较模糊的情况下进行的多轮人机对话。

闲聊机器人往往在设计上更倾向于尽可能地占用用户时间，尽可能地延长与用户聊天、陪伴的时间，或者尽可能地再次让用户使用，提升用户黏度。目前，主流的聊天机器人产品均结合了闲聊功能，如微软小冰。当前市场上很多智能音箱均集成了闲聊系统，如小米音箱、天猫精灵、叮咚音箱等，如图 1.18 所示。

图 1.18　主流智能音箱产品

基于不同的实现方式，闲聊机器人主要分为基于检索式的闲聊机器人和基于生成式的闲聊机器人。

（1）基于检索式的闲聊机器人是指通过构建一个庞大的对话库，闲聊机器人收到用户输入的信息后，在对话库中通过搜索匹配的方式选取合适的回复信息。这种方式的好处在于返回给用户的语句来自真实的对话场景，因此，可以避免回复内容中出现语法错误的情况，且回复内容的表达比较自然。但是其缺点在于构造对话库需要耗费较大的人力、物力，且对话库的质量对对话效果的影响较大。

在工程实现中一般会结合搜索引擎技术（如 Elasticsearch 或 Solr）对对话库数据先进行粗粒度检索，获取候选回复内容，然后使用匹配算法对候选回复内容进行排序，选取候选回复内容中与用户输入问题最匹配的内容返回给用户。

（2）基于生成式的闲聊机器人基于深度学习的研究，将闲聊机器人看作一个“黑盒”，将对话数据整理为“输入-输出”格式的语句对数据，同时将语句对中的输入语句作为模型的输入数据、将语句对中的输出语句作为模型的输出数据进行训练。图 1.19 所示为一个基于生成式的闲聊机器人。这样做的好处是可以覆盖任意话题的用户问句，缺点是生成的句子往往存在语句不通顺以及语法错误等问题。

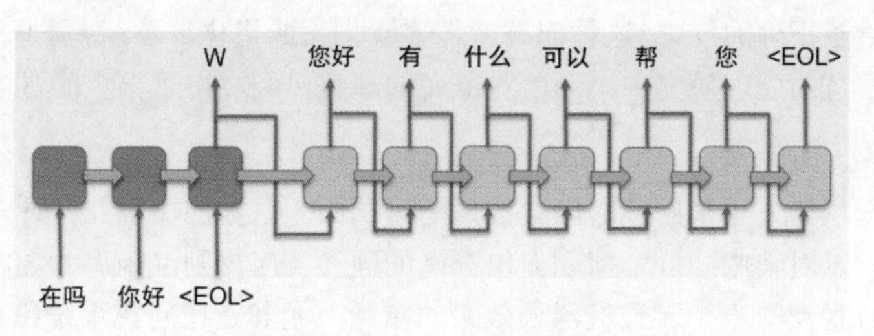

图 1.19　基于生成式闲聊机器人

1.3　聊天机器人的评价指标

随着聊天机器人智能性的不断提高，它们可以帮助我们完成的工作任务越来越复杂，其功能的划分也越来越细化。为了完成这些任务，我们通过机器学习和深度学习的方法设计了各种不同的解决方案，然而如何判断一个聊天机器人的效果好坏，尚无统一的标准与评价指标。

这是由于在定义什么是一个“好”的聊天机器人这一问题上，基于使用场景的不同、完成任务的不同及不同用户的自身主观体验等，无法制定一个标准的评价体系。例如，对于一个任务导向型的聊天机器人来说，一个“好”的聊天机器人应该尽快帮助我们完成任务，其有效性表现在使用较少的对话轮数，最终正确完成任务的能力；而一个闲聊型的聊天机器人，其有效性表现在可以和用户进行尽可能多的交互，对用户的输入给出合理的反馈，最终达到对用户情感的抚慰，满足用户倾诉、娱乐的需求。

尽管如此，我们依然可以通过其他指标来衡量聊天机器人。因为聊天机器人的最终目标是要达到模拟一个“人”的程度，因此，可以通过对其表现是否接近“人”的表现来进行衡量。

例如，我们可以对于某一轮对话进行评估，对其响应的适当性、流畅度、相关性进行评估；对多轮对话中对话的流畅性、对话深度、响应的多样性、主题的一致连贯性等指标进行评估。最终根据其响应是否可以涵盖更多的话题、回复真实可信、是否达到模拟真实人类的效果进行综合评价。

1.3.1　问答系统的评价方法

问答系统是聊天机器人中最简单的一类，其表现方式与检索系统相似，因此，可以使用评价检索系统的方法来对其进行评价，常用的有召回率、准确率与问题解决率三种评价指标。

1. 召回率

召回率是指聊天机器人正确回答的问题数量与测试问题总数的比例。例如，准备了 1000 个测试问题，聊天机器人可以对其中 800 个问题作出回答响应，则召回率为 80%。

如果经过测试，发现聊天机器人召回率很低，一种可能是聊天机器人的“能力”太差，如知识库太小，只能回答有限领域的内容，如一个医疗机器人很难回答关于天文知识的问题。这种问题相对容易解决，只需要反复迭代优化、扩充知识库就可以提高聊天机器人的召回率。

另一种原因是知识库中存在相似的问题，但是聊天机器人没有正确理解用户的意图或者解析语义失败而导致无法给予正确的反馈。这种问题就需要我们不断优化算法，特别是自然语言理解模块，可喜的是在对自然语言的处理研究中，当前对语义的理解已经取得了很大的进展。

2．准确率

准确率是指聊天机器人正确回答的问题数量与测试问题总数的比例。例如，准备了 1000 个测试问题，聊天机器人可以对其中 800 个问题作出正确的回答响应，则准确率为 80%。

准确率是最能直观反映一个聊天机器人效果的指标。尤其是在问答系统和对话系统中，很多时候宁可让聊天机器人不回答或者回复“抱歉，这个问题我无法回答您。”，也不要给用户提供一个错误的答案，因此准确率指标更加重要。而在闲聊系统中该指标并不适用，因为用户的输入是多样的，同样返回给用户的反馈也需要符合多样性。

3．问题解决率

在实际场景的应用中，衡量一个聊天机器人是否有效的准确指标应该是问题解决率。问题解决率是指聊天机器人可以成功解决用户问题的数量与测试问题总数的比例。例如，准备了 1000 个测试问题，聊天机器人对其中 800 个问题的回答响应可以解决测试问题，则问题解决率为 80%。

在实际使用场景中，聊天机器人可以成功解决用户问题的数量是由测试问题总数减去转人工客服进行处理和用户反馈不满意的问题的数量得出的。通过对问题解决率进行分析，可以快速评价聊天机器人的好坏，并对其进行优化。

1.3.2　对话系统的评价方法

不同于问答系统，多轮对话模式下的任务导向对话系统的评价就变得比较复杂，通过对最终用户满意度的调查，我们可以通过分析决定用户满意度的因素来评估对话系统的有效性。例如，可以将对话成功率和对话成本消耗作为衡量的重要指标。

其中，对话成功率是指通过多轮对话后，对话系统完成了用户想要完成的任务，如预订酒店、订购饮品、查询航班信息等。而对话成本消耗是指在这个对话过程中所消耗的对话时间、对话轮次信息、对话系统给出确认性质回复的次数等。

评价对话系统的方法主要有三类，分别是通过构造某种特定形式的用户模拟系统进行评价、人工评价、在动态部署的系统中进行评价。

1．用户模拟评价

用户模拟是一种有效且简单的聊天机器人评价策略，通过计算机系统来模拟一个真实的用户，该用户会基于聊天机器人的回复给其恰当的回复。

例如，当聊天机器人询问模拟用户要预订什么时间的航班时，模拟用户通过查询实际的对话数据，将该信息包装处理为自然语言描述的语句，并将该信息反馈给聊天机器人。最终若聊天机器人在预先设定的最大对话轮次前完成用户想要完成的任务即认为对话成功，若在预先设定的最大轮次对话中没有完成用户希望完成的任务或者完成了错误的任务及给用户错误的反馈信息，则认为对话失败。

2．人工评价

人工评价是指通过雇用大量的测评人员，对聊天机器人进行真实的场景测试，获取最真实的评价数据。

这种方法的缺点是需要投入大量的人力与物力，测试人员在指定的任务领域与聊天机器人进行对话，根据对话结果对系统的表现进行打分。因此，评价结果会由于测试人员的不同而具有主观性的差异。

3．动态部署评价

对话系统最理想的评价状态就是在真实用户群中检测用户的满意度，这种评价方法通常需要在真实在线运行的系统中进行测试。

例如，在在线商业广告中植入对话系统或构建一个能够让公众主动与对话系统进行交互的服务设施。这种方法一般都很难实现，其中典型的例子是卡内基 • 梅隆大学（Carnegie Mellon University）曾经为宾夕法尼亚州匹兹堡的用户提供的在线公交信息查询的对话系统，用户可以通过给这个对话系统打电话来查询公交信息。由于其具有非常真实的用户需求，通过这样一个全时间段自动化的查询服务，完成了对该对话系统的测试评价。

1.3.3 闲聊系统的评价方法

闲聊系统的评价也指开放领域场景下的聊天机器人评价，当前主要有两种思路，一种是客观指标的评价，另一种是模拟人工进行评分。

1．客观指标评价

客观指标的评价一般可以分为两部分，分别是以 BLUE、METEOR、ROUGE 为代表的词重叠评价，另一种是以 Greedy Matching、Embedding Average、Vector Extrema 为代表的词向量的评价。

词重叠评价的基本假设是，一个问题的有效回答和真实回答之间应该存在大量的词重叠。基于这一准则，可以将系统给出的回答与用于检测的回答进行比较，比较其内容是否相似，其中借鉴机器翻译任务的评价指标 BLUE 及其改进方法 METEOR，即比较两者内容的相似程度，或者使用文本摘要领域的评价指标 ROUGE，将真实回答看作一段长文本，而将有效回答看作其中的摘要内容。

词重叠评价的方式，一种是基于 *N*-gram 的方式，比较真实回答和有效回答之间的字符级的重合程度；另一种是通过 Word2vec、Sent2vec 等词向量的方式将其转换为向量后进行比较，其中典型的做法如 Greedy Matching、Embedding Average、Vector Extrema，这里不再赘述。

2. 模拟人工评价

除了上面介绍的常用方法，近年来随着深度学习的发展，对聊天机器人的评价工作上也引入了通过神经网络模拟人工进行评价的方法。

其中，具有代表性的思路如通过生成对抗网络 GAN 来直观评价生成器产生的回复结果与真实回复之间的相似程度，以及通过循环神经网络 RNN 的方法完成自动评分模型的训练，最终用来预测回复的评价结果。

1.4 聊天机器人的挑战

随着人工智能技术的发展，聊天机器人的生态也日趋成熟与完善，为了让聊天机器人可以更加"智能"，交互体验更加拟人化，可以更好地理解用户的真实意图，最终更好地服务用户，还需要继续优化聊天机器人的相关功能。当前聊天机器人在技术方面还面临多重挑战。

1.4.1 自然语言多种表达方式的挑战

由于语言本身的多样性及复杂性，对于同一件事情的描述，不同的人往往有不同的表达方式。例如，当一个用户想预订一张明天去上海的机票时，则表达方式主要有以下几种：

```
我要订一张去上海的机票
去上海明天几点有航班
我明天要去魔都出差，帮我订票
我明天去上海出差
去上海，明天
......
```

人类可以快速并准确地理解这些表达所包含的意思是相同或一致的，而聊天机器人对这些不同表达的理解就比较困难了。同时，用户输入过程中可能出现的口语化的输入、不符合语法规范的输入、错别字的输入等都会对聊天机器人理解用户意图造成困扰。

1.4.2 语义差异性的挑战

聊天机器人除了要准确理解用户输入的意图，还需要对类似输入的细微差异之处进行识别。我们在实际生活的场景中，往往会有这样的生活经验，有时仅需要修改一两个字符就会造成语义极大的改变。例如，"你能干嘛？"是在询问对方具备的能力或技能，"你干嘛的？"是询问对方的身份或职业，而"你在干嘛？"则是在询问对方当前的状态。

聊天机器人对这些自然语言表达非常相似而语义差异较大的情况需要有一定的识别能力，才可以提升其与用户交互的满意度。

1.4.3 整合语境信息的挑战

前面的两个难点主要体现在单轮对话过程中，在应用更广泛的多轮对话系统中，我们面临的挑战更多，其中典型的问题有上下文关联、中途打断回溯及指代识别。

上下文关联的问题是指对于用户的输入，聊天机器人需要整合历史对话语境及物理语境。尤其在长对话过程中，系统对用户当前输入的信息进行反馈时，需要考虑前几轮对话过程中已经获取的信息，这就需要系统“记忆”整个对话过程中的全部信息。常用的方法是将获取到的对话信息都拼接到一个向量中，但在长对话上进行这样的操作是极富挑战性的。

此外，在对话过程中也需要整合其他类型的语境数据，如日期/时间、位置或用户信息。例如，当用户询问“明天天气怎么样？”时，聊天机器人需要结合当前用户的询问时间信息及所在位置信息进行相应的回复。又如，当用户在公众号与聊天机器人进行对话时，聊天机器人可以通过公众号的信息获取到当前用户的地理位置，当用户想预订一张上海的机票时，可以直接获取到用户的订票要求是从当地出发并前往上海。

同时聊天机器人还面临聊天中途发生打断的情况，并提供对话回溯的能力，方便用户快速完成原来的任务。

指代识别是指聊天机器人需要在对话过程中正确理解用户的指代输入，如“这个”“最后一个”“他”等情况。

1.4.4 回复多样性的挑战

为了让聊天机器人更具有智能性，也就是人们常说的“更像一个人”，我们希望聊天机器人的回复尽可能具有多样性，避免回答相同的答案。然而当前聊天机器人尤其是闲聊系统，由于数据和训练目标的原因，往往会使用像“太好了！”或“我不知道”这样的“万能回答”作为回复，但这种无效回复会严重降低聊天机器人的交互体验。

要让聊天机器人的回复具有多样性，更重要的是让聊天机器人可以快速构建用户画像，针对用户的背景给出个性化的回答反馈。

1.4.5 人格一致性的挑战

除了上面的挑战，当我们构建完成一个聊天机器人后，往往还面临人格一致性的挑战。例如，当我们询问聊天机器人“你多大了？”和“你的年龄是多少？”时，如果每次回答都得到不同的答案，那么会让聊天机器人显得很笨，因此对于每个聊天机器人，需要保证其“人格”信息是一致的，也就是说维持一个稳定的“人设”。

这个问题在闲聊机器人的研究中尤其重要，当前聊天机器人的研究中主要集中在让聊天机器人学习生成语义合理的回复，但是由于训练中使用的语料数据往往是基于不同用户而采集的，因此将固定的知识或者人格整合进模型变得非常困难。

第 2 章

快速开发一个智能语音助手

从本章开始，我们将带大家开启聊天机器人的学习之旅。在对未来世界的想象中，经常有这样一个场景，每个人都有一个智能助手，通过语音交互的方式，智能助手能帮助人们完成不同的工作任务，如预订会议、订购机票、下单购物等。这种智能助手帮助人类从重复繁杂的工作中解放出来，让人类可以更专注于富有创造性的工作。

当前使用越来越广泛的智能家居系统在一定程度上也可以被看作一个智能助手，如图 2.1 所示。智能家居系统通过接收用户语音指令，可以帮助用户完成诸如调整室内温度、开关照明设备、管理室内智能电器等工作。

本章我们将从零开始实现一个可以与用户进行语音交互的智能语音助手。该智能语音助手主要完成对用户语音指令的接收和理解，并将对话系统的回复转换为语音类型的数据返回给用户。

图 2.1　智能家居系统

本章主要涉及的知识点有：

- 项目背景及框架知识。
- 项目中所用开发环境及开发工具的安装和配置。
- 语音识别模块的介绍及实现。
- 语音生成模块的介绍及实现。
- 图灵对话接口的介绍及实现。

2.1 项目背景及框架

本节首先介绍智能语音助手的项目背景及智能语音助手的整体框架。

当前的智能产品（如智能手机、智能音箱、车载导航等）一般都集成了语音服务（如 Siri、小爱同学等），用户可以直接通过语音对话的方式与智能产品进行交互（如用户可以让 Siri 完成定闹钟、让小爱智能音箱播放指定音乐等任务）。图 2.2 所示为 Siri 交互页面，图 2.3 所示为小爱智能音箱交互页面。

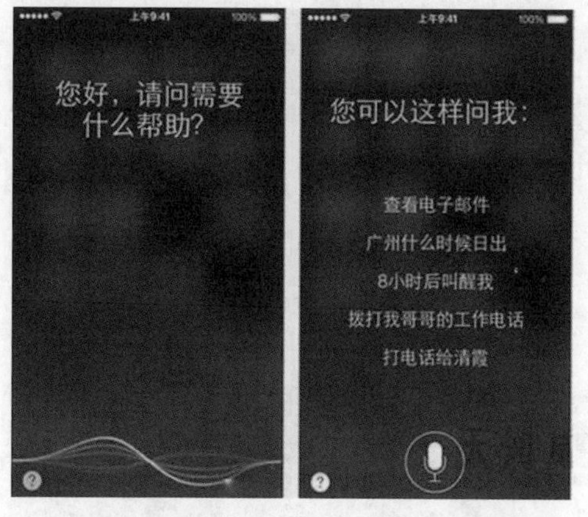

图 2.2 Siri 交互页面

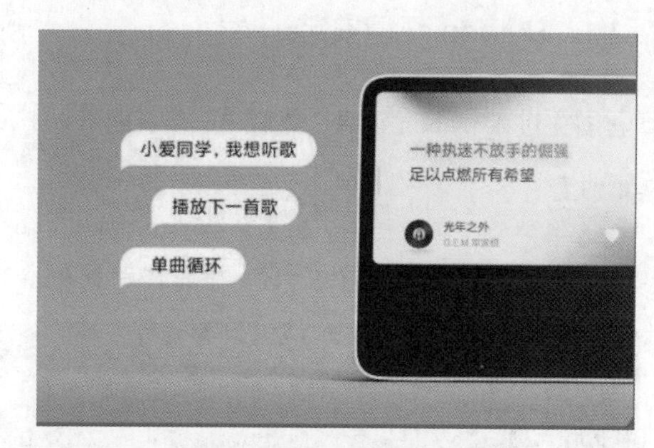

图 2.3 小爱智能音箱交互页面

要实现一个智能语音助手，完成用户与语音助手的交互，需要完成以下三步工作，即将用户的语音信息转换为计算机系统可以处理的文本信息，然后将用户输入的信息传递给对话系统，对话系统进行处理后给予相应的文本回复，最后将系统的文本回复转换为音频格式的输出。

因此，一个智能语音助手的框架主要包含三个模块，分别是语音识别模块（automatic speech recognition，ASR）、对话模块（dialogue system，DS）及语音生成模块（text to speech，TTS）。图 2.4 所示为智能语音助手系统结构。

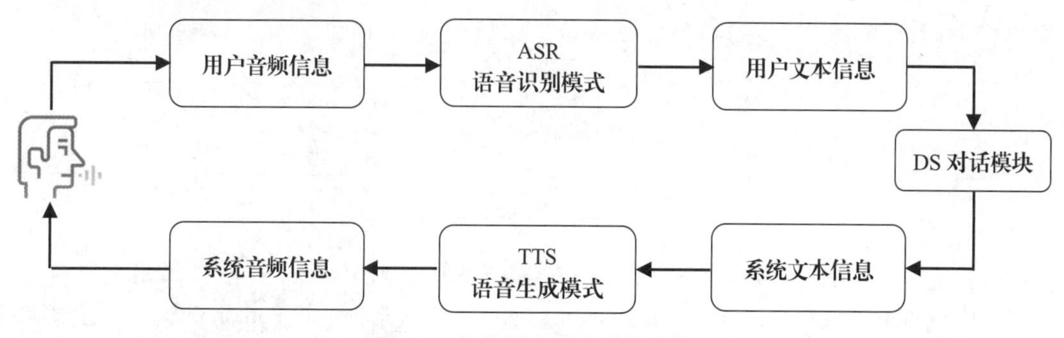

图 2.4 智能语音助手系统结构

语音识别模块即将用户输入的语音转换为字符表示。本项目中采用百度语音识别服务来完成。对话模块即将对用户的输入进行处理，并给予相应的回复。本项目中采用图灵接口来实现。语音生成模块即将字符表示转换为音频格式。本项目中采用百度语音生成服务来完成。

2.2 环 境 配 置

本节主要介绍接下来的开发所依赖的开发环境及开发工具的安装与配置。本书中的代码全部采用 Python 语言开发，使用的开发工具为 PyCharm。接下来主要介绍这两部分的安装与配置。

2.2.1 Python 环境安装

首先进入 python 官网，然后在下载页面下载 Python 的安装包，如图 2.5 所示。

注意：

本书中的代码所运行的操作系统为 Windows 10，选用的 Python 版本为 Python 3.7.6，为了避免项目运行中出现版本冲突的情况，推荐使用 Python 3.7 及以上版本。

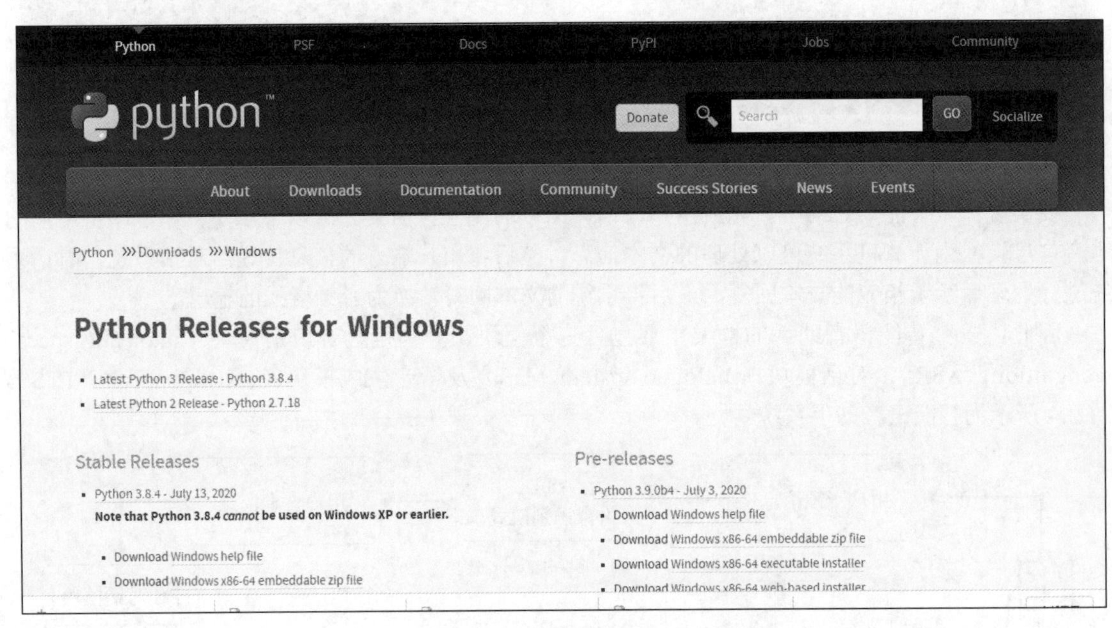

图 2.5 Python 官网

在该页面选择相应的安装包，下载后双击安装，如图 2.6 所示。

在安装 Python 的过程中，选中 Add Python 3.7 to PATH 复选框，将 Python 的安装位置添加到系统环境变量 PATH 中，安装完成后可以通过命令提示符打开。同时在安装过程中可以选用 Customize installation 自定义安装方式，将 Python 安装到指定路径下，如图 2.7 所示。

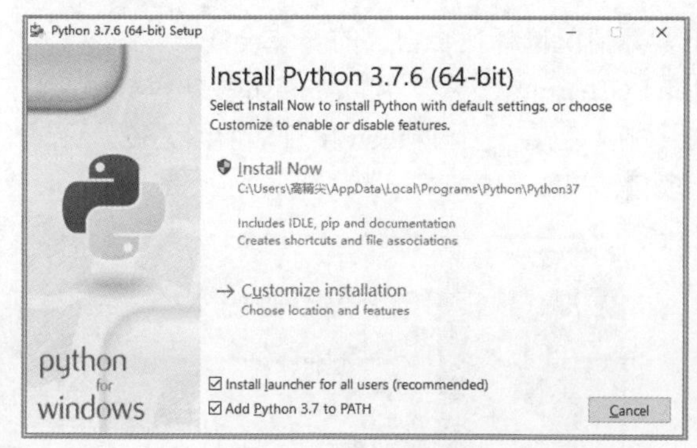

图 2.6　Python 安装界面

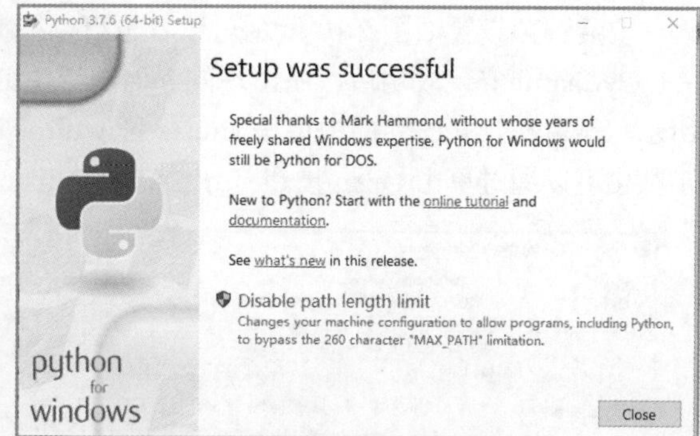

图 2.7　Python 安装成功

Python 安装成功后，可以通过系统的终端工具命令提示符进行测试。首先打开命令提示符，输入 python，然后按 Enter 键，若出现>>>提示符，且反馈信息显示与下面的情况相同，则表明安装成功。通过反馈信息，可以看到安装的 Python 版本为 3.7.6。

```
PS C:\Users\12261> python
Python 3.7.6 (tags/v3.7.6:43364a7ae0, Dec 19 2019, 00:42:30) [MSC v.1916 64 bit
(AMD64)] on win32
Type "help", "copyright", "credits" or "license" for more information.
>>>
```

2.2.2　PyCharm 安装配置

为了提高编程效率，我们选用 JetBrains 的 PyCharm 作为开发工具，如图 2.8 所示。PyCharm 带有一整套可以帮助用户使用 Python 语言开发时提高开发效率的工具，如调试、语法高亮、Project 管理、代码跳转、智能提示、自动完成、单元测试、版本控制等。

进入 PyCharm 官网下载安装包。

这里选用社区开源版，下载 PyCharm 2020.1.3 版本。下载完成后双击安装，如图 2.9 所示。

图 2.8　PyCharm

图 2.9　安装 PyCharm

安装选项设置如图 2.10 所示。读者也可以根据实际情况选择适合自己的安装设置。

PyCharm 安装成功后，在出现的界面中选中 Run PyCharm 复选框，单击 Finish 按钮，如图 2.11 所示。然后在打开的界面中单击 Create New Project 按钮，新建一个 Python 项目，如图 2.12 所示。当然也可以通过单击 Open 按钮打开已有的 Python 项目。

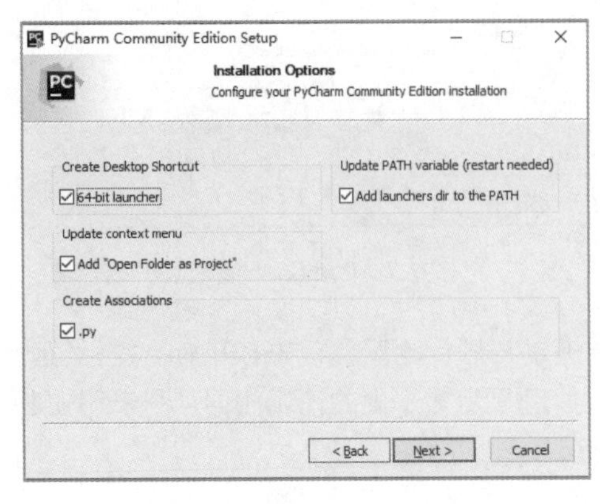

图 2.10　PyCharm 安装配置信息

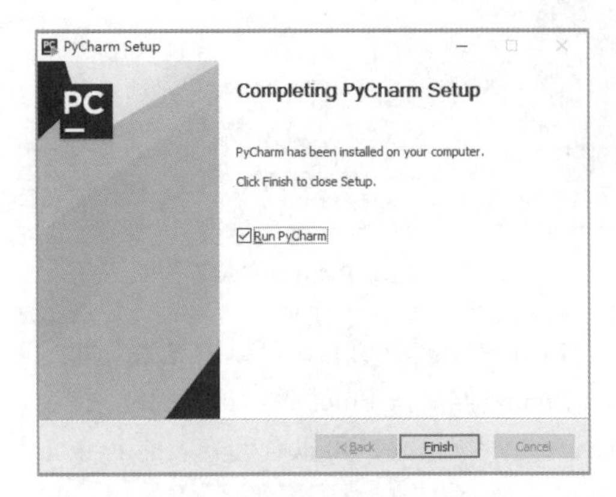

图 2.11　PyCharm 安装成功

新建项目后，配置 Python 解析器，配置成功后即可进行实际项目开发，如图 2.13 所示。

注意：

这里可以直接选择 PyCharm 自带的 Python 解析器，也可以选择上面安装的特定版本的 Python 解析器。

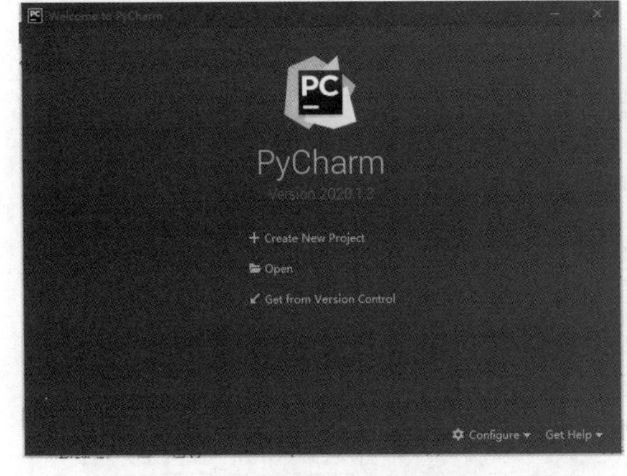

图 2.12　新建 PyCharm 项目

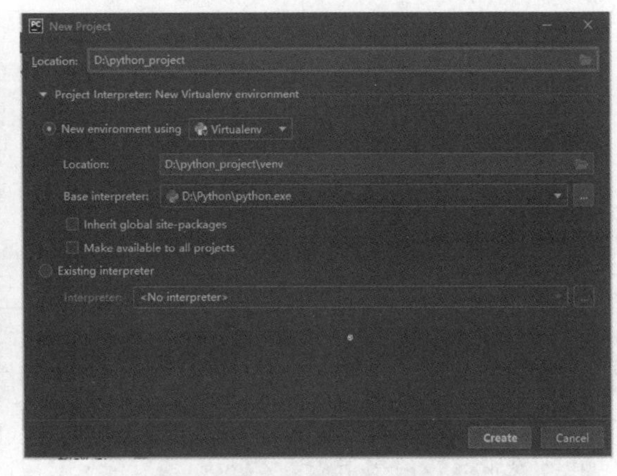

图 2.13　配置 Python 解析器

2.3　语音识别模块的实现

完成开发环境的配置后，接下来正式进入项目开发阶段。

本模块主要完成将用户输入的语音转换为文本表示。本项目采用百度语音服务将智能设备采集到的用户输入语音转换为对话系统可以处理的字符表示。

首先，需要注册百度账号并登录，通过百度账号登录百度 AI 云平台并进入开发者认证页面，填写相关信息完成开发者认证。然后，进入百度 AI 云平台智能语音服务，如图 2.14 所示。

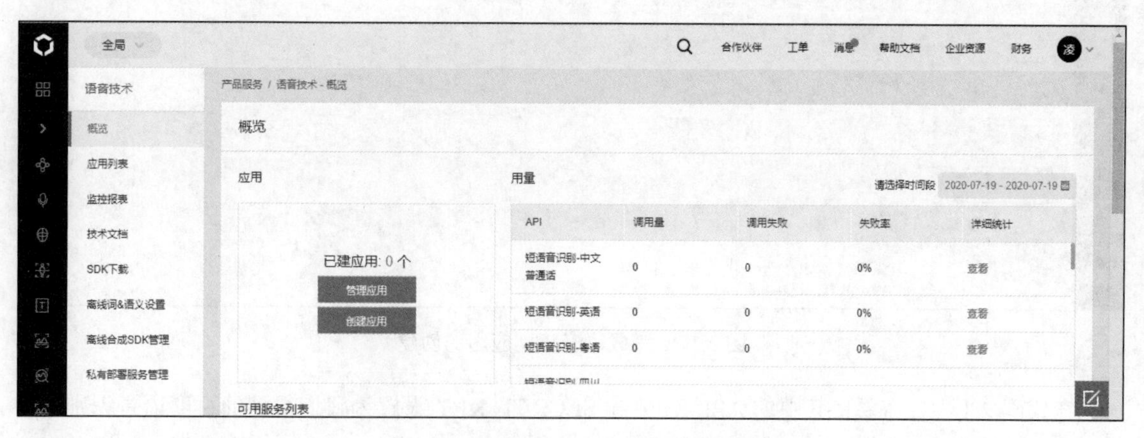

图 2.14　百度 AI 云平台智能语音服务

单击“创建应用”按钮，填写相应信息，如应用名称、应用类型等，如图 2.15 所示。然后单击“立即创建”按钮。

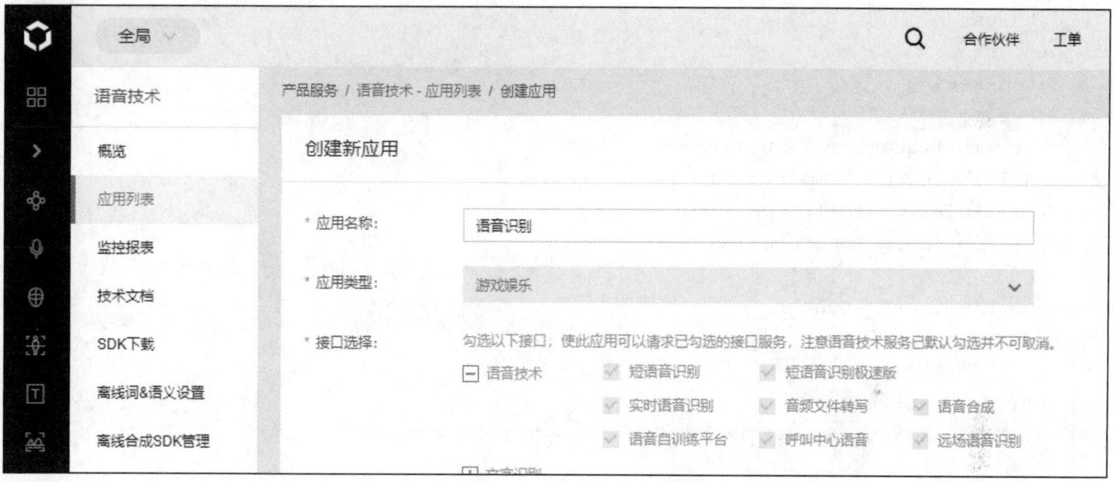

图 2.15　创建语音识别应用

在创建完应用后，平台将会给此应用分配相关凭证，主要为 AppID、API Key、Secret Key。以上三个信息是我们实际开发应用中的主要凭证，可以通过如图 2.16 所示的页面查看刚创建的应用的其他信息。

获取到项目中所需要的信息后，通过代码 2.1 将获取到的用户输入语音数据转换为文本表示。在该代码中，通过 base64 依赖包对语音数据进行编码并通过 urllib 依赖包将该数据通过 post 的方式发送给上面创建的百度 AI 应用进行处理。

图 2.16 完成语音识别应用的创建

在代码 2.1 中，需要将其中的 API_KEY 和 SECRET_KEY 设置为我们得到的百度语音识别服务的相关凭证数据。

代码 2.1 将语音数据转换为文本

```
#!/usr/bin/env python
# _*_ coding:utf-8 _*_
import sys
import json
import base64
import time
from urllib.request import urlopen
from urllib.request import Request
from urllib.error import URLError
from urllib.parse import urlencode

timer = time.perf_counter

# 从应用中获取的信息
API_KEY = ' Your API_KEY '
SECRET_KEY = ' Your SECRET_KEY '

# 有此 scope 表示有 asr 能力，没有请在网页里勾选，版本过低的应用可能没有
SCOPE = 'audio_voice_assistant_get'


class DemoError(Exception):
    pass


""" TOKEN start """
TOKEN_URL = 'http://openapi.baidu.com/oauth/2.0/token'
```

```
def fetch_token():
    '''
    获取 token
    :return:
    '''
    # 设置获取 token 的参数
    params = {'grant_type': 'client_credentials',
              'client_id': API_KEY,
              'client_secret': SECRET_KEY}
    # 通过 post 方式传递参数
    post_data = urlencode(params)
    post_data = post_data.encode('utf-8')
    req = Request(TOKEN_URL, post_data)
    try:
        f = urlopen(req)
        result_str = f.read()
    except URLError as err:
        print('token http response http code : ' + str(err.code))
        result_str = err.read()
    result_str = result_str.decode()

    # 获取 token 结果
    result = json.loads(result_str)
    # 校验 token 结果是否正确
    if ('access_token' in result.keys() and 'scope' in result.keys()):
        print(SCOPE)
        if SCOPE and (not SCOPE in result['scope'].split(' ')):  # SCOPE = False 忽略
检查
            raise DemoError('scope is not correct')
        print('SUCCESS WITH TOKEN: %s  EXPIRES IN SECONDS: %s' % (result['access_token'],
result['expires_in']))
        return result['access_token']
    else:
        raise DemoError('MAYBE API_KEY or SECRET_KEY not correct: access_token or scope
not found in token response')


"""  TOKEN end """


def asr(AUDIO_FILE):
    # 以下为参数设置
    # 文件格式
    FORMAT = AUDIO_FILE[-3:]
```

```
CUID = '123456PYTHON'

# 采样率
RATE = 16000  # 固定值

# 1537 表示识别普通话，使用输入法模型。根据文档填写 PID，选择语言及识别模型
DEV_PID = 1537

# asr 服务地址信息
ASR_URL = 'http://vop.baidu.com/server_api'

# 获取 token
token = fetch_token()
# 获取要识别的音频文件
speech_data = []
with open(AUDIO_FILE, 'rb') as speech_file:
    speech_data = speech_file.read()
# 若文件内容为空，则抛出异常
length = len(speech_data)
if length == 0:
    raise DemoError('file %s length read 0 bytes' % AUDIO_FILE)
# 使用 base64 加密编码
speech = base64.b64encode(speech_data)
speech = str(speech, 'utf-8')
# 设置参数
params = {'dev_pid': DEV_PID,
          'format': FORMAT,
          'rate': RATE,
          'token': token,
          'cuid': CUID,
          'channel': 1,
          'speech': speech,
          'len': length
          }
# 设置请求格式
post_data = json.dumps(params, sort_keys=False)
req = Request(ASR_URL, post_data.encode('utf-8'))
req.add_header('Content-Type', 'application/json')
try:
    begin = timer()
    f = urlopen(req)
    result_json = f.read()
    # 计算服务响应实践
    print("Request time cost %f" % (timer() - begin))
except URLError as err:
    print('asr http response http code : ' + str(err.code))
    result_json = err.read()
# 获取语音识别结果
```

```
    result_str = str(result_json, 'utf-8')
    print(result_str)
    # 保存语音识别结果
    with open("result.txt", "w") as of:
        of.write(result_str)
    result_data = json.loads(result_json)['result']
    return result_data


if __name__ == '__main__':
    # 待识别的音频文件
    AUDIO_FILE = './audio/16k.pcm'  # 支持 pcm/wav/amr 格式
    res = asr(AUDIO_FILE)
    print(res)
```

通过以上代码，将./audio/16k.pcm 音频文件中的语音内容进行识别，返回结果如下：

```
{"corpus_no":"6851191777346904654","err_msg":"success.","err_no":0,"result":["北京科技馆。"],"sn":"801724218701595167391"}
```

2.4 语音生成模块的实现

本项目采用百度语音服务将对话系统返回的文本内容转换为可以与用户直接交互的音频格式，通过智能设备的音频播放功能进行播放。因此，在完成将语音数据转换为文本数据后，需要将对话模块中由系统返回的文本数据转换为音频数据。

同语音识别应用的创建过程一样，该模块需要新建一个语音生成的应用，最终获取该应用所提供的 AppID、API Key、Secret Key 等信息，如图 2.17 所示。

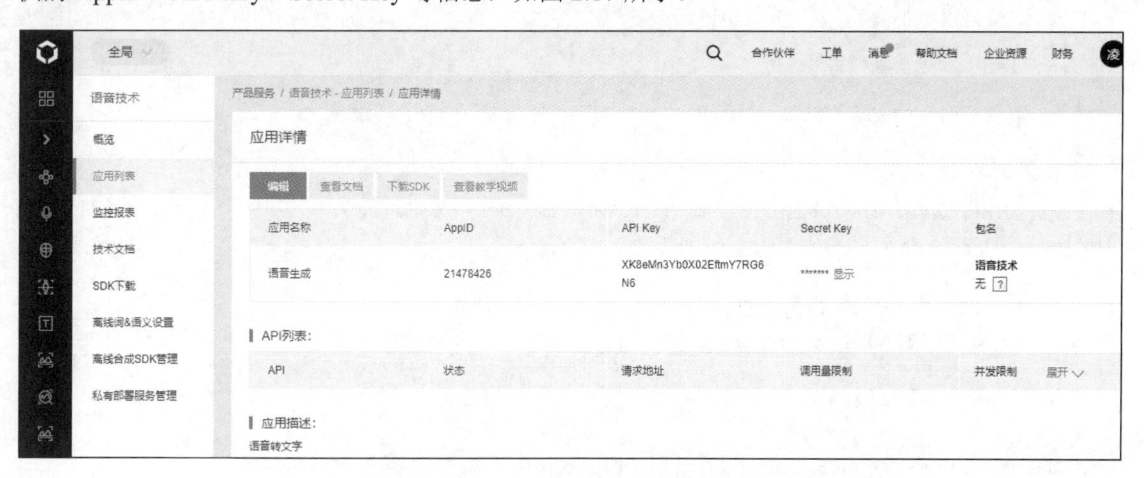

图 2.17 创建语音生成应用完成

获取项目所需要的信息后，通过代码 2.2 将文本内容转换为音频格式。

同样地，在代码 2.2 中，需要将其中的 API_KEY 和 SECRET_KEY 设置为我们得到的百度语音生成服务的相关凭证数据。

代码 2.2　将文本转换为语音

```
#!/usr/bin/env python
# _*_ coding:utf-8 _*_
import sys
import json
from urllib.request import urlopen
from urllib.request import Request
from urllib.error import URLError
from urllib.parse import urlencode
from urllib.parse import quote_plus


# 从应用中获取的信息
API_KEY = ' Your API_KEY '
SECRET_KEY = ' Your SECRET_KEY '



# 参数设置
# 发音人选择，基础音库：0 为度小美，1 为度小宇，3 为度逍遥，4 为度丫丫，
# 精品音库：5 为度小娇，103 为度米朵，106 为度博文，110 为度小童，111 为度小萌，默认为度小美
PER = 0

# 语速，取值范围为 0～15，默认为 5 中语速
SPD = 5

# 音调，取值范围为 0～15，默认为 5 中语调
PIT = 5

# 音量，取值范围为 0～9，默认为 5 中音量
VOL = 5

# 下载的文件格式，3: mp3(default) 4: pcm-16k 5: pcm-8k 6. wav
AUE = 3

FORMATS = {3: "mp3", 4: "pcm", 5: "pcm", 6: "wav"}
FORMAT = FORMATS[AUE]

CUID = "123456PYTHON"

TTS_URL = 'http://tsn.baidu.com/text2audio'

class DemoError(Exception):
```

```
    print('error')


""" TOKEN start """

TOKEN_URL = 'http://openapi.baidu.com/oauth/2.0/token'

# 有此 scope 表示有 tts 能力；若没有，请在网页里勾选
SCOPE = 'audio_tts_post'


def fetch_token():
    '''
    获取 token
    :return:
    '''
    print("fetch token begin")
    # 设置 token 参数信息
    params = {'grant_type': 'client_credentials',
              'client_id': API_KEY,
              'client_secret': SECRET_KEY}
    post_data = urlencode(params)
    post_data = post_data.encode('utf-8')
    # 发送请求获取 token 信息
    req = Request(TOKEN_URL, post_data)
    try:
        f = urlopen(req, timeout=5)
        result_str = f.read()
    except URLError as err:
        print('token http response http code : ' + str(err.code))
        result_str = err.read()
    result_str = result_str.decode()

    print(result_str)
    result = json.loads(result_str)
    print(result)
    if ('access_token' in result.keys() and 'scope' in result.keys()):
        if not SCOPE in result['scope'].split(' '):
            raise DemoError('scope is not correct')
        print('SUCCESS WITH TOKEN: %s ; EXPIRES IN SECONDS: %s' %
(result['access_token'], result['expires_in']))
        return result['access_token']
    else:
        raise DemoError('MAYBE API_KEY or SECRET_KEY not correct: access_token or
scope not found in token response')
```

```
""" TOKEN end """


def tts(TEXT):
    # 获取 token
    token = fetch_token()
    # 此处 TEXT 需要两次 urlencode
    tex = quote_plus(TEXT)
    print(tex)
    # lan ctp 固定参数
    params = {'tok': token, 'tex': tex, 'per': PER, 'spd': SPD, 'pit': PIT, 'vol':
VOL, 'aue': AUE, 'cuid': CUID, 'lan': 'zh', 'ctp': 1}
    # 对参数进行编码
    data = urlencode(params)
    print('test on Web Browser' + TTS_URL + '?' + data)
    # 获取请求返回结果
    req = Request(TTS_URL, data.encode('utf-8'))
    has_error = False
    try:
        f = urlopen(req)
        result_str = f.read()
        # 获取返回结果的 headers 信息
        headers = dict((name.lower(), value) for name, value in f.headers.items())
        # 判定返回结果是否正确
        has_error = ('content-type' not in headers.keys() or headers['content-
type'].find('audio/') < 0)
    except  URLError as err:
        print('asr http response http code : ' + str(err.code))
        result_str = err.read()
        has_error = True
    # 保存返回结果为音频格式
    save_file = "error.txt" if has_error else 'result.' + FORMAT
    with open(save_file, 'wb') as of:
        of.write(result_str)

    if has_error:
        result_str = str(result_str, 'utf-8')
        print("tts api  error:" + result_str)

    print("result saved as :" + save_file)


if __name__ == '__main__':
    # 待转换的文本信息
    TEXT = "您好，有什么可以帮助您的吗？"
    tts(TEXT)
```

2.5 对话模块

本项目要实现一个简单的智能语音助手，我们采用直接调用图灵机器人的服务接口来完成，可以方便、快捷地搭建一个与用户进行对话聊天的对话模块。

图灵机器人 API 是图灵机器人公司提供的一种智能对话服务接口，包括闲聊、问答、多轮对话，同时支持多种对话技能，如知识百科查询、天气信息查询、讲故事、讲笑话等，如图 2.18 所示。

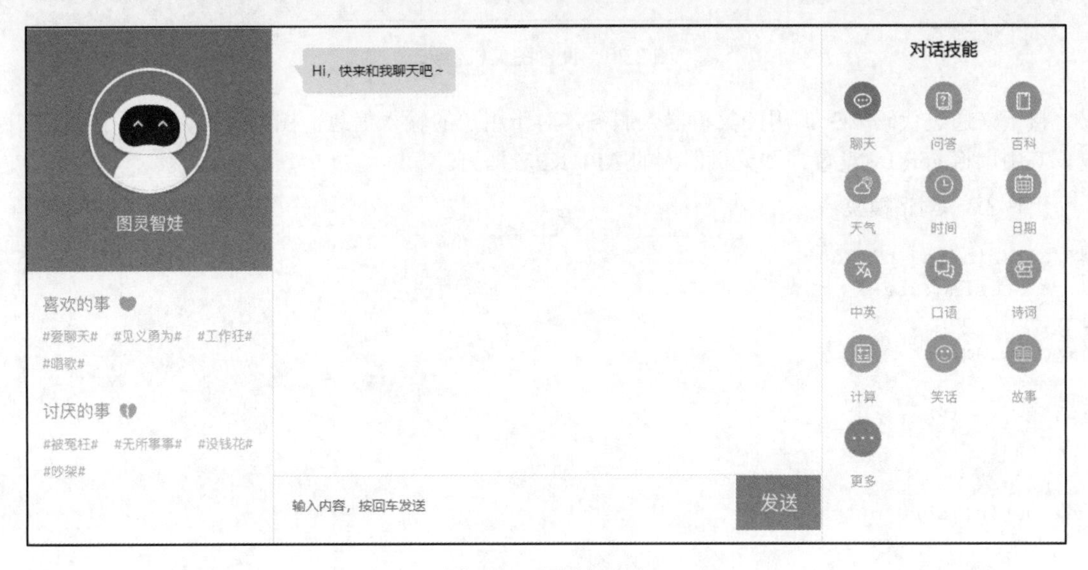

图 2.18　图灵机器人

要使用图灵机器人的服务接口，首先需要注册并登录图灵官网，然后登录账号，在机器人管理页面单击“创建机器人”按钮，如图 2.19 所示。

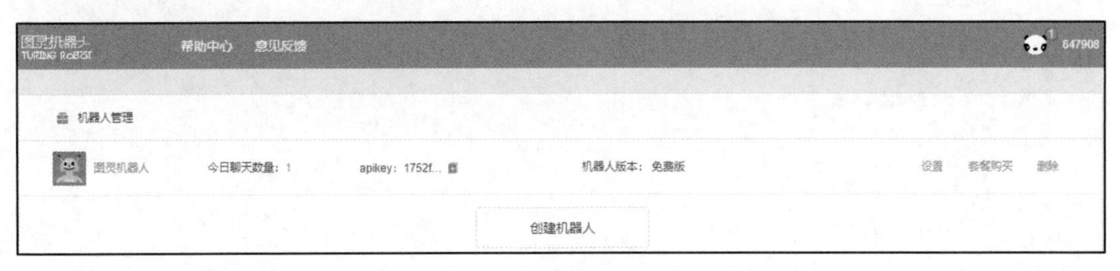

图 2.19　创建图灵机器人

对创建的图灵机器人进行设置，如图 2.20 所示，可以设置机器人的名字，选择该机器人的应用终端，如果需要接入微信公众号、微信小程序等终端，则需要选择相应选项。然后选择应用行业及应用场景，并填写该机器人的简介信息，最后单击“创建”按钮。机器人创建完成后，保存该机器人的 API_KEY 信息。

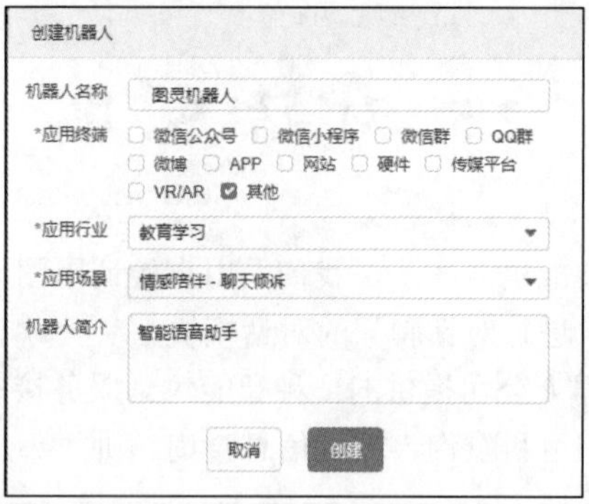

图 2.20　设置图灵机器人

接下来通过代码 2.3 调用图灵机器人服务，对于用户的输入信息，图灵机器人会给予相应的回复。其中，将 apiKey 设置为图灵机器人的 API_KEY 即可。

代码 2.3　对话模块

```
#!/usr/bin/env python
# _*_ coding:utf-8 _*_
import json
import requests

API_KEY = 'Your API_KEY '


def getTulingResponse(msg):
    '''
    对话模块
    :param msg: 用户输入信息
    :return:
    '''
    # api 地址信息
    api = 'http://openapi.tuling123.com/openapi/api/v2'
    dat = {
        "perception": {
            "inputText": {
                "text": msg
            },
            "inputImage": {
                "url": "imageUrl"
            },
            "selfInfo": {
                "location": {
                    "city": "北京",
                    "province": "北京",
                    "street": ""
                }
```

```
            }
        },
        "userInfo": {
            "apiKey": API_KEY,
            "userId": '136772'
        }
    }
    dat = json.dumps(dat)
    # 发送对话请求
    r = requests.post(api, data=dat).json()
    # 对话返回信息
    mesage = r['results'][0]['values']['text']
    print('Sys: ', r['results'][0]['values']['text'])
    return mesage


if __name__ == '__main__':

    flag = True
    while flag:
        # 获取用户输入
        user_input = input('User: ')
        # 设置对话结束条件
        if user_input == 'bye':
            flag = False
        else:
            # 对话系统回复信息
            sys_reply = getTulingResponse(user_input)
```

图灵机器人的对话效果如下所示：

```
User: 你好
Sys:  我很好，你也要好好的
User: 今天天气怎么样
Sys:  不用问了，反正不是天晴就是下雨，不是下雨就是阴天，总之肯定不会下钱
User: 你几岁了
Sys:  9 岁了，我也是度过了无数个春秋的机器人了
User: bye
```

2.6 智能语音助手的实现

通过调用上面三个模块，用户输入的语音信息经过智能设备采集为音频格式文件，通过语音识别模块转换为文本内容，将用户输入传递给对话模块，获取到对话模块的回复后，将回复的内容通过语音生成模块转换为音频格式的文件。

代码 2.4 为系统整体实现代码。

代码 2.4　智能语音助手

```
#!/usr/bin/env python
# _*_ coding:utf-8 _*_
from asr.asr_demo import asr
from dialogue_demo.dialogue_demo import getTulingResponse
from tts.tts_demo import tts


def main():
    '''
    语音助手实现代码
    :return:
    '''
    # 获取用户输入的语音信息
    user_input = './asr/audio/16k.pcm'
    # 将语音信息转为文本内容
    user_text = asr(user_input)
    print(user_text)
    # 获取用户输入信息的对话反馈信息
    sys_reply = getTulingResponse(user_text)
    print(sys_reply)
    # 将系统反馈信息转换为语音格式
    tts(sys_reply)


if __name__ == '__main__':
    main()
```

实际对话效果如图 2.21 所示。

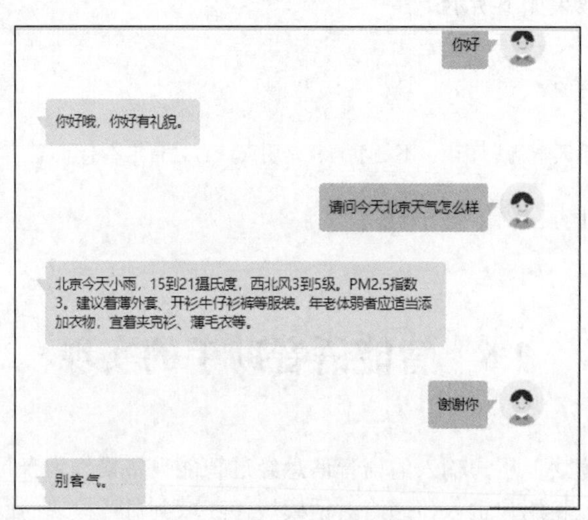

图 2.21　对话效果展示

第3章

文本相似度计算方法

文本相似度计算方法是自然语言处理的基本任务。文本相似度在狭义上是指两个文本字符串的相似情况，广义上是指文本在所含语义上的相似程度，可以广泛应用于自然语言处理任务的多个领域。例如，在机器翻译领域可以用于评价翻译结果的准确程度，在搜索引擎领域可以用于衡量检索文本与被检索文本之间的相关程度，在文本分类领域可以用于评价文本间的相似程度，在问答领域可以用于评定用户输入问题与问答库中问题的相似程度及问题与答案的相关程度等。

本章主要介绍常见的文本相似度计算方法及用于比较文本相似度的模型。

本章主要涉及的知识点有：

- 文本相似度计算方法介绍。
- 基于字符的文本相似度计算方法。
- 基于语义的文本相似度计算方法。
- 语义匹配模型。

3.1 文本相似度计算方法介绍

在信息爆炸时代，如何从海量信息中获取需要的信息成为一个急需解决的问题，由此出现了搜索引擎、推荐系统、问答系统、文本分类、信息检索等技术。这些应用场景的关键技术就是文本相似度计算方法。

自然语言处理中的许多问题都可以抽象为文本相似度计算方法的问题。例如，网页搜索可以抽象为网页内容与用户搜索 Query 的文本相似度计算方法问题；在社区问答网站中，往往会出现越来越多的相似重复问题。文本相似度计算方法可以帮助检测并减少这些重复问题，一方面可以降低数据冗余，减少数据存储维护的成本；另一方面可以帮助用户快速检索到想要获取的信息，提升用户体验。同样地，文本相似度计算方法也可以应用于网页搜索中。

文本相似度计算方法一般可以分为三类：一是基于字符的算法，通常是一些较为传统的算法；二是基于语义的算法，通常是基于机器学习及深度学习的算法；三是基于语义学知识通过其他方法比较文本间相似度的算法。

常用的文本相似度计算方法如图 3.1 所示。

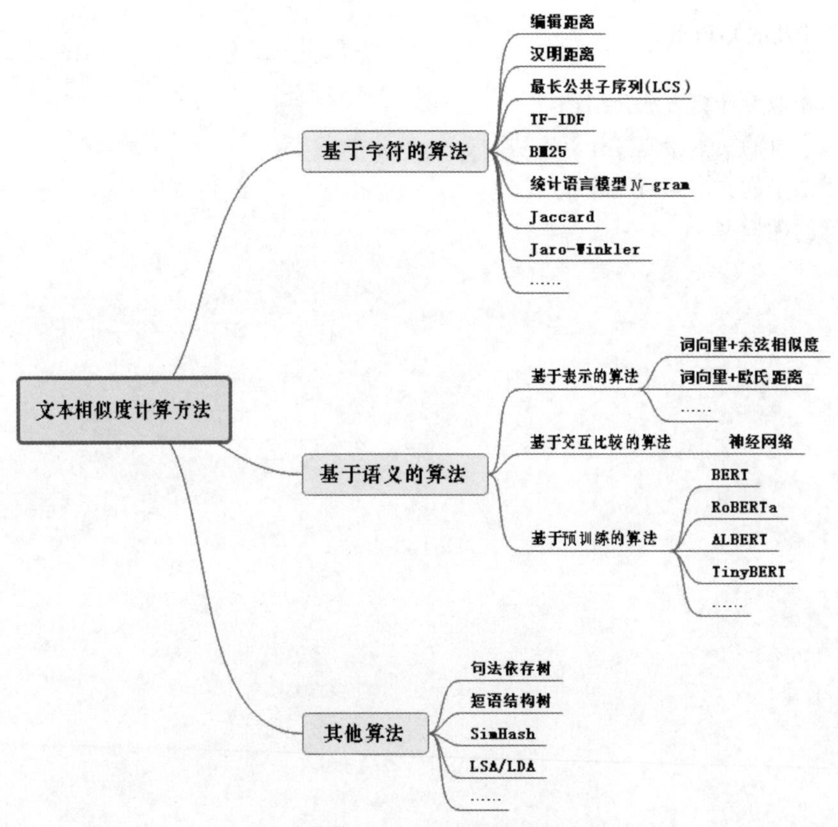

图 3.1 文本相似度的计算方法分类

3.2 基于字符的文本相似度计算方法

本节主要介绍基于字符的文本相似度计算方法及其优缺点。给定两个句子 S_1 与 S_2，若两个句子中包含的字符种类及字符的排列顺序均相同，那么可以认为两个句子相同，若两个句子中字符不同或者字符排列顺序不同，那么如何衡量两个句子之间的“相似”情况？

在机器学习出现之前，传统的文本相似度是基于句子中的字符信息及词频信息进行计算的。例如，通过最长公共子序列算法（LCS）、Jaccard 算法来计算公共字符串占全部文本的比例，进而比较文本的相似度；基于字符变换的距离来计算文本相似度的编辑距离、汉明距离；基于信息检索中的TF-IDF、BM25、语言模型等方法，主要解决字面相似度问题。这些方法由于计算简单，适用范围广，是很多场景下的优秀基准模型。

下面介绍几种典型的基于字符的文本相似度计算方法。

3.2.1 编辑距离

编辑是指对字符串指定位置的单个字符进行插入、删除和替换的操作。编辑距离又称为Levenshtein 距离，是指由原字符串 S_1 转换为另外一个字符串 S_2 所需要的最小编辑次数或最小代价。

考虑长度分别为 m 和 n 的两个字符串 S_1 与 S_2，构造矩阵 $[\boldsymbol{LD}]_{n+1,m+1}$，利用动态规划方法获得该矩阵元素如下，其中 $1 \leqslant i \leqslant n$，$1 \leqslant j \leqslant m$。

$$\boldsymbol{LD}(i,j)=\begin{cases}\max(i,j) & ,\min(i,j)=0 \\ \min\begin{cases}\boldsymbol{LD}(i-1,j-1)+1 \\ \boldsymbol{LD}(i-1,j)+1 \\ \boldsymbol{LD}(i,j-1)+1\end{cases} & ,S_i \neq T_j \\ \boldsymbol{LD}(i-1,j-1) & ,S_i = T_j\end{cases}$$

在该矩阵中，矩阵右下角元素 $\boldsymbol{LD}(n,m)$就是字符串 S_1 与 S_2 之间的编辑距离 L_d。

例如，将字符串“abc”转换为“ab”，只需要将字符串“abc”的“c”删除即可，因此这两个字符串之间的编辑距离为 1；同理，将字符串“abd”转换为“abc”，只需要将字符“d”替换为“c”，故编辑距离也为 1。

代码 3.1 为 Python 语言采用动态规划计算编辑距离的代码实现。

代码 3.1 计算编辑距离

```
#!/usr/bin/env python
# _*_ coding:utf-8 _*_
import numpy as np


def edit_distance(str1, str2):
```

```
    '''
    利用动态规划计算编辑距离
    :param str1:
    :param str2:
    :return:
    '''
    len1 = len(str1)
    len2 = len(str2)
    dp = np.zeros((len1 + 1, len2 + 1))
    for i in range(len1 + 1):
        dp[i][0] = i
    for j in range(len2 + 1):
        dp[0][j] = j
    # 利用计算编辑距离的公式来计算
    for i in range(1, len1 + 1):
        for j in range(1, len2 + 1):
            if str1[i - 1] == str2[j - 1]:
                delta = 0
            else:
                delta = 1
            dp[i][j] = min(dp[i - 1][j - 1] + delta, min(dp[i - 1][j] + 1, dp[i][j -
1] + 1))
    return dp[len1][len2]


if __name__ == "__main__":
    str1 = 'hello'
    str2 = 'world'
    # 计算str1与str2之间的编辑距离
    ed = edit_distance(str1, str2)
    print(ed)
```

3.2.2 汉明距离

与编辑距离算法相近的是汉明距离，汉明距离主要应用于编码通信领域，在误差检测和校正码处理上有很好的效果。对于两个等长字符串，它们之间的汉明距离是两个字符串对应位置的不同字符的个数。

汉明距离的核心原理就是如何通过替换字符（最初应用在通信中，实际上是二进制的 0、1 替换），将一个字符串替换成另外一个字符串。

例如，“karolin”和“kathrin”的汉明距离为3（字符2 3 4替换），“karolin”和“kerstin”的汉明距离为3（字符1 3 4替换）。

代码3.2所示为Python语言计算汉明距离的代码实现。

代码 3.2 计算汉明距离

```
#!/usr/bin/env python
# _*_ coding:utf-8 _*_

def hamming_distance(str1, str2):
    '''
    Return the Hamming distance between equal-length sequences
    :param str1:
    :param str2:
    :return:
    '''
    if len(str1) != len(str2):
        raise ValueError("Undefined for sequences of unequal length")
    return sum(el1 != el2 for el1, el2 in zip(str1, str2))


if __name__ == "__main__":
    str1 = 'abc'
    str2 = 'abd'
    hd = hamming_distance(str1, str2)
        print(hd)
```

3.2.3 TF-IDF

TF-IDF（term frequency－inverse document frequency）是一种用于信息检索与数据挖掘的常用加权技术。TF-IDF 是一种统计方法，用于评估一个字词对于一个文档集或一个语料库中的其中一份文档的重要程度。字词的重要性与它在文档中出现的次数成正比，但同时会随着它在语料库中出现的频率成反比下降。

TF：在一份给定的文档里，词频（term frequency，TF）是指某一个给定的词语在该文件中出现的频率。对于在某一特定文件里的词语 ti 来说，它的 TF 可表示为：

TF = 词语 ti 在文档中的出现次数/文档中的总词数

IDF：逆向文件频率（inverse document frequency，IDF）是一个词语普遍重要性的度量。某一特定词语的 IDF 可以由总文件数目除以包含该词语的文件的数目，再将得到的商取对数得到，即 IDF = $\log_2$（语料库中的总文档数/语料库中出现该词的文档数）。

最终，TF-IDF=TF・IDF。

注意：

为了防止文档中没有要查找的词语时，出现分母为 0 的情况，在实际应用中采用了给分母加 1 的方法进行规避。

代码 3.3 所示为 Python 语言计算 TF-IDF 的代码实现。

代码 3.3 计算 TF-IDF

```
#!/usr/bin/env python
# _*_ coding:utf-8 _*_
```

```
import numpy as np
from collections import defaultdict


class TFIDF(object):
    '''
    用于计算文档 TF-IDF 的类
    '''

    def __init__(self, corpus, word_sep=' ', smooth_value=0.01, scale=False):
        assert isinstance(corpus, list), 'Not support this type corpus.'
        self.corpus = corpus
        self.vob = defaultdict(int)
        self.word_sep = word_sep
        self.smooth_value = smooth_value
        self.doc_cnt = defaultdict(set)
        self.scale = scale

    def get_tf_idf(self):
        # 获取词表
        for i, line in enumerate(self.corpus):
            if isinstance(line, str):
                line = line.split(self.word_sep)
            for w in line:
                self.vob[f'{i}_{w}'] += 1
                self.doc_cnt[w].add(i)
        # 计算 TF-IDF
        output = np.zeros((len(self.corpus), len(self.vob)))
        for i, line in enumerate(self.corpus):
            if isinstance(line, str):
                line = line.split(self.word_sep)
            tmp_size = len(line)
            for j, w in enumerate(self.vob.keys()):
                w_ = w.split('_')[1]
                if w_ in line:
                    output[i, j] = self.vob[w] / tmp_size * np.log(
                        (self.smooth_value + len(self.corpus)) / (self.smooth_value +
len(self.doc_cnt[w_])) + 1)
        if self.scale:
            output = (output - output.mean(axis=1).reshape(len(self.corpus), -1)) /
output.std(axis=1).reshape(len(self.corpus), -1)
        return output


if __name__ == '__main__':
    # 每个列表代表一个文档
    corpus = [['this', 'is', 'a', 'simple', 'tfidf', 'code', 'but', 'code',
'might', 'has', 'bugs'],
```

```
            ['python', 'is', 'a', 'code', 'language', 'not', 'human',
'language'],
            ['learning', 'python', 'make', 'things', 'simple', 'but', 'not',
'simple', 'enough']]
    result = TFIDF(corpus)
print(result.get_tf_idf())
```

3.2.4 BM25

BM25 算法是一种广泛应用于搜索引擎中的相似度比较算法，该算法主要用来计算 query 与待比较文档之间的相似度。其核心原理是将 query 先进行分词，然后分别计算每一个词和待比较文档之间的相似度，最后对其进行加权求和，得到句子与文档的相关度评分。

评分公式如下：

$$\text{Score}(Q,d)=\sum_{i}^{n}W_iR(q_i,d)$$

式中，Q 表示当前 query；d 表示待比较的文档；q_i 表示 Q 分词后的第 i 个词；W_i 表示 Q 分词后的第 i 个词的权重，这个权重一般通过前面介绍的 IDF 方法来计算；$R(q_i,d)$ 表示 q_i 与待比较文档 d 之间的相似度。

IDF 的计算公式如下：

$$\text{IDF}(q_i)=\log_2\left(\frac{N-n(q_i)+0.5}{n(q_i)+0.5}\right)$$

式中，N 表示待比较文档的总个数，$n(q_i)$ 表示包含这个词的文档个数。为了避免出现对数中分母为 0 的情况，采用给分子与分母同时加 0.5 的方法进行修正。

相似度 R 的计算公式如下：

$$R(q_i,d)=\frac{f_i(k_1+1)}{f_i+K}\frac{qf_i(k_2+1)}{qf_i+k_2}$$

$$K=k_1(1-b+b\frac{dl}{\text{avg}dl})$$

式中，k_1,k_2,b 都是调节因子，一般 $k_1=1,k_2=1,b$=0.75；qf_i 表示 q_i 在 query 中出现的频率；f_i 表示 q_i 在文档 d 中出现的频率；K, dl 表示文档的长度；avgdl 表示文档的平均长度。从公式可以看出，文档的长度与文档的平均长度之间的比例越大，则 $R(q_i,d)$ 越小。

代码 3.4 为计算 BM25。

代码 3.4 计算 BM25

```
import math
import jieba
import numpy as np
import logging
import pandas as pd
from collections import Counter
jieba.setLogLevel(logging.INFO)
```

```
# 测试文本
text = '''
自然语言处理是计算机科学领域与人工智能领域中的一个重要方向。它研究能实现人与计算机之间用自然语言进行有效通信的各种理论和方法。
自然语言处理是一门融语言学、计算机科学、数学于一体的科学。因此，这一领域的研究将涉及自然语言，即人们日常使用的语言，所以它与语言学的研究有着密切的联系，但又有重要的区别。
自然语言处理并不是一般的研究自然语言，而在于研制能有效地实现自然语言通信的计算机系统，特别是其中的软件系统。因而它是计算机科学的一部分。
'''

class BM25(object):
  def __init__(self,docs):
    self.docs = docs   # 传入的docs要求是已经分好词的list
    self.doc_num = len(docs) # 文档数
    self.vocab = set([word for doc in self.docs for word in doc])
    # 文档中所包含的所有词语
    self.avgdl = sum([len(doc) + 0.0 for doc in docs]) / self.doc_num
    # 所有文档的平均长度
    self.k1 = 1.0
    self.b = 0.75

  def idf(self,word):
    if word not in self.vocab:
      word_idf = 0
    else:
      qn = {}
      for doc in self.docs:
        if word in doc:
          if word in qn:
            qn[word] += 1
          else:
            qn[word] = 1
        else:
          continue
      word_idf = np.log((self.doc_num - qn[word] + 0.5) / (qn[word] + 0.5))
    return word_idf

  def score(self,word):
    score_list = []
    for index,doc in enumerate(self.docs):
      word_count = Counter(doc)
      if word in word_count.keys():
        f = (word_count[word]+0.0) / len(doc)
      else:
        f = 0.0
      r_score = (f*(self.k1+1)) / (f+self.k1*(1-self.b+self.b*len(doc)/self.avgdl))
```

```
      score_list.append(self.idf(word) * r_score)
    return score_list

  def score_all(self,sequence):
    sum_score = []
    for word in sequence:
      sum_score.append(self.score(word))
    sim = np.sum(sum_score,axis=0)
    return sim

if __name__ == "__main__":
  # 获取停用词
  stopwords = open('./drive/My Drive/Colab/stopwords/哈工大停用词
表.txt').read().split('\n')
    doc_list = [doc for doc in text.split('\n') if doc != '']
    docs = []
  for sentence in doc_list:
    sentence_words = jieba.lcut(sentence)
    tokens = []
    for word in sentence_words:
      if word in stopwords:
        continue
      else:
        tokens.append(word)
    docs.append(tokens)

    bm = BM25(docs)

    score = bm.score_all(['自然语言', '计算机科学', '领域', '人工智能', '领域'])

    print(score)
```

3.2.5 统计语言模型

统计语言模型是从概率统计的角度出发，探求自然语言上下文相关的特性的数学模型。统计语言模型的核心就是判断一个句子在文本中出现的概率。通过引入马尔可夫假设，可以认为一句话中每个单词出现的概率只与它前面 $N-1$ 个词有关，整句的概率就是各个词出现概率的乘积。该模型被称为 N-gram 语言模型。

统计语言模型通常对语料库的大小有着较强的要求。通常来说，随着 N-gram 模型中 N 的增加，需要的语料也会急剧增加，时间复杂度更高，精度却提高得不多。因此，常用的统计语言模型有二元模型（N=2）和三元模型（N=3）。注意，N=1 时表示上下文无关。

代码 3.5 所示为 Python 语言计算 N-gram 的代码实现。

代码 3.5 计算 *N*-gram

```
#!/usr/bin/env python
# _*_ coding:utf-8 _*_

class NGram():
    '''
    计算 N-gram 的类
    '''

    # 设置参数 n，默认为 2
    def __init__(self, n=2):
        self.n = n

    def distance(self, s0, s1):
        '''
        计算输入文本的 N-gram 距离
        :param s0:
        :param s1:
        :return:
        '''
        if s0 is None:
            raise TypeError("Argument s0 is NoneType.")
        if s1 is None:
            raise TypeError("Argument s1 is NoneType.")
        if s0 == s1:
            return 0.0

        special = '\n'
        sl = len(s0)
        tl = len(s1)

        if sl == 0 or tl == 0:
            return 1.0

        cost = 0
        if sl < self.n or tl < self.n:
            for i in range(min(sl, tl)):
                if s0[i] == s1[i]:
                    cost += 1
            return 1.0 * cost / max(sl, tl)

        sa = [''] * (sl + self.n - 1)

        for i in range(len(sa)):
            if i < self.n - 1:
                sa[i] = special
            else:
```

```
                sa[i] = s0[i - self.n + 1]

        p = [0.0] * (sl + 1)
        d = [0.0] * (sl + 1)
        t_j = [''] * self.n
        for i in range(sl + 1):
            p[i] = 1.0 * i

        for j in range(1, tl + 1):
            if j < self.n:
                for ti in range(self.n - j):
                    t_j[ti] = special
                for ti in range(self.n - j, self.n):
                    t_j[ti] = s1[ti - (self.n - j)]
            else:
                t_j = s1[j - self.n:j]

            d[0] = 1.0 * j
            for i in range(sl + 1):
                cost = 0
                tn = self.n
                for ni in range(self.n):
                    if sa[i - 1 + ni] != t_j[ni]:
                        cost += 1
                    elif sa[i - 1 + ni] == special:
                        tn -= 1
                ec = cost / tn
                d[i] = min(d[i - 1] + 1, p[i] + 1, p[i - 1] + ec)
            p, d = d, p

        return p[sl] / max(tl, sl)


if __name__ == '__main__':
    twogram = NGram(2)
    print(twogram.distance('ABCD', 'ABTUIO'))

    s1 = 'Adobe CreativeSuite 5 Master Collection from cheap 4zp'
    s2 = 'Adobe CreativeSuite 5 Master Collection from cheap d1x'
    fourgram = NGram(4)
    print(fourgram.distance(s1, s2))
```

3.2.6 Jaccard 距离

两个集合 A 和 B 的交集（$A\cap B$）元素在 A、B 的并集（$A\cup B$）中所占的比例称为两个集合的 Jaccard 相似系数，用符号 $J(A,B)$表示。Jaccard 相似系数是衡量两个集合的相似度一种指标。

$$J(A,B)=\frac{|A\cap B|}{|A\cup B|}$$

Jaccard距离是基于Jaccard系数来计算的。

$$J_{\delta}(A,B)=1-J(A,B)=\frac{|A\cup B|-|A\cap B|}{|A\cup B|}$$

代码 3.6 所示为 Python 语言计算 Jaccard 距离。

代码 3.6　计算 Jaccard 距离

```
#!/usr/bin/env python
# _*_ coding:utf-8 _*_
import jieba


def Jaccrad(model, reference):
    '''
    计算 Jaccard 系数
    :param model: 候选句子
    :param reference: 源句子
    :return:
    '''
    # 对句子分词默认精准模式
    terms_reference = jieba.cut(reference)
    terms_model = jieba.cut(model)
    # 去重，如果不需要就改为 list
    grams_reference = set(terms_reference)
    grams_model = set(terms_model)
    # 两个句子的并集
    temp = 0
    for i in grams_reference:
        if i in grams_model:
            temp = temp + 1
    # 两个句子的交集
    fenmu = len(grams_model) + len(grams_reference) - temp
    # 两个句子的 Jaccard 距离
    jaccard_coefficient = float(temp / fenmu)
    return jaccard_coefficient


if __name__ =='__main__':
    a = "香农在信息论中提出的信息熵定义为自信息的期望"
    b = "信息熵作为自信息的期望"
    jaccard_coefficient = Jaccrad(a, b)
    print(jaccard_coefficient)
```

3.2.7 最长公共子序列

最长公共子序列（LCS）是一个计算机科学问题，是指在一个序列集合（通常为两个序列）中用来查找所有序列中最长子序列的问题。一个数列，如果分别是两个或多个已知数列的子序列，且是所有符合此条件序列中最长的，就被称为已知序列的最长公共子序列。

最长公共子序列算法广泛应用于数据比较程序，如 Diff 工具和生物信息学应用的基础，也被广泛应用于版本控制，如 Git 用来处理文件之间的改变情况。

3.3 基于语义的文本相似度计算方法

基于字符的文本相似度计算方法非常简单，但是在实际应用场景中存在很大的局限性，主要表现在以下两个方面。

1．语言的一词多义及多词同义问题

同一个词在不同的语境中可以表达不同的语义信息。例如，“苹果”既可以指一种称为“苹果”的水果也可以表示“苹果”科技公司及其产品；同理，不同的表达也可以表示相同的信息。例如，“的士”“计程车”“滴滴”都可以表示出租车。

2．语言的组合结构问题

词是自然语言中的最小语义单位，通过词来组成句子和篇章，不同的词序及语法结构可以表达不同的语义。例如，“奶油蛋糕”和“蛋糕奶油”由于词序不同，表达了不同的语义信息；“从北京到上海的高铁”和“从上海到北京的高铁”，虽然所包含的词相同，但语义信息并不相同。

基于字符的文本相似度计算方法无法很好地解决上面提到的问题。随着机器学习的发展，尤其是随着深度学习模型在自然语言处理领域的广泛应用，通过深度神经网络模型更强大的特征提取能力，使我们可以获取语义层级更多的信息，这就使在语义层级上比较文本间的相似度成为可能，并解决基于字符的文本相似度计算方法存在的语义局限和结构局限的问题。

基于语义文本相似度计算方法的模型主要包括传统的语义匹配模型和深度语义匹配模型。其中，传统的语义匹配模型主要指隐式模型，典型的如潜在语义分析（latent semantic analysis，LSA）、主题模型（topic model）中的典型算法隐含狄利克雷分布（Latent Dirichlet Allocation，LDA）等。深度语义匹配模型主要有三种表示方法，分别是基于表示的方法、基于交互比较的方法和基于预训练模型的方法。

3.3.1 基于表示的方法

基于表示的方法是指将输入的句子通过深度学习模型表示为向量空间中的向量，再在向量空间中比较向量的相似度，从而比较句子的语义相似度。基于表示的方法的模型结构一般为三层，分别是嵌入层、编码层与比较层，如图 3.2 所示。

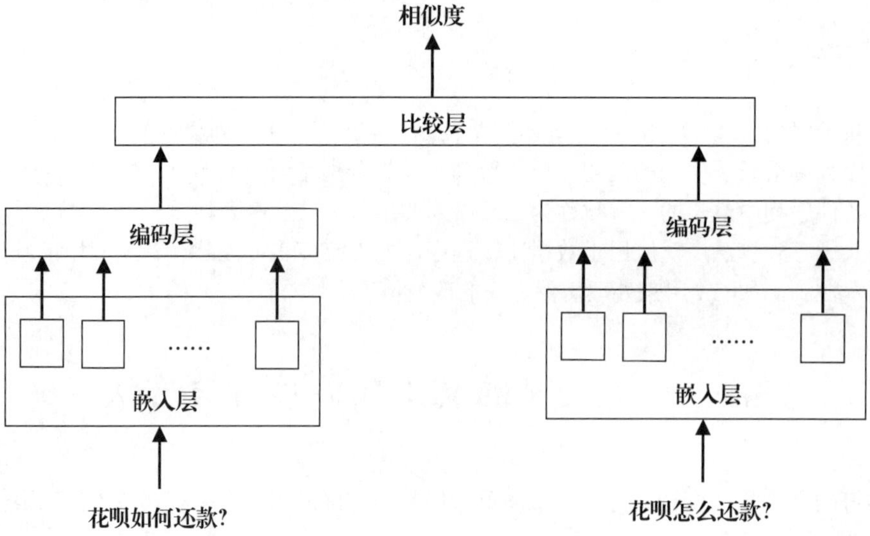

相似度

比较层

编码层

编码层

......

......

嵌入层

嵌入层

花呗如何还款?

花呗怎么还款?

图 3.2 基于表示的方法的模型结构

（1）嵌入层（embedding layer）文本表示的句子一般通过 one_hot 编码来进行向量表示。但是这种方式是一种高维稀疏的表示方式，不利于存储与计算，因此需要通过嵌入层将其转换为低维稠密的表示方式。通常使用 Word2vec 及 GloVe 词向量来实现。

（2）编码层（encoder layer）将句子整体转换为向量表示，通常会使用 BOW、CNN、RNN、LSTM 及 BiLSTM 网络和池化层来构建句子的向量表示。

（3）比较层（comparison layer）对两个句子转换后的向量进行比较，通常使用余弦相似度或者向量距离（如曼哈顿距离）来衡量两个句子的相似度。

基于表示的方法的典型模型为微软提出的 DSSM 模型，这种方法的优点在于简单方便，而且可以将 Embedding 的操作转为线下，提高线上的效率，而且将句子向量表示后便于可视化，后续还可以应用于句子聚类等任务中。

基于表示的方法的缺点在于句子编码表示的过程分别由独立的嵌入层与编码层来实现，两个输入句子彼此没有交互，不利于结合上下文信息。

3.3.2 基于交互比较的方法

基于交互比较的方法通常比较输入句子的较小单位（如词），然后将比较结果汇总（如通过 CNN 网络或 RNN 网络），以作出最终决定。与基于表示的方法相比，基于交互比较的方法可以捕获输入句子之间的更多交互功能，因此在对 TrecQA 等公共数据集进行评估时，通常具有更好的性能。一个典型的基于交互比较的方法 BiMPM 模型如图 3.3 所示。

该模型为五层结构，与基于表示的方法网络相比，增加了上下文表示层与聚合层。

（1）词表示层（word representation layer）与嵌入层的作用一样，都是将输入句子的高维稀疏的 one_hot 编码表示转换为低维稠密的表示向量。

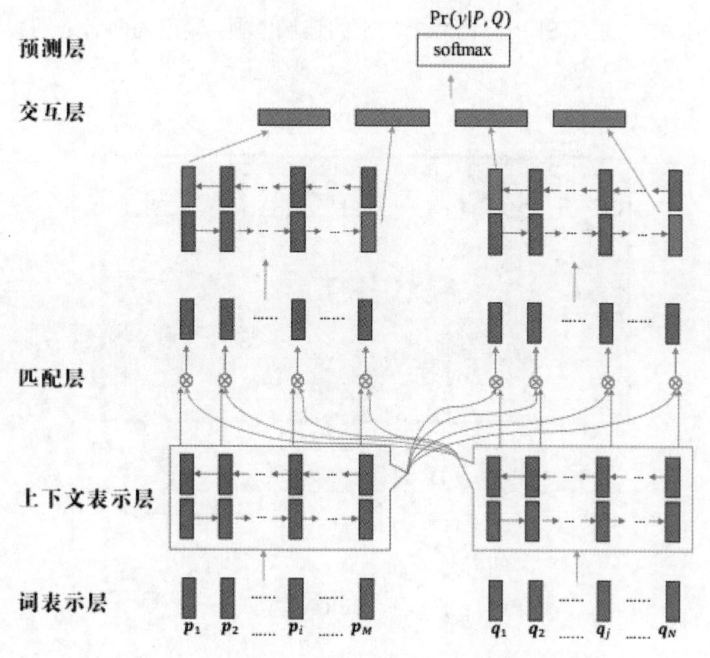

图 3.3　基于交互比较的 BiMPM 模型结构图

（2）上下文表示层（contex representation layer）是为输入句子中的每个位置获取一个新的表示形式，该表示形式除了捕获该位置的单词以外，还捕获一些上下文信息。这样不仅考虑句子中词的信息，也考虑了句子中词序的信息，可以采用 BiLSTM 来完成。

（3）匹配层（matching layer）将一个句子的每个上下文表示与另一句子的所有上下文表示进行比较。该层的输出是两个匹配向量序列，其中每个匹配向量对应一个句子的一个位置与另一个句子的所有位置的比较结果。

（4）交互层（aggregation layer）汇总来自上一层的比较结果，将匹配向量的两个序列聚合为固定长度的匹配向量。

（5）预测层（prediction layer）作出最终预测。最终应用 softmax 函数获得最终的句子相似度比较结果。

这种基于交互比较的方法在构建神经网络比较时将输入的句子对进行交互，可以更好地获取文本表示。

3.3.3　基于预训练模型的方法

随着 BERT 的提出及其改进模型 XLNET、RoBERTa、ALBERT、ERNIE、TinyBERT 等预训练模型的出现，其在大规模的语料库上先进行预训练，可以捕捉到更多的语义信息，且在各种自然语言处理任务中均取得了很好的效果。因此，基于预训练的方法已经成为文本语义相似度计算的最优解决策略。

在 BERT 模型中，可以将语义相似度计算任务看作一个下游的分类任务。通过[CLS]标记将两个句子拼接作为模型的输入，通过[SEP]标记两个句子的连接位置，输出为两者之间相似的概率，如图 3.4 所示。

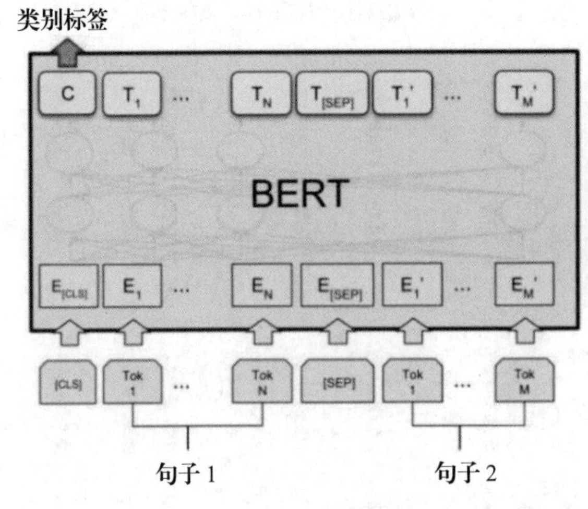

图 3.4　BERT 模型

（1）Class label：输出的类别标签，一般使用 0 和 1 进行区分，其中，0 表示两个句子不相似，1 表示两个句子相似。

（2）输入层：BERT 模型的输入为两个句子的拼接，在句子开始位置添加[CLS]标记，在两个句子之间添加[SEP]标记。利用 BPE 算法等进行分词，得到 BERT 模型的输入特征向量。

（3）相似度计算：将特征向量输入 BERT 后，经计算将得到 BERT 的输出（句子中每个词的向量表示），取[CLS]标记的向量表示作为输出，通过一个单层或多层全连接神经网络，得到两个文档的相似度得分（相似的概率）。

3.4　其他文本相似度的计算方法

除了上面介绍的文本相似度计算方法，还有基于语法结构的文本相似度计算方法，通过分析一个句子中各个成分的依存关系得到有效配对，再计算有效配对之间的相似度得到句子的相似度。这种方法将语法特征信息引入，可以直观展现句子内部的结构，但是没有考虑语义在句子中的作用，而且现有的依存语法分析准确率不高，在实际应用中的效果并不是很突出。

还有一种方法是对文本进行降维处理，如给文本生成一个 SimHash 值，即指纹（fingure print），通过 SimHash 值来评估两个文本的相似情况。

此外还可以通过《同义词词林》《知网》、WordNet 等语义资源对通用词汇进行扩展，识别问句中的同义词和近义词信息，从而可以更精确地计算句子间的相似度。但该方法受限于知识源，不适用于特定领域，需要特定的专家基于语言学知识来处理，需要耗费较高的人力成本。

3.5 语义匹配模型训练

在基于表示的语义匹配模型训练中，常采用 point-wise 模型与 pair-wise 模型进行训练，采用监督学习的方法来训练模型。下面主要介绍 point-wise 模型与 pair-wise 模型的训练模式。

3.5.1 point-wise 模型

point-wise 模型的思路是将文本相似度计算转换为训练一个二分类模型的分类任务。在模型训练过程中，将语义相似的句子对标注为“1”，将语义不相似的句子标注为“0”。通过构造的数据训练模型，最终利用训练好的模型预测待比较的句子对之间的语义相似度。

其中，用于训练 point-wise 模型的数据由三列组成，以制表符（\t）分隔，第一列和第二列是需要比对的句子对，第三列表示句子语义是否相似的标签（0 表示不相似，1 表示相似），文件为 utf-8 编码。字段信息见表 3.1。

表 3.1 point-wise 模型训练数据格式字段介绍

字　段	说　明	备　注
Sentence1	句子 1	
Sentence2	句子 2	
Label	句子对语义相似标签	1 表示两个句子相似，反之为 0

部分数据如下：

```
Sentence1,Sentence2,Label
宝马启动空调就开了    宝马启动空调    1
宝马启动空调就开了    宝马汽车一启动空调也会开    1
宝马启动空调就开了    宝马一系空调启动关闭    0
宝马启动空调就开了    宝马一系启动    0
宝马启动空调就开了    宝马 325 空调不启动    0
宝马启动空调就开了    宝马 3 系空调保险丝    0
宝马启动空调就开了    宝马 3 系如何播放歌词    0
宝马启动空调就开了    宝马三系什么情况下自动启动空调    0
宝马启动空调    宝马汽车一启动空调也会开    1
宝马启动空调    宝马 3 系自动启停    0
一个数各个位上的数字加起来和是九倍数那么这个数几也    一个数各个位上的数字加起来和是九倍数那么这个就什么也    1
一个数各个位上的数字加起来和是九倍数那么这个数几也    一个数各个位上的数字加起来和是九倍数那么这个就什么倍    1
一个数各个位上的数字加起来和是九倍数那么这个数几也    11 一个数各位上的加起来和是 9 倍数那么这个(2)也    0
```

```
一个数各个位上的数字加起来和是九倍数那么这个就什么也　一个数各个位上的数字加起来和是九倍数那么这个就什么倍　　　1
一个数各个位上的数字加起来和是九倍数那么这个就什么也　一个数各位上的加起来和是九倍数那么这个　1
一个数各个位上的数字加起来和是九倍数那么这个就什么也　11 一个数各位上的加起来和是 9 倍数那么这个(2)也　　　0
一个数各个位上的数字加起来和是九倍数那么这个就什么倍　一个数各位上的加起来和是九倍数那么这个　1
一个数各个位上的数字加起来和是九倍数那么这个就什么倍　11 一个数各位上的加起来和是 9 倍数那么这个(2)也　　　0
```

在模型训练过程中，用 y'表示输入模型的句子对（s1,s2）的预测相似度，用 y 表示其真实相似度。其损失函数（L）一般定义如下：

$$L=-|y\lg y'+(1-y)\lg(1-y')|$$

模型结构如图 3.5 所示。

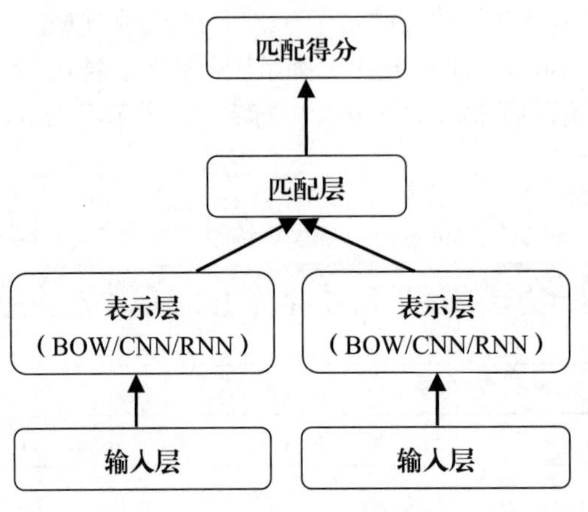

图 3.5　point-wise 模型

（1）输入层一般通过查表的方式将句子中的词转换为其词向量表示。比如，对于句子“我爱计算机”，通过在预先训练好的词向量表中，分别查询“我”“爱”“计算机”三个词的向量表示，然后将其进行拼接，作为句子最终的向量表示。

（2）表示层的主要功能是由词到句的表示构建，或者说将序列的孤立词语的 Embedding 表示转换为具有全局信息的一个或多个低维稠密的语义向量。最简单的是 Bag of Words（BOW）累加方法，除此之外，也可以使用卷积网络（CNN）、循环神经网络（RNN）等技术。

（3）匹配层利用文本的表示向量进行交互计算，根据应用的场景不同，一般会使用不同的匹配算法。一种是通过固定的度量函数计算，实际中最常用的是 cosine 函数，这种方式简单高效，并且得分区间可控，意义明确。相似结果的输出区间为[0,1]，其中，越接近 1，表示输入的句子在语义上越相似，越接近 0，表示输入的句子在语义上越不相似；另一种方法就是将两个向量再过一个多层感知器网络（MLP），通过数据训练拟合出一个匹配度得分，这种方式更加灵活，拟合能力更强，但对训练的要求也更高。

3.5.2 pair-wise 模型

pair-wise 模型通过构造偏序关系，使语义相似的句子对的得分明显高于语义不相似的得分来训练语义匹配模型。

其中，用于训练 pair-wise 模型的数据由三列组成，以制表符（\t）分隔。第一列为句子，第二列是与第一列语义相似的句子，第三列是与第一列语义不相似的句子，文件为 utf-8 编码。字段信息见表 3.2。

表 3.2 pair-wise 训练数据格式字段介绍

字 段	说 明	备 注
Sentence1	句子 1	
Sentence2	句子 2	与 Sentence1 语义相似
Sentence3	句子 3	与 Sentence1 语义不相似

部分数据如下：

```
Sentence1,Sentence2,Sentence3
用电视机当笔记本电脑显示器好吗  电视机可以当笔记本电脑的显示器吗  笔记本电脑屏幕可以当电视机
用电视机当笔记本电脑显示器好吗  电视机可以当笔记本电脑的显示器吗  笔记本能配显示屏吗
用电视机当笔记本电脑显示器好吗  电视机可以当笔记本电脑的显示器吗  笔记本可以用电视机屏幕
用电视机当笔记本电脑显示器好吗  电视机可以当笔记本电脑的显示器吗  笔记本连了电视机怎么不能用显示器
用电视机当笔记本电脑显示器好吗  电视机可以当笔记本电脑的显示器吗  笔记本电脑屏幕能当电视用吗
用电视机当笔记本电脑显示器好吗  电视机可以当笔记本电脑的显示器吗  笔记本电脑显示屏能当电视吗
笔记本电脑屏幕可以当电视机    笔记本可以用电视机屏幕      笔记本能配显示屏吗
笔记本电脑屏幕可以当电视机    笔记本可以用电视机屏幕      笔记本连了电视机怎么不能用显示器
笔记本电脑屏幕可以当电视机    笔记本可以用电视机屏幕      液晶电视能不接笔记本电脑
笔记本电脑屏幕可以当电视机    笔记本可以用电视机屏幕      如何在用笔记本使用电视机屏幕
笔记本电脑屏幕可以当电视机    笔记本可以用电视机屏幕      笔记本电脑可以用 html 在电视上显示吗
笔记本电脑屏幕可以当电视机    笔记本可以用电视机屏幕      手提电脑跟电视屏幕不
笔记本电脑屏幕可以当电视机    笔记本电脑屏幕能当电视用吗   笔记本能配显示屏吗
笔记本电脑屏幕可以当电视机    笔记本电脑屏幕能当电视用吗   笔记本连了电视机怎么不能用显示器
笔记本电脑屏幕可以当电视机    笔记本电脑屏幕能当电视用吗   液晶电视能不接笔记本电脑
笔记本电脑屏幕可以当电视机    笔记本电脑屏幕能当电视用吗   如何在用笔记本使用电视机屏幕
笔记本电脑屏幕可以当电视机    笔记本电脑屏幕能当电视用吗   笔记本电脑可以用 html 在电视上显示吗
```

训练模型过程中，待比较的句子为 Q，与 Q 语义相似的句子为 D_+，与 Q 语义不相似的句子为 D_-，计算句子语义相似度的匹配函数为 S。通过使 $S(Q,D_+)$和 $S(Q,D_-)$之间的差异最大，使语义相似和不相似的得分差异更大，因此可以使用 Hinge 损失函数：

$$L = \max\{0, \text{margin} - (S(Q,D_+) - S(Q,D_-))\}$$

式中，margin 是超参数，可以根据情况适当调整。

模型结构如图 3.6 所示，Matching network 与图 3.5 的网络结构一样，包括输入层、表示层、比较层和输出层，其中输入层用于接收输入的文本语句，表示层用于将句子进行向量化表示，比较层用于比较输入向量间的相似度，输出层将比较的结果输出到后续神经网络。

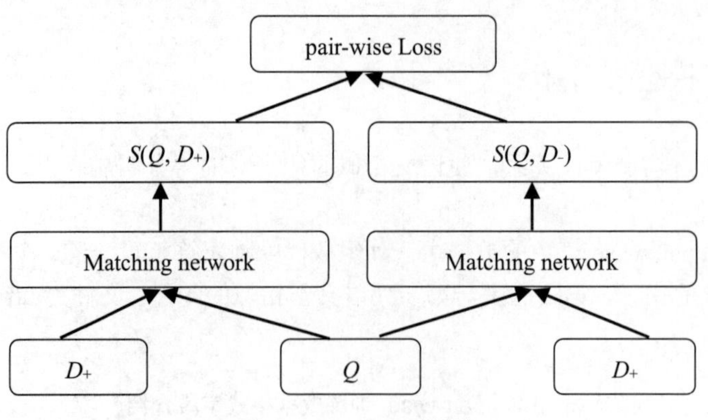

图 3.6 pair-wise 模型

3.5.3 代码实现

代码 3.7 为训练网络模型。

代码 3.7 训练网络模型

```
#!/usr/bin/env python
# _*_ coding:utf-8 _*_
import argparse
import logging
import json
import sys
import os

import tensorflow as tf
from tensorflow.python.framework import graph_util

from utils import datafeeds
from utils import controler
from utils import utility
from utils import converter

_WORK_DIR = os.path.split(os.path.realpath(__file__))[0]
sys.path.append(os.path.join(_WORK_DIR, '../../../common'))


def load_config(config_file):
    """
    导入配置文件数据
    """
    # 读取配置文件
    with open(config_file, "r") as f:
        try:
            conf = json.load(f)
```

```
    except Exception:
        logging.error("load json file %s error" % config_file)
    # 保存配置文件数据
    conf_dict = {}
    unused = [conf_dict.update(conf[k]) for k in conf]
    logging.debug("\n".join(
        ["%s=%s" % (u, conf_dict[u]) for u in conf_dict]))
    return conf_dict


def train(conf_dict):
    """
    训练网络
    """
    training_mode = conf_dict["training_mode"]
    net = utility.import_object(
        conf_dict["net_py"], conf_dict["net_class"])(conf_dict)
    # 采用 point-wise 模型
    if training_mode == "pointwise":
        # 获取 point-wise 训练数据
        datafeed = datafeeds.TFPointwisePaddingData(conf_dict)
        input_l, input_r, label_y = datafeed.ops()
        # 输出网络的预测值
        pred = net.predict(input_l, input_r)
        # 将 softmax 的概率值转换为 0,1
        output_prob = tf.nn.softmax(pred, -1, name="output_prob")
        # 设置 loss 函数
        loss_layer = utility.import_object(
            conf_dict["loss_py"], conf_dict["loss_class"])()
        loss = loss_layer.ops(pred, label_y)
    # 采用 pair-wise 模型
    elif training_mode == "pairwise":
        # 获取 pair-wise 训练数据
        datafeed = datafeeds.TFPairwisePaddingData(conf_dict)
        input_l, input_r, neg_input = datafeed.ops()
        # 输出正向比较的预测结果
        pos_score = net.predict(input_l, input_r)
        output_prob = tf.identity(pos_score, name="output_prob")
        # 输出负向比较的预测结果
        neg_score = net.predict(input_l, neg_input)
        # 设置 loss 函数，使正向结果大于负向结果
        loss_layer = utility.import_object(
            conf_dict["loss_py"], conf_dict["loss_class"])(conf_dict)
        loss = loss_layer.ops(pos_score, neg_score)
    else:
        print(sys.stderr, "training mode not supported")
        sys.exit(1)
    # 定义优化器
```

```
    lr = float(conf_dict["learning_rate"])
    optimizer = tf.train.AdamOptimizer(learning_rate=lr).minimize(loss)

    # 开始训练
    controler.run_trainer(loss, optimizer, conf_dict)


def predict(conf_dict):
    """
    predict
    """
    # 导入网络
    net = utility.import_object(
        conf_dict["net_py"], conf_dict["net_class"])(conf_dict)
    # 导入测试数据
    conf_dict.update({"num_epochs": "1", "batch_size": "1",
                      "shuffle": "0", "train_file": conf_dict["test_file"]})
    test_datafeed = datafeeds.TFPointwisePaddingData(conf_dict)
    test_l, test_r, test_y = test_datafeed.ops()
    # 预测结果
    pred = net.predict(test_l, test_r)
    controler.run_predict(pred, test_y, conf_dict)


def freeze(conf_dict):
    """
    freeze net for c api predict
    """
    model_path = conf_dict["save_path"]
    freeze_path = conf_dict["freeze_path"]
    training_mode = conf_dict["training_mode"]

    graph = tf.Graph()
    with graph.as_default():
        net = utility.import_object(
            conf_dict["net_py"], conf_dict["net_class"])(conf_dict)
        test_l = dict([(u, tf.placeholder(tf.int32, [None, v], name=u))
                       for (u, v) in dict(conf_dict["left_slots"]).iteritems()])
        test_r = dict([(u, tf.placeholder(tf.int32, [None, v], name=u))
                       for (u, v) in dict(conf_dict["right_slots"]).iteritems()])
        pred = net.predict(test_l, test_r)
        if training_mode == "pointwise":
            output_prob = tf.nn.softmax(pred, -1, name="output_prob")
        elif training_mode == "pairwise":
            output_prob = tf.identity(pred, name="output_prob")

        restore_saver = tf.train.Saver()
    with tf.Session(graph=graph) as sess:
```

```
        sess.run(tf.global_variables_initializer())
        restore_saver.restore(sess, model_path)
        output_graph_def = tf.graph_util. \
            convert_variables_to_constants(sess, sess.graph_def, ["output_prob"])
        tf.train.write_graph(output_graph_def, '.', freeze_path, as_text=False)


def convert(conf_dict):
    """
    convert
    """
    converter.run_convert(conf_dict)


if __name__ == "__main__":
    parser = argparse.ArgumentParser()
    parser.add_argument('--task', default='train',
                        help='task: train/predict/freeze/convert, the default value
is train.')
    parser.add_argument('--task_conf', default='./examples/cnn-pointwise.json',
                        help='task_conf: config file for this task')
    args = parser.parse_args()
    task_conf = args.task_conf
    config = load_config(task_conf)
    task = args.task
    if args.task == 'train':
        train(config)
    elif args.task == 'predict':
        predict(config)
    elif args.task == 'freeze':
        freeze(config)
    elif args.task == 'convert':
        convert(config)
    else:
        print(sys.stderr, 'task type error.')
```

代码 3.8 为设置网络结构。

代码 3.8　设置网络结构

```
#!/usr/bin/env python
# _*_ coding:utf-8 _*_

import logging
import layers.tf_layers as layers


class MLPCnn(object):
    """
```

```
    设置网络结构
    """

    def __init__(self, config):
        self.vocab_size = int(config['vocabulary_size'])
        self.emb_size = int(config['embedding_dim'])
        self.kernel_size = int(config['num_filters'])
        self.win_size = int(config['window_size'])
        self.hidden_size = int(config['hidden_size'])
        self.left_name, self.seq_len = config['left_slots'][0]
        self.right_name, self.seq_len = config['right_slots'][0]
        self.task_mode = config['training_mode']
        # 设置网络嵌入层
        self.emb_layer = layers.EmbeddingLayer(self.vocab_size, self.emb_size)
        # 设置网络编码层为 CNN
        self.cnn_layer = layers.CNNLayer(self.seq_len, self.emb_size,
                                         self.win_size, self.kernel_size)
        # 设置 rule 层
        self.relu_layer = layers.ReluLayer()
        self.concat_layer = layers.ConcatLayer()
        # 设置 point-wise 网络结构
        if self.task_mode == "pointwise":
            self.n_class = int(config['n_class'])
            # 连接两个全连接层
            self.fc1_layer = layers.FCLayer(2 * self.kernel_size, self.hidden_size)
            self.fc2_layer = layers.FCLayer(self.hidden_size, self.n_class)
        # 设置 pair-wise 网络结构
        elif self.task_mode == "pairwise":
            # 设置一个全连接层与 cosina 层
            self.fc1_layer = layers.FCLayer(self.kernel_size, self.hidden_size)
            self.cos_layer = layers.CosineLayer()
        else:
            logging.error("training mode not supported")

    # 网络的预测函数
    def predict(self, left_slots, right_slots):
        """
        predict graph of this net
        """
        left = left_slots[self.left_name]
        right = right_slots[self.right_name]
        left_emb = self.emb_layer.ops(left)
        right_emb = self.emb_layer.ops(right)
        left_cnn = self.cnn_layer.ops(left_emb)
        right_cnn = self.cnn_layer.ops(right_emb)
        left_relu = self.relu_layer.ops(left_cnn)
        right_relu = self.relu_layer.ops(right_cnn)
        if self.task_mode == "pointwise":
```

```
            concat = self.concat_layer.ops([left_relu, right_relu], self.kernel_size * 2)
            concat_fc = self.fc1_layer.ops(concat)
            concat_relu = self.relu_layer.ops(concat_fc)
            pred = self.fc2_layer.ops(concat_relu)
        else:
            hid1_left = self.fc1_layer.ops(left_relu)
            hid1_right = self.fc1_layer.ops(right_relu)
            left_relu2 = self.relu_layer.ops(hid1_left)
            right_relu2 = self.relu_layer.ops(hid1_right)
            pred = self.cos_layer.ops(left_relu2, right_relu2)
        return pred
```

代码 3.9 为设置损失函数。

代码 3.9　设置损失函数

```
#!/usr/bin/env python
# _*_ coding:utf-8 _*_
import tensorflow as tf


class PairwiseHingeLoss(object):
    """
    pairwise 采用 hinge loss
    """

    def __init__(self, config):
        """
        init function
        """
        self.margin = float(config["margin"])

    def ops(self, score_pos, score_neg):
        """
        operation
        """
        return tf.reduce_mean(tf.maximum(0., score_neg +
                                         self.margin - score_pos))


class PairwiseLogLoss(object):
    """
    pairwise 采用 log loss
    """

    def __init__(self, config=None):
        """
        init function
```

```
        """
        pass

    def ops(self, score_pos, score_neg):
        """
        operation
        """
        return tf.reduce_mean(tf.nn.sigmoid(score_neg - score_pos))


class SoftmaxWithLoss(object):
    """
    softmax loss
    """

    def __init__(self):
        """
        init function
        """
        pass

    def ops(self, pred, label):
        """
        operation
        """
        return tf.reduce_mean(tf.nn.softmax_cross_entropy_with_logits(logits=pred,
                                                                labels=label))
```

代码 3.10 为数据处理。

代码 3.10　数据处理

```
#!/usr/bin/env python
# _*_ coding:utf-8 _*_

from collections import Counter
import time
import sys
import os

import tensorflow as tf
from tensorflow.contrib import learn

from utils.utility import get_all_files


def load_batch_ops(example, batch_size, shuffle):
    """
    load batch ops
```

```
    """
    if not shuffle:
        return tf.train.batch([example],
                              batch_size = batch_size,
                              num_threads = 1,
                              capacity = 10000 + 2 * batch_size)
    else:
        return tf.train.shuffle_batch([example],
                                      batch_size = batch_size,
                                      num_threads = 1,
                                      capacity = 10000 + 2 * batch_size,
                                      min_after_dequeue = 10000)


class TFPairwisePaddingData(object):
    """
    for pairwise padding data
    """
    def __init__(self, config):
        self.filelist = get_all_files(config["train_file"])
        self.batch_size = int(config["batch_size"])
        self.epochs = int(config["num_epochs"])
        if int(config["shuffle"]) == 0:
            shuffle = False
        else:
            shuffle = True
        self.shuffle = shuffle
        self.reader = None
        self.file_queue = None
        self.left_slots = dict(config["left_slots"])
        self.right_slots = dict(config["right_slots"])

    def ops(self):
        """
        produce data
        """
        self.file_queue = tf.train.string_input_producer(self.filelist,
                                                         num_epochs=self.epochs)
        self.reader = tf.TFRecordReader()
        _, example = self.reader.read(self.file_queue)
        batch_examples = load_batch_ops(example, self.batch_size, self.shuffle)
        features_types = {}
        [features_types.update({u: tf.FixedLenFeature([v], tf.int64)})
                        for (u, v) in self.left_slots.items()]
        [features_types.update({"pos_" + u: tf.FixedLenFeature([v], tf.int64)})
                        for (u, v) in self.right_slots.items()]
        [features_types.update({"neg_" + u: tf.FixedLenFeature([v], tf.int64)})
```

```
                        for (u, v) in self.right_slots.items()]
        features = tf.parse_example(batch_examples, features = features_types)
        return dict([(k, features[k]) for k in self.left_slots.keys()]),\
              dict([(k, features["pos_" + k]) for k in self.right_slots.keys()]),\
                 dict([(k, features["neg_" + k]) for k in self.right_slots.keys()])


class TFPointwisePaddingData(object):
    """
    for pointwise padding data
    """
    def __init__(self, config):
        self.filelist = get_all_files(config["train_file"])
        self.batch_size = int(config["batch_size"])
        self.epochs = int(config["num_epochs"])
        if int(config["shuffle"]) == 0:
            shuffle = False
        else:
            shuffle = True
        self.shuffle = shuffle
        self.reader = None
        self.file_queue = None
        self.left_slots = dict(config["left_slots"])
        self.right_slots = dict(config["right_slots"])

    def ops(self):
        """
        gen data
        """
        self.file_queue = tf.train.string_input_producer(self.filelist,
                                                     num_epochs=self.epochs)
        self.reader = tf.TFRecordReader()
        _, example = self.reader.read(self.file_queue)
        batch_examples = load_batch_ops(example, self.batch_size, self.shuffle)
        features_types = {"label": tf.FixedLenFeature([2], tf.int64)}
        [features_types.update({u: tf.FixedLenFeature([v], tf.int64)})
                        for (u, v) in self.left_slots.items()]
        [features_types.update({u: tf.FixedLenFeature([v], tf.int64)})
                        for (u, v) in self.right_slots.items()]
        features = tf.parse_example(batch_examples, features = features_types)
        return dict([(k, features[k]) for k in self.left_slots.keys()]),\
              dict([(k, features[k]) for k in self.right_slots.keys()]),\
                 features["label"]
```

第 4 章

基于 BERT 模型的智能客服

通过第 3 章的学习，已经了解了如何比较两个句子的语义相似度。那么文本相似度比较算法如何应用于问答系统中呢？本章将利用当前热门的 BERT 模型来实现一个智能客服。

前面在构建智能客服时，直接调用了现有的对话系统接口服务图灵机器人，本章将从零开始构建一个自己的聊天机器人。由于本书的重点在于聊天机器人的原理介绍及功能实现，因此，对于聊天机器人的语音识别模块及语音生成模块将不再赘述，感兴趣的读者可以进行相关研究。

本章主要涉及的知识点有：

- 项目背景知识以及用到的数据集的采集整理。
- 基于文本相似度的智能客服的代码实现。

4.1 项 目 背 景

本节主要介绍什么是智能客服，智能可以帮助我们做什么以及智能客服的主要应用场景。

4.1.1 智能客服

想象一下，当我们在网上购物需要支付时，发现无法支付或者支付失败，就会先去找一个小助手帮忙解答。图 4.1 所示为支付宝的客服助手展示页面，图 4.2 所示为客服助手的问题搜索页面，图 4.3 所示为客服助手的问题搜索结果展示页面。

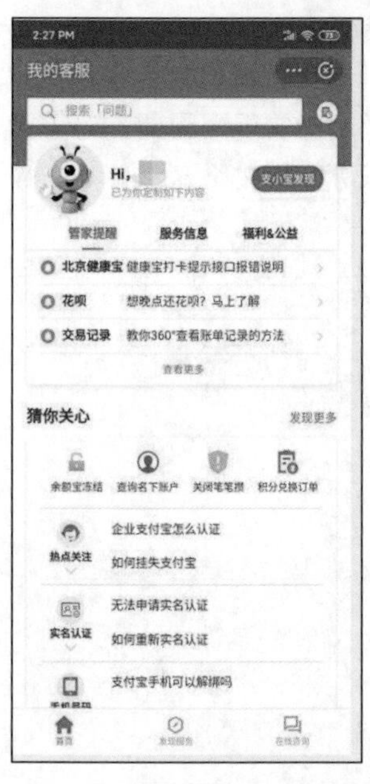

图 4.1 支付宝客服助手的展示页面

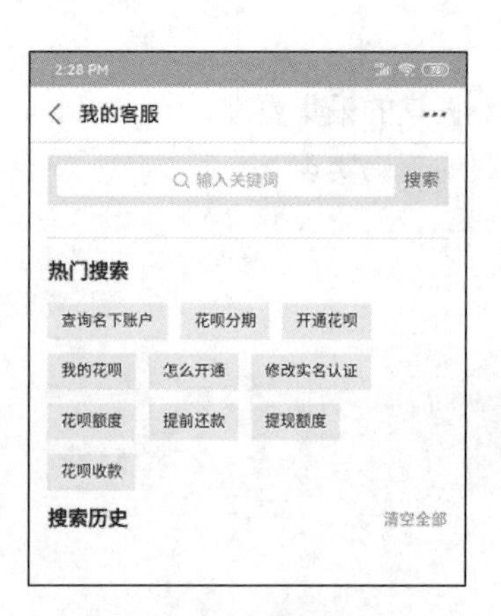

图 4.2 支付宝客服助手的问题搜索页面

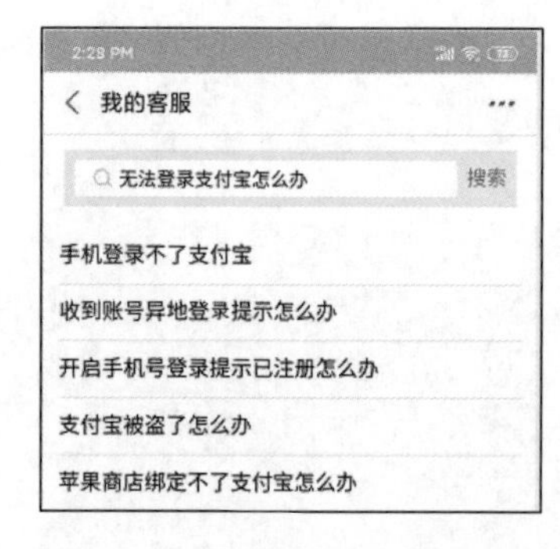

图 4.3 支付宝客服助手的问题搜索结果展示页面

通过在输入框描述遇到的问题，系统会自动给出答案，帮助我们解决问题。

这样一个系统就是智能客服，广泛应用于电商、政务等服务行业，当遇到问题时，智能客服可以高效、便捷地帮助我们解决相关问题。

智能客服的实现是基于一个庞大的常见问答数据库，简称问答库，也就是 FQA。构建问答库，然后将用户输入的问题与问答库中的问题一一进行比较，选取相同或相似问题作为候选问题，并将候选问题的答案进行筛选后返回给用户。

4.1.2 数据集获取

本项目中我们采用从百度知道人工爬取的保险相关问答数据，该数据集中共包含8000余条保险相关问题及答案，经过数据清理，去除了原数据集中的问题id、url、qid、reply_t、user字段，对question、reply做了脱敏处理。

注意：

该部分的数据爬取并非本节重点，读者在开源项目中可以直接获取爬取的数据集。

最终获取到一个包含四个字段的数据集。数据字段的说明见表4.1。

表4.1 保险问答数据源数据字段介绍

字 段	说 明	备 注
title	问题的标题	
question	问题内容	可为空
reply	回复内容	
is_best	是否为页面上显示的最佳回答	1表示该回答为最佳回答，反之为0

部分数据如下：

```
title,question,reply,is_best
最近在安*长青树中看到什么豁免，这个是什么意思？，，您好，这个是重疾险中给予投保者的一项权利，安*长青树保障责任规定，投保者可以享受多次赔付、豁免等权益。也就是说不同轻症累计5次赔付，理赔1次轻症豁免后期所交保费，人性化的设计，无须加保费。,1
和老婆利用假期去澳*探亲，但是第一次去不大熟悉，有没有相关保险呢？，，您好，HUTS保险中的乐游全球（探亲版）-慧择旅游保险澳新计划是澳*新西兰探亲专属保障，承保年龄可达90周岁，含有50万元高额医疗保障，完全满足境外医疗保障需求，需要注意的是这款产品仅承保出行目的为境外探亲的人群，理赔时需提供相关签证或亲属关系证明等,0

HUTS中有没有适合帆船比赛的保险，我男朋友这周就要开始了,,您好，水上运动比赛，尤其是带有奖金的比赛一般承保的公司比较少。不过，HUTS保险中的众行天下-水上运动保险赛事版B就是适合帆船等水上比赛的产品，含户外溺水保障，是水上运动专属定制的保障，意外住院有津贴，保障期限灵活可选，还可以投保有奖金的赛事，您可以根据情况看看。,1

计划端午节和男朋友自驾去九*山，买保险三天要多少钱？,,"您好，端午出行的人比较多，而且自驾存在一定风险，所以有保险意识还是很好的。考虑到价格以及保障内容等相关因素，您可以看看HUTS保险中的畅玩神州-慧择旅游保险计划三，适合驾驶私家车走南闯北国内旅游，自驾意外累计赔付,承保的范围也较为广泛，适合带家人出游，保障全面，三天仅需75元，性价比还是蛮高的。",1
```

获取到数据后，需要对数据进行进一步处理。为了提高智能客服的问题回复质量，我们仅将数据集中回答为最佳回答的问答数据抽取出来。代码4.1为数据预处理的实现代码。

代码4.1 数据预处理

```
#!/usr/bin/env python
# _*_ coding:utf-8 _*_
```

```
import csv


def read_data():
    '''
    读取保险数据源文件数据，将其作为数组返回
    :return:
    '''
    # 源数据文件地址
    csv_dir = './baoxianzhidao_filter.csv'
    # 存储读取到的保险问题描述
    insurance_ques = []
    # 存储读取到的保险问题对应答案
    insurance_ans = []
    # 读取源数据
    with open(csv_dir, 'r', newline='', encoding='utf-8') as csvfile:
        csv_reader = csv.reader(csvfile)
        for row in csv_reader:
            # 选取源数据中答案为最优答案的问答数据
            if len(row) == 4 and row[3] == '1':
                # 若 question 字段非空，则将问题 title 字段与 question 字段拼接为问题描述
                # 若 question 字段为空，则将问题 title 字段作为问题描述
                if row[1]:
                    insurance_ques.append(row[0] + row[1])
                else:
                    insurance_ques.append(row[0])
                # 选取 replay 字段作为答案描述
                insurance_ans.append(row[2])
    return insurance_ques, insurance_ans


def save_data(insurance_ques, insurance_ans):
    '''
    存储保险问答数据
    :param insurance_ques:
    :param insurance_ans:
    :return:
    '''
    # 遍历存储问答数据为 csv 格式
    for idx in range(len(insurance_ans)):
        with open('insurance_data.csv', 'a', newline='', encoding='utf-8') as csvfile:
            spamwriter = csv.writer(csvfile)
            spamwriter.writerow([insurance_ques[idx], insurance_ans[idx]])


if __name__ == '__main__':
    insurance_ques, insurance_ans = read_data()
```

```
    save_data(insurance_ques, insurance_ans)
```

最终获取到的保险问答数据格式见表 4.2。

表 4.2　保险问答数据格式字段介绍

字　段	说　明
insurance_ques	保险数据问题
insurance_ans	保险数据问题相应答案

```
insurance_ques, insurance_ans
最近在安*长青树中看到什么豁免，这个是什么意思？,您好，这个是重疾险中给予投保者的一项权利，安*长青树保障责任规定，投保者可以享受多次赔付，豁免等权益。也就是说不同轻症累计 5 次赔付，理赔 1 次轻症豁免后期所交保费，人性化的设计，无须加保费。
HUTS 中有没有适合帆船比赛的保险，我男朋友这周就要开始了,您好，水上运动比赛，尤其是带有奖金的比赛一般承保的公司比较少。不过，HUTS 保险中的众行天下-水上运动保险赛事版 B 就是适合帆船等水上比赛的产品，含户外溺水保障，是水上运动专属定制的保障，意外住院有津贴，保障期限灵活可选，还可以投保有奖金的赛事，您可以根据情况看看。
计划端午节和男朋友自驾去九*山，买保险三天要多少钱？,"您好，端午出行的人比较多，而且自驾存在一定风险，所以有保险意识还是很好的。考虑到价格以及保障内容等相关因素，您可以看看 HUTS 保险中的畅玩神州-慧择旅游保险计划三，适合驾驶私家车走南闯北国内旅游，自驾意外累计赔付,承保的范围也较为广泛，适合带家人出游，保障全面，三天仅需 75 元，性价比还是蛮高的。"
端午我们准备要举行赛龙舟，说是要份保险，什么好,您好，赛龙舟是一项比较传统的活动，很有意义。不过由于是在水上活动，建议安全保障还要做足，HUTS 保险中有针对水上运动风险特别定制的众行天下-水上运动保险，可以针对这种赛事进行保障，含有意外住院有津贴以及一系列保障，性价比较高，关键是费用也比较实惠。
老婆买了安*长*树，她在网上投保的，以后缴费怎么办,您好，这点是不用担心的。投保后保险公司会在约定的保险费交纳日从消费者购买时填写的银行账号中划扣当期应交的安*长青树重疾险的保险费，所以您老婆是不用亲自去保险公司缴费的。
```

4.2　基于文本相似度的智能客服实现

为了提高用户体验度，我们将用户的提问分为三种情况进行处理。

（1）用户提问的问题在问答库中存在，即问答库中存在完全一致或高度相似的问题，那么直接将问题库中该问题的答案返回给用户。

（2）用户提问的问题在问答库中不存在完全一致或高度相似的问题，但存在语义接近的问题，那么将语义最接近问题的答案返回给用户。

（3）系统无法处理用户提问的问题，则通知用户该问题暂时没有找到答案。

其中项目整体架构如图 4.4 所示。

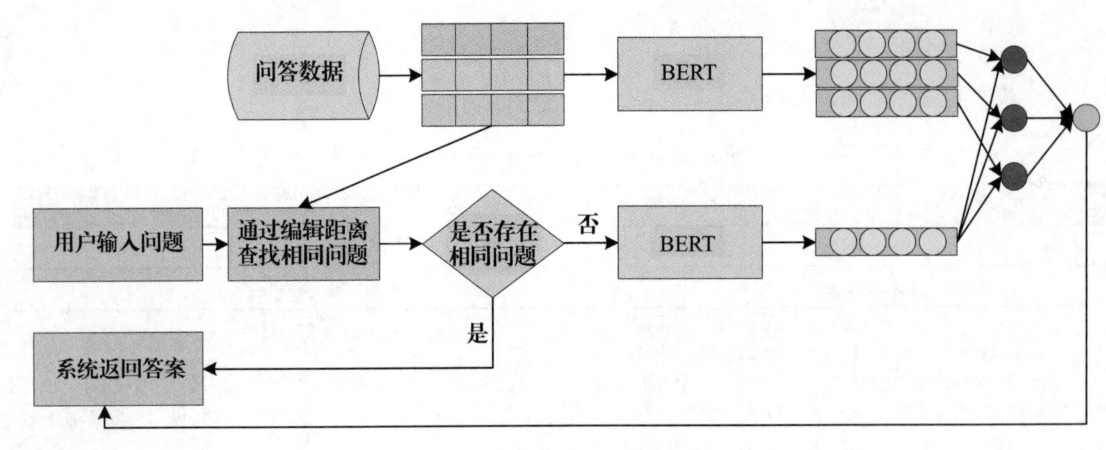

图 4.4　智能客服系统架构

4.2.1　生成问题数据向量文件

为了便于通过语义向量比较用户输入的问题与问答库中问题的相似度，可以预先离线生成问题数据向量文件。

在本部分中，我们将问题描述通过 bert-as-service 转换为向量表示，并以二进制保存，存储为 npy 文件。

注意：

bert-as-service 是腾讯 AI Lab 开源的一个 BERT 服务，它让用户可以以调用服务的方式使用 BERT 模型而不需要关注 BERT 的实现细节。用户可以从 Python 代码中调用服务，也可以通过 github 网站访问。

通过转换，将每个问题的描述文本转换为一个长度固定为 768 的向量，该向量蕴含表示了该问题的语义向量，方便我们下一步使用。具体代码如代码 4.2 所示。

代码 4.2　将问题数据转换为向量表示

```
#!/usr/bin/env python
# _*_ coding:utf-8 _*_
import numpy as np
from bert_serving.client import BertClient
import csv


def get_insurance_question():
    '''
    获取问答数据中的问题
    :return:
    '''
    # 保险问答数据存储地址
    source_dir = './insurance_data.csv'
```

```
    # 存储保险问答数据中的全部问题
    insurance_question = []
    # 读取保险问答数据中的问题字段信息
    with open(source_dir, 'r', encoding='utf-8') as csvfile:
        read = csv.reader(csvfile)
        for data in read:
            insurance_question.append(data[0])
    print('获取到', len(insurance_question), '条问题')
    return insurance_question


def bertconvert(insurance_question):
    '''
    通过 BERT 将问题转换为向量表示
    :param insurance_question:
    :return:
    '''
    question_list = []
    # 调用 bert-as-service 将字符串转换为向量表示
    bc = BertClient()
    for i in range(0, len(insurance_question)):
        curr_ques = insurance_question[i]
        # 清除问题字符串中的空格
        curr_ques = "".join(curr_ques.split())
        question_list.append(curr_ques)
    # 将问题字符串转换为向量表示
    insurance_ques_vector = bc.encode(question_list)
    # 将向量表示的数据保存为 npy 格式
    np.save("insurance_ques_vector.npy", insurance_ques_vector)


if __name__ == '__main__':
    print('将保险数据中问答数据中的问题生成向量文件...')
    insurance_question = get_insurance_question()
    bertconvert(insurance_question)
    print('生成向量文件结束！')
```

4.2.2 在问答库中查找相同问题

为了判定在问答库中是否存在与用户输入相同的问题及高度相似的问题，我们采用编辑距离来评估用户输入的问题及问答库中问题的相似度，通过 Python 的 Levenshtein 库来计算两个字符串的编辑距离相似度。

代码 4.3 实现查找相同问题。

代码 4.3　查找相同问题

```
def getSameQuestionByEditDistance(curr_ques):
    '''
    根据编辑距离计算问答库中的相同问题，返回相似值及索引
    :param curr_ques:当前用户输入的问题
    :return:
    '''
    same_question_threshold = 0.98
    # 保险问答数据地址
    insurance_data_path = './../preprocess_data/insurance_data.csv'
    # 最大相似值
    max_similarity_val = 0
    # 最相似问题的索引值
    max_similarity_index = 0
    # 读取保险问答数据
    with open(insurance_data_path, 'r', encoding='utf-8') as csvfile:
        ques_ans = csv.reader(csvfile)
        # 当前比较的数据在问答数据中的索引值
        curr_idx = 0
        # 遍历计算用户输入问题与问答题库中全部问题的编辑距离相似度
        for curr in ques_ans:
            curr_idx += 1
            # 去除待比较计算问题文本中的标点符号
            curr_ques = replace_punctuation(curr_ques)
            csv_ques = replace_punctuation(curr[0])
            # 计算待比较问题文本的编辑距离相似度
            edit_distance_val = Levenshtein.ratio(csv_ques, curr_ques)
            # 若当前获取的相似度大于已知的最大相似度，则更新最大相似度为当前相似度
            # 的值，更新最相似问题的索引为当前索引
            if edit_distance_val > max_similarity_val:
                max_similarity_val = edit_distance_val
                max_similarity_index = curr_idx
    # 是否存在相同问题的标志位
    is_exist_same_ques = False
    # 系统回复信息
    sys_reply = ''
    # 找到的问题信息
    QA_que = ''
    # 找到的答案信息
    QA_ans = ''
    # 若查找到的最相似问题的最大相似度大于设置的阈值，则返回该问题及对应答案
    if max_similarity_val > same_question_threshold:
        similaryQuestion, bestAns = getSimilaryQuestionByIndex(max_similarity_index)
        # 答案信息清理
        QA_ans = clean_ans(bestAns)
        is_exist_same_ques = True
    return is_exist_same_ques, sys_reply, QA_que, QA_ans
```

代码 4.4 实现去除文本中的标点符号。

代码 4.4 去除文本中的标点符号

```
def replace_punctuation(curr_string):
    '''
    清理无效标点符号
    :param curr_string:当前待处理字符串
    :return:
    '''
    # 通过正则表达式清理中文标点符号
    punctuation = "！？｡"＃＄％＆＇（）＊＋，－／：；＜＝＞＠［＼］＾＿｀｛｜｝～｟｠｢｣
､、〃》「」『』【】〔〕〖〗〘〙〚〛〜〝〞〟〰〾〿–—‘’‛“”„‟…‧﹏."
    re_punctuation = "[{}]+".format(punctuation)
    curr_string = re.sub(re_punctuation, "", curr_string)
    # 通过正则表达式清理英文标点符号
    punctuation2 = '!"#$%&\'()*+,-./:;<=>?@[\\]^_`{|}~'
    re_punctuation2 = "[{}]+".format(punctuation2)
    curr_string = re.sub(re_punctuation2, "", curr_string)
    return curr_string
```

4.2.3 在问答库中查找相似问题

当用户输入的问题在问答库中查找不到时，则查找与用户输入问题语义相似的问题。首先将用户输入的问题通过 BERT 转换为向量表示，然后与问答数据的问题向量进行比较，选取相似问题。向量之间相似度的比较采用余弦相似度计算方法。

注意：

这里需要设置一个阈值，当用户输入问题与问答库中全部问题的语义相似度小于该阈值时，则表示用户输入问题在问答库中没有相应答案。

代码 4.5 实现查找相似问题。

代码 4.5 查找相似问题

```
def getBestAnswer(input_ques):
    '''
    根据用户输入问题，系统给予用户相应回答
    :param input_ques:用户输入问题信息
    :return:
    '''

    # 根据编辑距离计算问答库中是否存在相同的问题
    is_exist_same_ques, sys_reply, QA_que, QA_ans = getSameQuestionByEditDistance
(input_ques)
```

```
    if is_exist_same_ques:
        return sys_reply, QA_que, QA_ans
    else:
        # 保险问答数据中问题的向量表示数据地址
        insurance_data_vector_path = './../preprocess_data/insurance_ques_vector.npy'
        # 导入问答数据中问题的向量表述数据
        insurance_ques_vector = np.load(insurance_data_vector_path)
        # 实例化 BERT 向量转换工具
        bc = BertClient()
        # 将用户输入问题通过 BERT 转换为向量表示
        input_vec = bc.encode(["".join(input_ques.split())])
        # 查找问答库中语义最相似的前 10 个问题
        topk = 10
        # 计算输入问题与问答库中全部问题的相似度
        score = np.sum(input_vec * insurance_ques_vector, axis=1) / np.linalg.norm
(insurance_ques_vector, axis=1)
        # 对相似计算结果排序并返回前 10 条问题
        topk_idx = np.argsort(score)[::-1][:topk]
        # 根据找到的最相似问题的索引获取其相似问题及答案
        similaryQuestion, bestAns = getSimilaryQuestionByIndex(topk_idx[0] + 1)
        # 计算找到的语义最相似问题与用户输入问题的余弦相似度
        similar_val = cosine_similarity(input_vec[0], insurance_ques_vector
[topk_idx[0]])
        # 用户输入问题与问答库中找到的相似问题的阈值设定
        similarity_question_consia_threshold = 0.9
        # 若用户输入问题与找到的最相似问题的相似度小于设定的阈值，则表示系统没有找到答案
        # 否则将找到的相似问题及答案返回给用户
        if similar_val < similarity_question_consia_threshold:
            sys_reply = '啊哦，小助手还没有掌握这方面的知识呢，我会将您的问题记录下来，并尽快
找到专业的答案。'
            QA_que, QA_ans = '', ''
            return sys_reply, QA_que, QA_ans
        else:
            sys_reply = '小助手没有这个问题的答案呢，给您推荐以下相似问题及答案以供参考哦~\n'
            QA_que = '相似问题：' + similaryQuestion + '\n'
            QA_ans = '推荐答案：' + bestAns + '\n'
            QA_ans = clean_ans(QA_ans)
            return sys_reply, QA_que, QA_ans
```

代码 4.6 实现计算向量余弦相似度。

代码 4.6　计算向量余弦相似度

```
def cosine_similarity(vector1, vector2):
    '''
    计算余弦相似度
    :param vector1:待比较向量 1
    :param vector2:待比较向量 2
```

```
    :return:
    '''
    dot_product = 0.0
    normA = 0.0
    normB = 0.0
    # 根据余弦相似度计算公式计算两个向量的余弦相似度
    for a, b in zip(vector1, vector2):
        dot_product += a * b
        normA += a ** 2
        normB += b ** 2
    if normA == 0.0 or normB == 0.0:
        return 0
    else:
        return round(dot_product / ((normA ** 0.5) * (normB ** 0.5)), 2)
```

代码 4.7 实现根据问题索引查找问题及相应答案信息。

代码 4.7　根据问题索引查找问题及相应答案信息

```
#!/usr/bin/env python
def getSimilaryQuestionByIndex(index):
    '''
    根据问答库中的问题索引获取其答案信息，返回答案数据中找到的问题及相应答案信息
    :param index:
    :return:
    '''
    # 问答库地址
    insurance_data_path = './../preprocess_data/insurance_data.csv'
    # 读取问答库
    with open(insurance_data_path, 'r', encoding='utf-8') as csvfile:
        read = csv.reader(csvfile)
        idx = 0
        # 遍历问答库
        for curr_data in read:
            idx += 1
            # 根据问题索引查找其答案信息
            if idx == index:
                curr_ques = curr_data[0]
                curr_ans = curr_data[1]
return curr_ques, curr_ans
```

代码 4.8 实现消除答案中的不合法字符。

代码 4.8　答案信息清理

```
def clean_ans(str_ans):
    '''
    清理答案信息中的不合法字符
```

```
    :param str_ans:
    :return:
    '''
    # 清理空格及换行字符
    str_ans = str_ans.replace('\n', '').replace(' ', '')
    return str_ans
```

项目实际测试效果如下：

```
当前用户输入问题为： 天热了，很想去潜水，除了装备、教练以及费用外还要什么保险？
当前智能客服回复为： 您好！除了您所说的准备、教练等专业人士陪同之外，购买一份合适的户外运动保险很有必要，毕竟潜水存在一定风险。目前国内关于潜水运动的保险并不多，一般都要求是下潜不超过 18 米。具体您可以了解下 HUTS 保险中的适合国外潜水等海岛相关水上运动的产品众行天下-水上运动保险，是海岛潜水专属的保障。主要是因为它同时包括潜水意外医疗补偿以及紧急医疗运送，是高风险水上运动的理想选择。
------------------------------------------------------------
当前用户输入问题为： 本周末公司组织一次大型户外拓展活动，100 人什么 HUTS 保险合适？
当前智能客服回复为： 小助手没有这个问题的答案呢，给您推荐相似问题及答案以供参考哦~ 本周末公司会组织一次大型户外拓展活动，200 人什么 HUTS 保险合适？ 您好，200 人的户外拓展规模是比较大的，相对而言，也存在一定的风险，所以建议还是要考虑众行天下-拓展训练保险。这是款适合集体投保的，最高可赔付 10 万元，关键是价格比较实惠。
------------------------------------------------------------
当前用户输入问题为： 太阳系有几个行星呢
当前智能客服回复为： 啊哦，小助手还没有掌握这方面的知识呢，我会将您的问题记录下来，并尽快找到专业的答案。
```

4.2.4 封装 API 并部署在服务器上

为了便于访问智能客服服务，我们将上述代码封装成一个 API，并部署在服务器上，使通过 http 请求即可访问获取。这里采用 aiohttp 来实现服务部署。

智能客服服务部署在本地，接口设置为 9010，访问地址为 http://127.0.0.1:9010。

通过 GET 请求进行访问，参数为 question。

代码 4.9 为封装 API 及项目部署的部分代码。

代码 4.9　封装 API 及项目部署代码

```
#!/usr/bin/env python
# _*_ coding:utf-8 _*_
from aiohttp import web
import asyncio
from intelligent_service import getBestAnswer
import time


async def handle(request):
    '''
    处理 GET 请求
    :param request:
```

```
    :return:
    '''
    varDict = request.query
    question = varDict['question']
    question = clean_text(question)
    sys_reply, QA_que, QA_ans = getBestAnswer(question)  # 比较余弦相似度查找相似问题
    reply_json = {'系统回复': sys_reply, '相似问题': QA_que, '推荐答案': QA_ans}
    print('Current time is:', time.strftime('%Y-%m-%d %H:%M:%S', time.localtime
(time.time())))
    return web.json_response(reply_json)


def clean_text(word):
    '''
    问题文本清理
    :param word:
    :return:
    '''
    res = ''
    for ch in word:
        if '\u4e00' <= ch <= '\u9fff':
            res += ch
    return res


async def init_app():
    app = web.Application()
    app.router.add_get('/', handle)
    return app


if __name__ == '__main__':
    loop = asyncio.get_event_loop()
    app = loop.run_until_complete(init_app())
    web.run_app(app, port='9010')
```

4.2.5 智能客服效果展示

服务部署以后，通过在浏览器输入想查询的问题，系统会给出相应回复。问题数据通过在访问地址中拼接?question=×××的方式传递。例如：

案例 1：

```
http://127.0.0.1:9010/?question=天热了，很想去潜水，除了装备、教练以及费用外还要什么保险?
{
```

```
"系统回复": "",
"相似问题": "",
"推荐答案": "您好！除了您所说的准备、教练等专业人士陪同之外，购买一份合适的户外运动保险很有必要，毕竟潜水存在一定风险。目前国内关于潜水运动的保险并不多，一般都要求是下潜不超过 18 米。具体您可以了解下 HUTS 保险中的适合国外潜水等海岛相关水上运动的产品众行天下-水上运动保险，是海岛潜水专属的保障。主要是因为它同时包括潜水意外医疗补偿以及紧急医疗运送，是高风险水上运动的理想选择。"
}
```

案例 2：

```
http://127.0.0.1:9010/?question=本周末公司组织一次大型户外拓展活动，100 人什么 HUTS 保险合适？
{
"系统回复": "小助手没有这个问题的答案呢，给您推荐以下相似问题及答案以供参考哦~\n",
"相似问题": "相似问题：本周末公司会组织 200 人的户外拓展活动，什么保险能保障员工安全？\n",
"推荐答案": "推荐答案：您好，关于户外拓展活动，存在一定的风险，并且贵公司有 200 人参加，所以建议可以考虑下 HUTS 保险中的众行天下-拓展训练保险，是专门针对户外运动这块的保险。最高可赔付 10 万元，关键是价格比较实惠，适合集体投保。"
}
```

案例 3：

```
http://127.0.0.1:9010/?question=太阳系有几个行星呢
{
"系统回复": "啊哦，小助手还没有掌握这方面的知识呢，我会将您的问题记录下来，并尽快找到专业的答案。",
"相似问题": "",
"推荐答案": ""
}
```


4.3 小　　结

通过上面的实践，我们搭建了一个简单的智能客服系统。为了让这个系统更完善，可以从以下几个方面进行进一步完善：

（1）可以再设计一个漂亮的前端页面，便于与用户交互。

（2）将服务应用在移动端、小程序等，扩大客服的应用场景。

（3）在功能上，为了提升系统对问题的处理能力，可以不断充实问答库。

（4）不断优化算法，提升文本匹配精度，帮助用户更准确地查找到语义相近的问题。

（5）也可以尝试使用分词的其他词向量技术（如 Word2vec）来比较问题文本的相似度。

（6）这里对文本相似度的比较采用了计算余弦相似度度量方式，还可以采用第 3 章介绍的基于 pair-wise 及 point-wise 的方式来比较文本的相似度。

第 5 章

基于知识库的问答系统

第 4 章基于常用问答数据构建了一个简单的问答系统。在实践中，这种基于信息检索以及数据查询的方式有很大的不足，首先构建整理问答数据就需要耗费庞大的人力、物力，其次这种方式仅仅适用于问题规模小且集中，存在少量语义异构信息的场景，而且对于精确率和召回率的要求较高。

对于用户特殊且复杂的信息需求，如何从当前多样化且非结构化的信息中获取用户所需要的答案，同时可以对用户的问题进行自动化的语义理解？本章我们将介绍基于知识库的问答系统，这种问答系统不仅可以实现对复杂问题的语义理解，而且可以对不同知识库的知识进行融合，并针对复杂问题进行相应的知识推理。

本章主要涉及的知识点有：

- 基于知识库的问答系统及其主流实现方法。
- 知识图谱的表示与存储。
- Neo4j 数据库安装配置。
- 导入数据到图数据库。
- Neo4j 数据的增删改查操作并导入电影文件。

5.1　了解基于知识库的问答系统

本节主要介绍什么是基于知识库的问答系统以及主流的基于知识库的问答系统的实现方法。

5.1.1　基于知识库的问答系统简介

基于知识库的问答系统（knowledge based question answering，KBQA）是目前应用最广泛的问答系统之一，适用于人们生活的方方面面，如基于医疗、金融、保险、零售等行业的专业知识建立的问答系统可以给用户提供更好的服务。

知识库（knowledge base，KB）是用于知识管理的一种特殊的数据库，用于相关领域知识的采集、整理和提取。知识库中的知识来源于各个领域的专家，是求解问题所需领域知识的集合，包括一些基本事实、规则和其他相关信息。

知识库的表示形式通常是一个对象模型（object model），通常称为本体，包含一些类、子类和实体。不同于传统的数据库，知识库中存放的知识蕴含特殊的知识表示，其结构比传统数据库更加复杂，可以存放更多复杂语义表示的数据。

基于知识库的问答系统即给定自然语言问题，通过对问题进行语义理解和解析，并利用知识库中的专业知识进行查询、推理而得到答案的问答系统，也是当前最主流的问答系统。常见的知识库如 Freebase、DBpedia 等，一般采用 RDF 格式对其中的知识进行表示。此外还有一些非结构化信息的知识库，如维基百科、百度百科等。

基于知识库的问答系统一般包含问句理解模块、答案信息抽取模块、答案排序和生成模块等核心模块，其基本架构如图 5.1 所示。

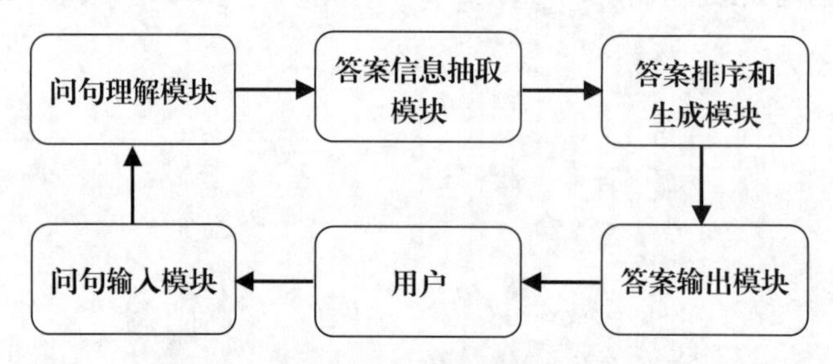

图 5.1　基于知识库的问答系统基本架构

基于知识库的问答系统中的问句理解模块主要完成提取问题中的实体信息的任务，答案信息抽取模块通过在知识库中查询以该实体节点为中心的知识库子图，并依据某些规则或模板从提取到的子图中抽取相应的信息，得到表征问题和候选答案特征的特征向量，最后将候选答案的特征向量作为分类模型的输入，通过模型输出的分类结果来筛选答案。

基于知识库的问答系统各模块间的关系如图 5.2 所示，其中主要包括问句分析（question analysis）、短语映射（phrase mapping）、语义消歧（semantic disambiguation）和构建查询（query construction）等。

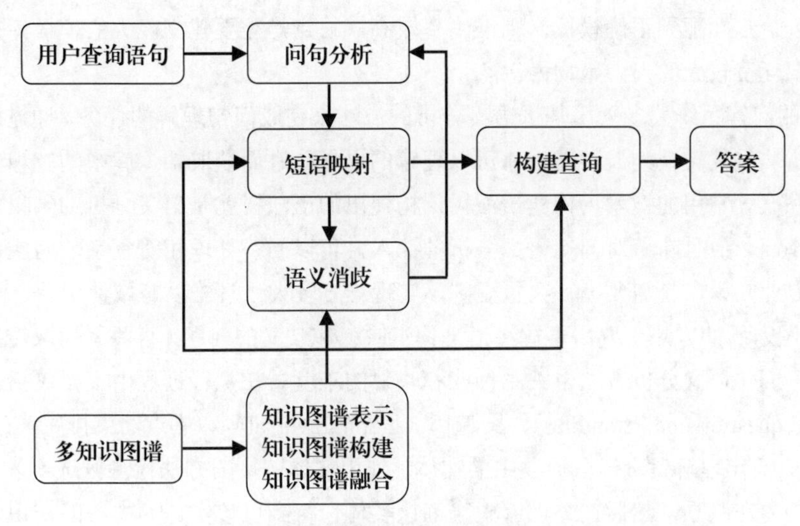

图 5.2　基于知识库的问答系统各模块间的关系

（1）基于知识库的问答系统中的问句分析与自然语言理解（Natural Language Understanding，NLU）不同，主要是指识别问题中的信息词，如问题中的问题词（谁、什么、何时、何地、如何、怎么、何事等）、焦点词（名称、时间、地点）、主题词、中心动词等词语。

（2）短语映射主要负责将问句分析提取到的信息词与知识库或知识图谱中的资源对应的标签映射连接起来。常用的短语映射方法包括本体映射、同义词映射等，这个过程主要通过文本相似度计算来完成。这里我们可以利用在第 3 章中掌握的文本相似度计算方法来完成。

（3）语义消歧主要负责解决短语映射中出现的歧义问题，确保问句信息词和知识库的实体进行无歧义映射。常用的方法主要有两种：一种是基于文本相似度计算的方法，计算知识库实体标签与问句信息词之间的相似度；另一种是基于属性和参数等元信息的方法，通过判断属性和参数这些元信息是否一致来进行比较。

（4）构建查询是指对前面几个模块生成的结果进行融合，得到最终的查询条件，将查询结果返回给用户。构建查询的方法一般为基于模板和基于问题分析的方法，其中基于模板构建形式化查询需要预先建立好查询模板，其中包含一些空槽位，将相关信息填入模板槽位后即可形成一个完成的查询条件；基于问题分析的方法则是通过语法树分析、依存树分析或语法槽位等方法，对自然语言进行解析来构成查询条件。

5.1.2　主流的基于知识库的问答系统实现方法

实现基于知识库的问答系统的方法可以分为基于模板匹配的方法、基于语义分析的方法、基于图遍历的方法、基于深度学习的方法和其他优化方法。

（1）基于模板匹配的方法是指将用户输入的问题转换为预先定义的问题模板格式，然后将自然语言处理问句与知识库中的本体概念进行映射匹配，在实际系统中，一个问句通常会匹配到多个模板，因此需要对每个模板进行评估排序，将得分最高的模板作为最终模板。这种方法的优点在于查询响应速度快，一旦匹配到正确模板，则准确率较高，缺点是需要建立庞大的模板库来满足用户的各种需要，需要耗费较大的人力、物力。

（2）传统的问答系统大多采用基于语义分析的方法来完成问句理解的任务，通过对自然语言进行语义上的分析，将其转换为一种知识库可以理解的语义，进而获取知识库中的知识，并进行推理查询所需要的答案。常用的技术为构建语法树，构建出的语法树就是语义分析的结果。这种方法的优点在于准确率高，而且随着对问句语义分析的深入，可以回答处理相对复杂的问题，但是语义分析需要一定的专业知识，且需要编写大量规则，实现难度较大，且难以跨域使用。

（3）基于图遍历的方法主要用于解决语义词汇映射和歧义的问题，将关系抽取转换为图搜索和图遍历的过程，弱化语义分析方法中关系抽取和映射的难度。在执行过程中主要包括三个模块，分别是问句理解（question understanding）、图遍历（graph traversal）和焦点约束排序（focus constraint ranking）。其中，问句理解负责提取问题中的实体，使用实体链接的方法检测候选实体，并通过拓扑关系发现实体的内在联系，然后在知识库中查询该实体，得到以该实体为中心的知识库子图，最后抽取用于描述答案的问题核心词生成最终答案。

（4）基于深度学习的方法是一种基于匹配的方法，传统的方法往往需要人工编写模板以及设计语义分析规则，需要耗费较大的人力。借助深度学习，一方面可以将原有的语义分析、实体识别通过深度神经网络来完成，降低人力成本；另一方面直接采用端到端的策略，在系统中输入问句和知识库，系统直接返回答案，将其作为一个“黑盒”来使用。

5.2　了解知识图谱

5.2.1　知识图谱介绍

知识图谱是一种用图模型来描述知识和建模世界万物之间管理关系的技术方法。知识图谱由节点和边组成，节点可以是实体（如一个人、一部电影等），也可以是一个抽象的概念（如人工智能、动物等）；边可以是实体的属性（如姓名、电影名称等），也可以是实体之间的关系（如朋友等）。图5.3所示为一个典型的电影知识图谱示例。

在该知识图谱中，其中浅色点表示电影演员，深色点表示电影。我们可以看到汤姆·汉克斯（Tom Hanks）参演了电影《达·芬奇密码》（*The Da Vinci Code*）、《荒岛余生》（*Cast Away*）、《阿波罗13号》（*Apollo 13*）等，它们之间的关系用ACTED_IN来表示，同样电影《达·芬奇密码》中的演员也包括Paul Bettany、Audrey Tautou等，而且可以看到影评人Jessica Thompson与James Thompson之间也存在关系FOLLOWS等信息。

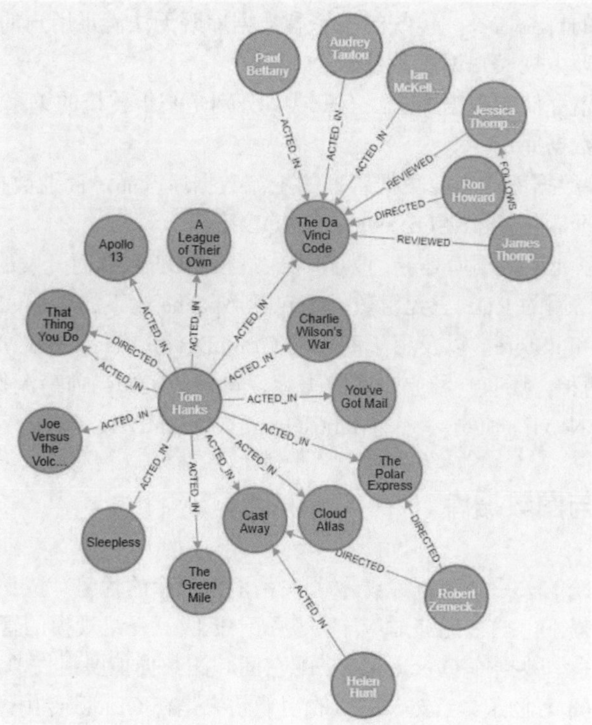

图 5.3　电影知识图谱示例

5.2.2　知识图谱的表示与存储

为了方便计算机的处理和理解，一般使用 RDF 来描述知识信息，以三元组的形式保存在知识库中。在 RDF 中，知识以三元组的形式出现，每条知识可以被分解为如下形式：(subject, predicate, object)。例如，“姚明出生在上海，姚明的妻子是叶莉”可以写成以下三元组：(姚明, 出生地, 上海)，(姚明, 配偶, 叶莉)。RDF 中的主语是一个个体（individual），个体是类的实例。RDF 中的谓语是一个属性，属性可以连接两个个体，或者连接一个个体和一个数据类型的实例，如图 5.4 所示。

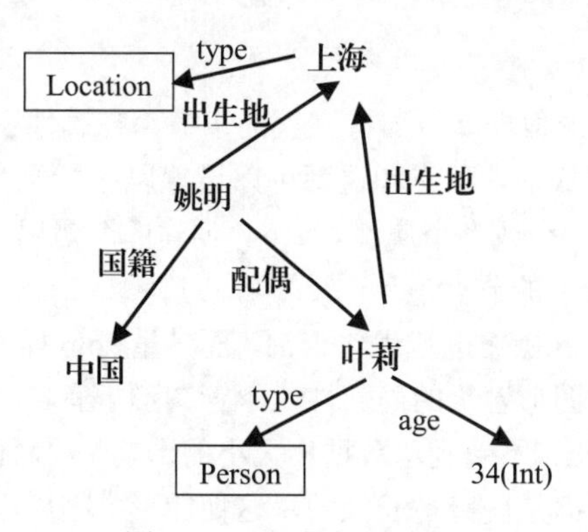

图 5.4　三元组知识示例

随着知识图谱规模的日益增长，传统的关系型数据库既无法满足用户的查询、检索、推理分析等需求，也无法有效管理大规模知识图谱数据。

当前可用于知识图谱存储的数据库主要有三类，分别是基于传统的关系型数据库、面向 RDF 的三元组数据库和原生图数据库。

（1）传统的关系型数据库是当前数据管理的主流数据库产品，商业数据库包括 Oracle、DB2、SQL Server 等，开源数据库包括 MySQL、PostgreSQL 等。

（2）面向 RDF 的三元组数据库是专门为存储大规模 RDF 数据而开发的知识图谱数据库，指出 RDF 的标注查询语言。常用的 RDF 三元组数据库包括 Apache 旗下的 Jena、Eclipse 旗下的 RDF4j 及源于学术界的 RDF-3X 和 gStore，以及用于商业的 GraphDB 和 BlazeGraph 等。

（3）除了上面这两种，还有一种原生图数据库，典型代表如当前最流行的图数据库 Neo4j，本书中的实战项目均使用 Neo4j。此外，还有 JanusGraph、OrientDB、Cayle 等图数据库。

5.2.3 关系数据库与图数据库

总体来讲，基于传统的关系型数据库继承了关系型数据库的优势，成熟度较高，在硬件性能和存储容量满足需求的前提下，通常能够适应千万级到十亿级三元组规模的管理。

官方测评显示，关系型数据库 Oracle 12c 搭配空间和图数据扩展组件（spatial and graph）可以管理的三元组数量高达 1.08 万亿条。当然，这样的性能效果是在 Oracle 专用硬件上获得的，所需软硬件成本投入很大。对于一般在百万级到上亿级三元组的管理，使用稍高配置的单机系统和主流 RDF 三元组数据库（如 Jena、RDF4J、Virtuoso 等）完全可以胜任。如果需要管理几亿到十几亿以上大规模的 RDF 三元组，则可尝试部署具备分布式存储与查询能力的数据库系统（如商业版的 GraphDB 和 BlazeGraph、开源的 JanusGraph 等）。

近年来，以 Neo4j 为代表的图数据库系统发展迅猛，使用图数据库管理 RDF 三元组也是一种很好的选择。但目前大部分图数据库还不能直接支持 RDF 三元组存储，对于这种情况，可采用数据转换方式，先将 RDF 预处理为图数据库支持的数据格式（如属性图模型），再进行后续管理操作。

5.3 Neo4j 的安装

Neo4j 是目前最流行的图形数据库，支持完整的事务，在属性图中，图是由顶点（vertex），边（edge）和属性（property）组成的，顶点和边都可以设置属性，顶点也被称为节点，边也被称为关系，每个节点和关系都可以有一个或多个属性。Neo4j 创建的图是用节点和边构建一个有向图，通过查询语言 cypher 来遍历获取图上的节点信息。

关系型数据库只对单个 Join 操作进行优化查询，而多重 Join 操作查询的性能显著下降。图形数据库适合查询关系数据，由于图形遍历的局部性，不管图形中有多少节点和关系，根据遍历规则，Neo4j 只访问与遍历相关的节点，不受到总数据集大小的影响，从而保持期待的性能；相应地，遍历的节点越多，遍历速度越慢，但是变慢是线性的，这使图形数据库不适合作海量数据统计分析。对于存在大量丰富关系的数据，遍历的性能不受图形数据量大小的影响，这使 Neo4j 成为解决图形问题的理想数据库。

本节我们将安装 Neo4j 数据库，同时将后面用到的电影相关知识问答的数据导入并存储在 Neo4j 数据库中，并对 Neo4j 数据库进行一些简单的增删改查操作，方便在后面项目中使用。

下面介绍 Neo4j 数据库的安装与配置。

5.3.1 Neo4j 数据库的下载安装

Neo4j 是基于 Java 的图形数据库，运行 Neo4j 需要启动 JVM 进程，因此需要预先安装 JDK，且版本需要在 1.8 以上。JDK 的安装这里暂不介绍。

进入 Neo4j 官网，并选择下载页面，开发者在注册相关信息后可免费下载 Neo4j，这里我们选择桌面打包安装版，该版本已经包括 Neo4j 企业版的全部功能。

下载最新版 Neo4j 社区版安装包文件并解压，这里安装的是 neo4j-community-3.5.5-windows。下载完成后，双击进行安装，安装过程中可以自定义设置安装路径，如图 5.5 所示。

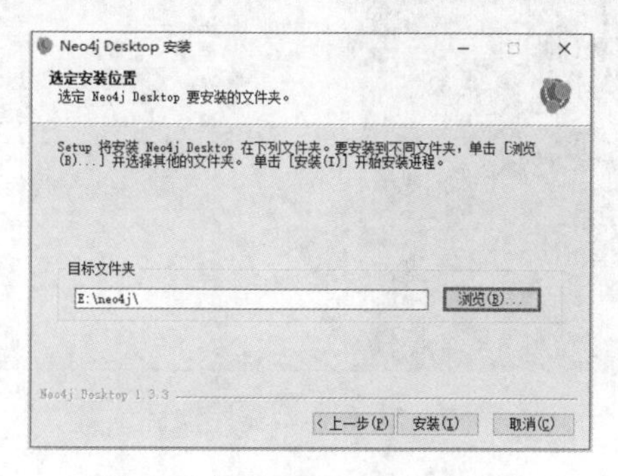

图 5.5　设置 Neo4j 的安装路径

安装成功后的 Neo4j Desktop 数据库管理界面如图 5.6 所示。

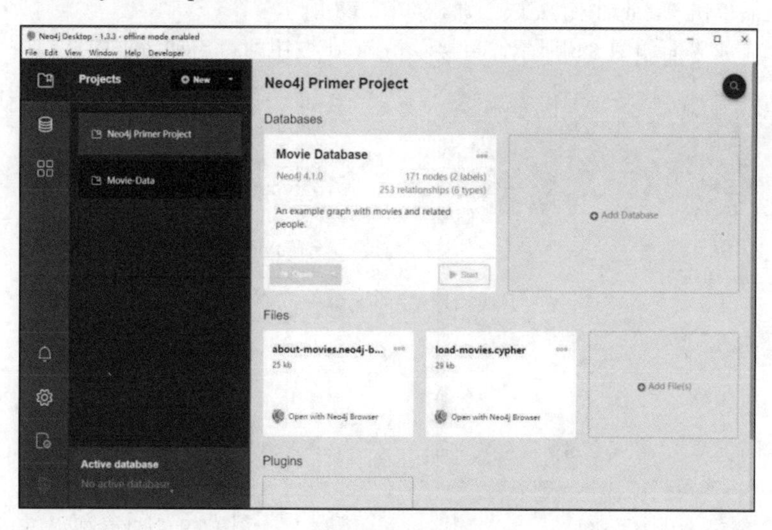

图 5.6　Neo4j Desktop 数据库管理界面

5.3.2 创建 Project

安装好 Neo4j 数据库后，需要先创建一个图数据库 Project，这里将其命名为 Movie-Data。

单击数据库管理界面中的 New 按钮，单击右侧 Databases 中的 Create a Local Database 按钮，创建一个本地图数据库，如图 5.7 所示。

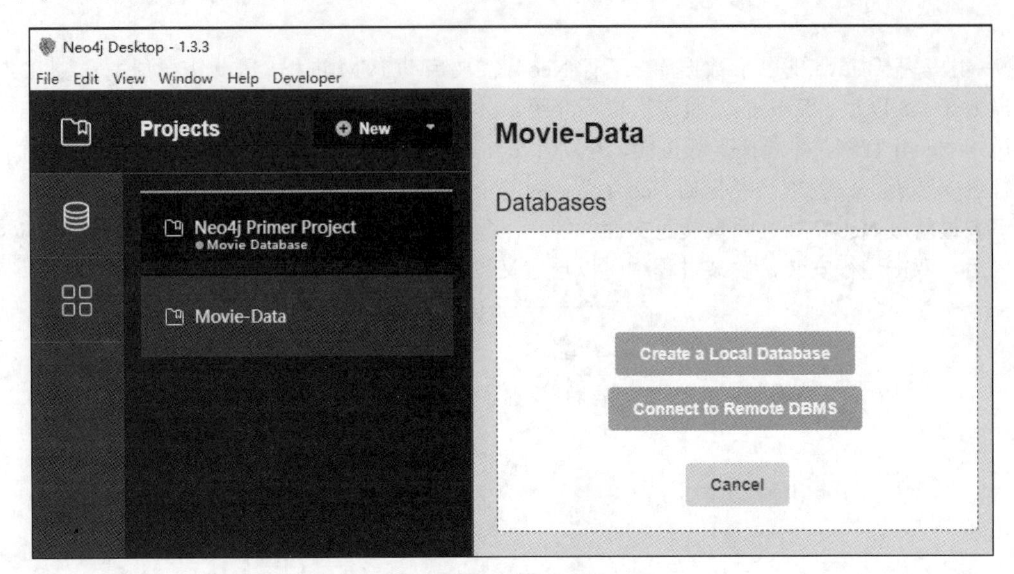

图 5.7　创建数据库项目

创建本地数据库时，设置数据库项目名为 Movie-Data，同时设置数据库名也为 Movie-Data，并给当前数据库设置密码。创建数据库时，可以选择当前使用的 Neo4j 版本，这里使用默认版本 4.1.0 即可，设置完成后单击 Create 按钮完成创建，如图 5.8 所示。

创建数据库完成界面如图 5.9 所示，直接单击 Start 按钮即可启动数据库。

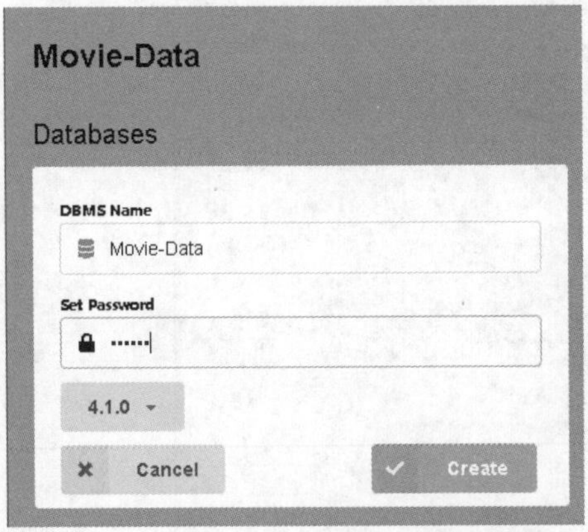

图 5.8　创建数据库

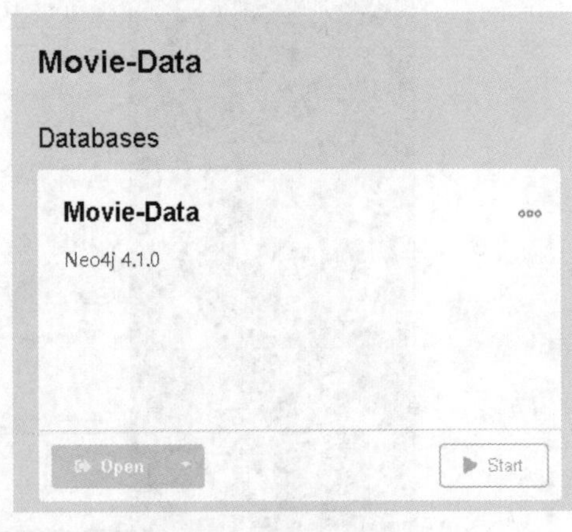

图 5.9　创建数据库完成

启动数据库后的界面如图 5.10 所示，当前数据库为启动状态 Active，可以通过单击 Stop 按钮来停止数据库服务。数据库显示的状态为 0 nodes（0 labels）及 0 relationships（0 types），由于当前还没有向数据库中存储数据，因此数据库中节点（nodes）与关系（relationships）信息均为 0。

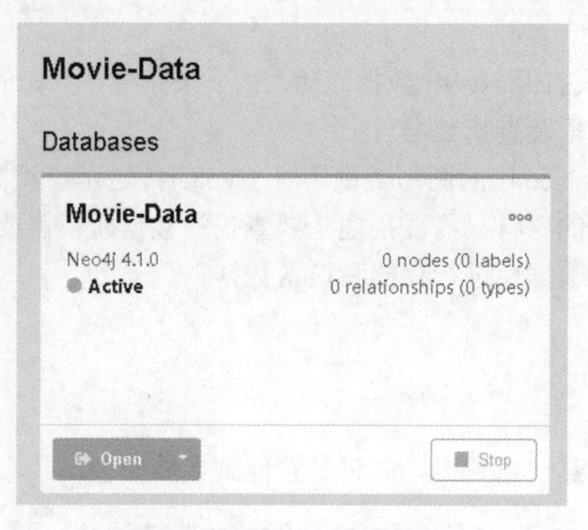

图 5.10　查看 Neo4j 数据库状态

创建数据库完成后，下一步将简单学习 Neo4j 数据库的操作，便于在后面的项目中使用 Neo4j 数据库。

单击 Open 按钮，使用 Neo4j Browser 方式打开数据库，如图 5.11 所示。

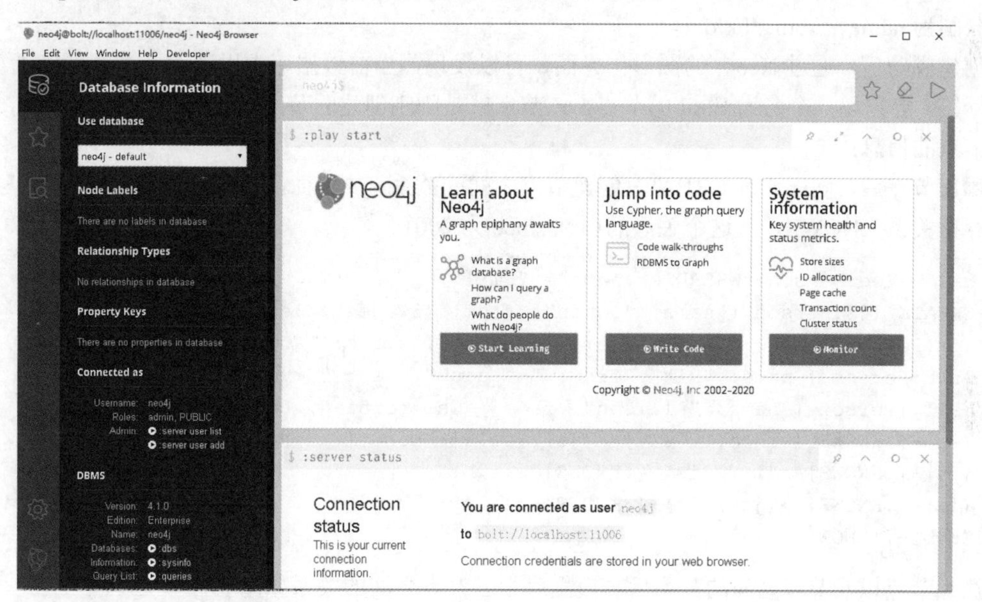

图 5.11　打开 Neo4j 数据库

以上查看数据库的方式相当于访问 bolt://localhost:11006，除了 Bolt 方式，Neo4j 还支持以 Http 和 Https 方式进行访问，即通过浏览器访问地址 http://localhost:11007，同样可以访问 Neo4j 数据库，后面项目中实际使用 Neo4j 也是通过这种方式来操作的。

5.4 Neo4j 数据库的简单操作

通过 Neo4j Browser 方式打开 Neo4j 数据库后，接下来介绍一下如何操作 Neo4j 数据库，包括添加数据、删除数据、修改数据及查找数据。

这里需要简单学习一种 Neo4j 的图形查询语言 Cypher，这是一种类似 SQL 的使用模式来描述图数据的语言。这种声明式的语言只需要描述想要查找的数据而不需要描述如何去查找，因此，可以帮助我们方便快捷地对图数据库进行存储和检索数据。

5.4.1 添加数据

首先通过下面的命令创建一条数据，并将其存储到数据库中：

```
CREATE (ee:Person { name: "Emil", from: "Sweden", klout: 99 })
```

将命令在 Neo4j Browser 中的编辑框执行，结果显示如下：

```
Added 1 label, created 1 node, set 3 properties, completed after 153 ms.
```

通过 CREATE 命令，我们创建了一个名为 ee 的节点，它的标签信息为 Person，该节点有三个属性，分别为 name、from 和 klout。

创建成功后，通过 Neo4j 的图形化界面，可以发现，当前数据库中出现了一个 Person 标签，单击该标签，会出现一个名为 Emil 的节点，该节点就是刚刚创建的节点。下面通过命令行的方式来查看该节点的信息：

添加节点后，同样通过 CREATE 创建节点之间的关系，如下面命令所示，在 Emil 节点与 Johan 之间存在关系 KNOWS，且这个关系的属性 since 为 2001。

```
MATCH (ee:Person) WHERE ee.name = "Emil"
CREATE (js:Person { name: "Johan", from: "Sweden", learn: "surfing" }),
(ir:Person { name: "Lan", from: "England", title: "author" }),
(rvb:Person { name: "Rik", from: "Belgium", pet: "Orval" }),
(ally:Person { name: "Allison", from: "California", hobby: "surfing" }),
(ee)-[:KNOWS {since: 2001}]->(js),(ee)-[:KNOWS {rating: 5}]->(ir),
(js)-[:KNOWS]->(ir),(js)-[:KNOWS]->(rvb),
(ir)-[:KNOWS]->(js),(ir)-[:KNOWS]->(ally),
(rvb)-[:KNOWS]->(ally)
```

添加节点以及节点之间的关系后，数据库中各节点之间的关系如图 5.12 所示。

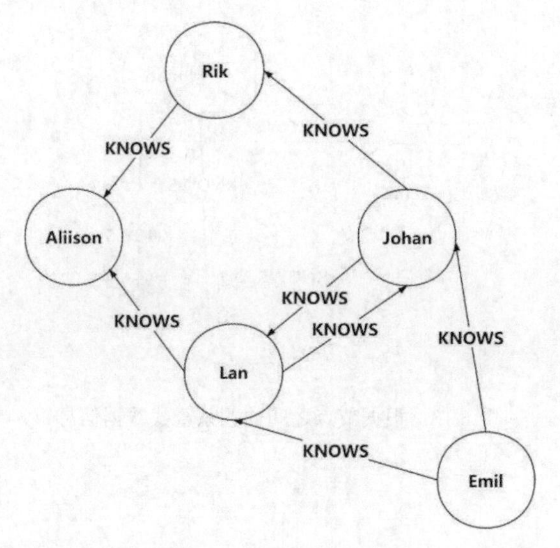

图 5.12 添加节点及节点之间的关系后数据库中的数据情况

5.4.2 查找数据

可以通过 MATCH 命令来查找刚刚创建的数据。

```
MATCH (ee:Person) WHERE ee.name = "Emil" RETURN ee
```

Cypher 不需要描述如何去查找目标数据，仅需要描述所查找数据满足的条件即可。这里要查找的数据是这样的：其标签信息为 Person，name 属性为 Emil，最后返回满足以上条件的数据。

通过执行以上命令，返回如下数据信息：

```
{
    "identity": 0,
    "labels": [
        "Person"
    ],
    "properties": {
        "name": "Emil",
        "from": "Sweden",
        "klout": 99
    }
}
```

除了查找节点信息，Neo4j 还可以根据节点之间的关系进行查找，如下面的命令展示了查找标签为 Person 的节点，该节点与 Emil 节点之间的关系为 KNOWS，最终返回这些节点的全部信息。

```
MATCH (ee:Person)-[:KNOWS]-(friends) WHERE ee.name = "Emil" RETURN ee, friends
```

通过执行以上命令，得到的结果如图 5.13 所示。

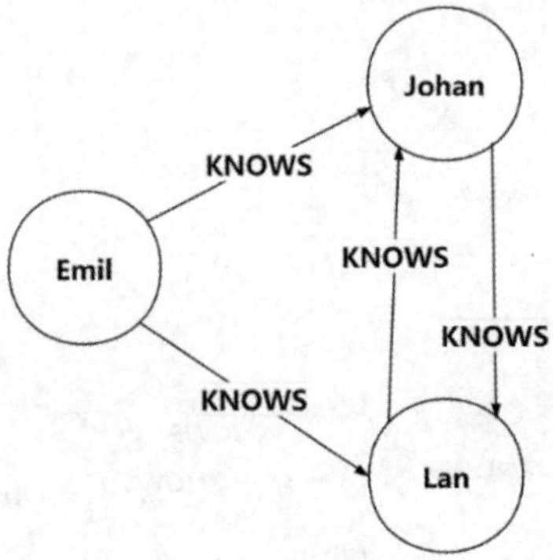

图 5.13　根据节点之间的关系查找数据信息

5.4.3　修改数据

要对 Neo4j 中的数据进行修改，可以使用 SET 命令。例如，下面的命令将 Emil 节点的 from 属性修改为 China。

```
MATCH (n:Person {name:"Emil"})  SET n.from ="China" return n
```

经过查询发现，修改后该节点信息如下，可以发现已经修改成功。

```
{
    "identity": 0,
    "labels": [
        "Person"
    ],
    "properties": {
        "name": "Emil",
        "from": "China",
        "klout": 99
    }
}
```

5.4.4　删除数据

如果要删除节点或者关系的属性，可以使用 REMOVE 命令，也可以通过 SET 命令将其设置为 null。

```
MATCH(n:Person {name:"Allison"}) remove n.hobby return n
```

以上命令删除了 Allison 节点的 hobby 属性，执行成功后，该节点信息如下：

```
{
    "identity": 4,
    "labels": [
        "Person"
    ],
```

```
    "properties": {
        "name": "Allison",
        "from": "California"
    }
}
```

采用 SET 命令删除属性 from 的命令如下：

```
MATCH(n:Person {name:"Allison"}) SET n.from=null return n
```

查看返回结果如下，可以发现已经删除成功。

```
{
    "identity": 4,
    "labels": [
        "Person"
    ],
    "properties": {
        "name": "Allison"
    }
}
```

5.5　导入电影数据到 Neo4j 数据库

除了使用 CREATE 命令在 Neo4j 数据库中创建数据外，Neo4j 也支持使用其他方式导入数据，如通过 LOAD CSV 命令直接导入 CSV 格式的数据，还支持通过 API 的方式导入 JSON 格式的数据。本节将项目中要使用的数据批量导入 Neo4j 数据库。

该数据集来源于 IMDB 数据库，是一个关于电影演员、电影、电视节目、电视明星和电影制作的在线数据库。项目中需要查询某部电影的信息，如电影的评分、上映时间、电影简介信息等，也可能查询某位演员的个人信息，出演了哪些电影等信息。因此需要关注两个实体，分别是电影和演员；演员和电影之间有着直接的关系 act，即某人出演了某部电影，于是可以用这个关系链接演员和电影；此外，实体还有自己的属性，如电影的上映时间、内容简介、演员的个人信息等。

首先在 movie.csv 中存储电影相关信息，其数据格式字段见表 5.1。

表 5.1　电影数据格式字段介绍

字　段	说　明	备　注
mid	电影 id	非空
title	电影名称	
introduction	电影简介信息	
rating	电影评分	
releasedate	电影上映日期	

示例数据如下：

```
"mid","title","introduction","rating","releasedate"
"25538","一一","NJ（吴念真）是个很有原则的生意人，同妻子敏敏（金燕玲）、女儿婷婷（李凯莉）、儿子洋洋（张杨洋）以及外婆住在台北某所普通公寓里。小舅子的一场麻烦婚礼过后，因为外婆突然中风昏迷，他迎来更加混乱的日子。敏敏公司、家里两头跑，时常感觉自己要被耗空；婷婷一直为外婆的中风内疚，恋爱谈到中途发现自己不过是替代品；NJ 更是麻烦重重，公司面临破产，他又不愿放下别人眼里一文不值的自尊。一家人里，似乎只有洋洋没有烦恼，他平静地用照相机拍着各种人的背面，帮他们长出另一双眼睛，然而，洋洋简简单单的一句话，道出更深的悲凉。","7.59999990463256","2009-09-20"
"51306","人在囧途","李成功（徐峥 饰）遇上挤奶工牛耿（王宝强 饰）之后，旅途便频出状况。被情人逼迫回长沙老家跟老婆摊牌的李成功，机场遭遇到前往长沙讨债的乌鸦嘴牛耿。牛耿人如其名，不但耿直憨厚，而且透出一股傻气，好不容易折腾到飞机到达长沙上空，结果让他咒得因长沙大雪飞机被迫返航。无奈挤上火车硬座车厢的李成功刚松了一口气，却又一次在人群中看到牛耿。牛耿就像李成功生命中的瘟神一样，只要他“金口一开”，便会出现如他所言的意外。由于途中的频频意外，两人从火车换乘巴士，又从巴士爬上拖拉机。尽管牛耿的乌鸦嘴让李成功吃尽苦头，但这个浑身透着傻气的青年却用自己真诚与乐观感染着李成功。一路的颠簸之后，两人最终到达长沙又回到各自的生活轨迹中，然而旅途中所遭遇的种种却影响着两人之后的生活……”。","6.199999809","2010-06-04"
```

在 person.csv 中存储演员相关信息，其数据格式字段见表 5.2。

表 5.2　演员数据格式字段介绍

字　段	说　明	备　注
pid	演员 id	
birth	演员出生日期	
death	演员逝世日期	\N 表示该演员未逝世
name	演员名	
biography	个人档案	
birthplace	出生地	

示例数据如下：

```
"pid","birth","death","name","biography","birthplace"
" 76913 ","1957-04-19",\N,"葛优"," 1957 年 4 月 19 日出生于北京，中国男演员，国家一级演员。1979 年考入中华全国总工会文工团。1985 年，出演个人首部电影《盛夏和她的未婚夫》，从而正式出道。1992 年，因在电视剧《编辑部的故事》中饰演李冬宝一角而获得关注。1993 年，凭借电影《大撒把》获得第 13 届中国电影金鸡奖最佳男主角。1994 年，凭借电影《活着》获得第 47 届戛纳国际电影节最佳男主角奖，成为首位获此奖项的华人演员。1997 年，在冯小刚执导的贺岁片《甲方乙方》中饰演姚远一角。1998 年、2002 年、2004 年三度获得大众电影百花奖最佳男主角奖。2011 年 8 月，凭借《赵氏孤儿》获得第 14 届中国电影华表奖最佳男演员奖，12 月签约英皇娱乐。","Beijing, China"
"25245","1961-07-10",\N,"张学友","张学友，香港演员、歌星，是一位亚洲和华人极具影响力实力派音乐巨星、著名电影演员，香港乐坛“四大天王”之一，在华语地区享有“歌神”称誉。"," Hong Kong, China"
```

除了上面两个主要的实体数据，还需要导入两者之间的关系数据。其中，每一条数据都用于表示该数据中 pid 表示的演员出演了 mid 表示的电影，该数据存储在 person_to_movie.csv 文件中，其格式字段介绍见表 5.3。

表 5.3 演员与电影之间关系数据格式字段介绍 1

字 段	说 明
pid	演员 id
mid	电影 id

示例数据如下：

```
"pid","mid"
"163441","13"
"240171","24"
"1336","79"
"1337","79"
"1338","79"
"1339","79"
"1340","79"
```

此外，还对电影定义了不同类型，并使用不同的 gid 表示，该数据存储在 genre.csv 中，其格式字段介绍见表 5.4。

表 5.4 演员与电影之间关系数据格式字段介绍 2

字 段	说 明
gid	电影类型 id
gname	电影类型名称

示例数据如下：

```
gid,gname
12,冒险
14,奇幻
16,动画
18,剧情
27,恐怖
28,动作
35,喜剧
36,历史
37,西部
53,惊悚
80,犯罪
99,纪录
878,科幻
9648,悬疑
10402,音乐
10749,爱情
10751,家庭
10752,战争
10770,电视电影
```

最后，存储了电影类别信息与电影 id 之间的关系，该数据存储在 movie_to_genre.csv 中，其格式字段见表 5.5。

表 5.5 演员与电影之间关系数据格式字段介绍 3

字段	说明
mid	电影 id
gid	电影类型 id

示例数据如下：

```
"mid","gid"
"79","12"
"82","12"
"87","12"
"146","12"
"285","12"
"604","12"
```

将以上数据准备好后，通过代码 5.1 将其导入 Neo4j 数据库中。

代码 5.1 导入 CSV 文件

```
//导入节点 电影类型  == 注意类型转换
LOAD CSV WITH HEADERS  FROM "file:///genre.csv" AS line
MERGE (p:Genre{gid:toInteger(line.gid),name:line.gname})


//导入节点 演员信息
LOAD CSV WITH HEADERS FROM 'file:///person.csv' AS line
MERGE (p:Person { pid:toInteger(line.pid),birth:line.birth,
               death:line.death,name:line.name,
               biography:line.biography,
               birthplace:line.birthplace})


//导入节点 电影信息
LOAD CSV WITH HEADERS  FROM "file:///movie.csv" AS line
MERGE (p:Movie{mid:toInteger(line.mid),title:line.title,introduction:
line.introduction,
        rating:toFloat(line.rating),releasedate:line.releasedate})


//导入关系 actedin  电影是谁参演的 1 对多
LOAD CSV WITH HEADERS FROM "file:///person_to_movie.csv" AS line
match (from:Person{pid:toInteger(line.pid)}),(to:Movie{mid:toInteger(line.mid)})
merge (from)-[r:actedin{pid:toInteger(line.pid),mid:toInteger(line.mid)}]->(to)

//导入关系  电影是什么类型 == 1 对多
LOAD CSV WITH HEADERS FROM "file:///movie_to_genre.csv" AS line
match (from:Movie{mid:toInteger(line.mid)}),(to:Genre{gid:toInteger(line.gid)})
merge (from)-[r:is{mid:toInteger(line.mid),gid:toInteger(line.gid)}]->(to)
```

导入成功后，数据库中的数据如图 5.14 所示。

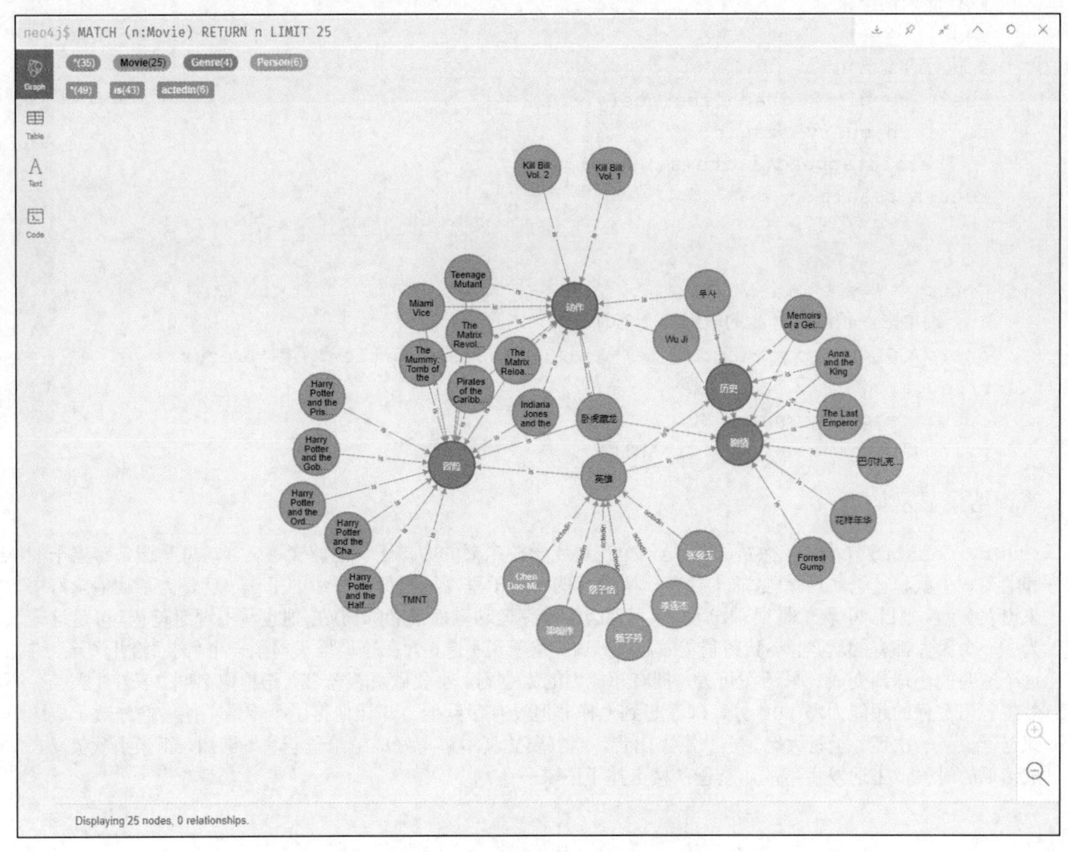

图 5.14　导入 Neo4j 后数据展示情况

数据导入成功后，写一个简单的测试脚本进行查询，查询结果显示可以获取到相应的数据。代码 5.2 为具体实现代码。

代码 5.2　查询 Neo4j 数据库

```
#!/usr/bin/env python
# _*_ coding:utf-8 _*_

from py2neo import Graph, Node, Relationship, NodeMatcher


def query(query_SQL):
    '''
    查询 Neo4j 数据库
    :param query_SQL: 查询命令
    :return:
    '''
    # 连接数据库
```

```
graph = Graph("http://localhost:11010", username="neo4j", password="123456")
    # 存储查询结果
    result = []
    # 执行查询语句
    query_result = graph.run(query_SQL)
    for i in query_result:
        result.append(i.items()[0][1])
    return result


if __name__ == '__main__':
    # 查询电影《长江七号》的电影简介信息
    query_SQL = "match (m:Movie)-[]->() where m.title='英雄' return
m.introduction"
    result = query(query_SQL)
    print('query result:', result)
```

查询结果显示如下：

```
query result: [小狄（徐娇 饰）是一个在贵族学校念书的穷孩子。他诚实善良，却总是遭到富家子的欺负和嘲笑。小狄和爸爸（周星驰 饰）住在一所废弃的旧房子里，爸爸每天拼命的工作，就是为了让他念好书，将来出人头地。平日，小狄总是很乖，就算体育课因为没有运动鞋而被老师罚站，他也从不埋怨爸爸。可是这一次，为了一个大家都有的玩具，小狄跟爸爸发起脾气来。爸爸买不起，就在垃圾堆里捡了一个“球”给儿子玩。谁知，这个透明的小球却变成一只活泼可爱，拥有超能力的太空狗。小狄欣喜极若狂，给他取名叫“长江七号”。小狄梦想着用七仔的超能力考 100 分，却没想到七仔非但没有帮到他，却让他得了个零蛋。他偷偷修改了成绩单，跟爸爸说了一次谎。爸爸大怒，小狄离家出走，赌气要凭真本事考好成绩给爸爸看。谁知，正当小狄笑着，拿着成绩单的时候，工地发生事故，爸爸从楼上摔了下来……']
```

第 6 章

基于知识图谱的电影知识问答系统

通过第 5 章的学习，已经了解了基于知识库的问答系统的相关内容以及如何构建基于 Neo4j 数据库的知识图谱数据。本章将利用第 5 章的知识，并基于其构建的电影知识图谱搭建一个关于电影知识的问答系统，读者也可以自行选择其他类型的知识图谱数据，按照本章介绍的实现步骤进行相应操作，在本章结束时即可完成同类型问答系统的搭建。

下面将开始搭建一个基于知识图谱的电影问答系统，它能够理解用户的查询意图，并将用户查询的相关电影知识返回给用户。

本章主要涉及的知识点有：

- 问答系统实现的框架。
- 基于知识图谱的电影知识问答系统的实现。

6.1 基于知识图谱的电影知识问答系统介绍

本节主要介绍基于知识图谱的电影知识问答系统的主要功能及系统实现框架。

6.1.1 基于知识图谱的电影问答系统简介

首先要确定基于知识图谱的电影问答系统能做什么，我们的问答系统是基于第 5 章构建的电影知识来实现的，因此可以查询电影相关的信息，如电影的剧情简介信息、电影评分、电影上映时间以及电影类型或风格信息等。同样地，也可以查询演员的相关信息，如演员出生日期、演员的国籍信息、演员简介信息等。此外，通过电影与演员之间的关系，也可以查询某演员出演过哪些电影以及某电影有哪些演员出演、某演员出演过哪些风格类型的电影等信息。

为了提高问答系统的用户体验，让其更具智能化，可以让问答系统与用户进行简单的问候互动，如理解用户的问候信息及结束问答等。

该问答系统的实现架构图如图 6.1 所示。

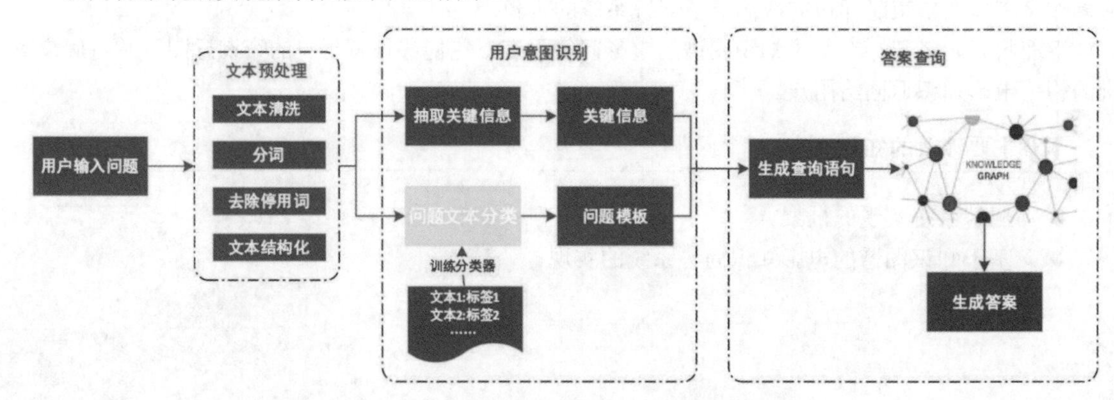

图 6.1　基于知识图谱的电影知识问答系统架构图

6.1.2 基于知识图谱的电影知识问答系统模块介绍

基于知识图谱的电影知识问答系统主要分为三个功能模块，分别为文本预处理模块、用户意图识别模块与答案查询模块。下面分别介绍各个功能模块的实现思路。

（1）文本预处理模块：该模块主要完成对用户输入问题的文本预处理，主要包括对输入问题进行文本清洗、分词、去除停用词及文本结构化，同时在该模块中对用户输入的问候语及结束问答进行相应识别回复。

（2）用户意图识别模块：该模块主要完成对用户输入问题提取关键信息，如提取电影名或演员名，这里采用 jieba 分词来实现，根据词性标注信息来抽取关键信息。同时该模块还将使用预训练的分类模型对用户输入的问题进行分类，获取相应的问题模板，最后结合关键信息与问题模板获取用户的意图信息。

（3）答案查询模块：该模块根据用户意图生成相应的知识图谱查询语句，通过对电影知识数据的查询获取最终的答案并返回给用户。

6.2 基于知识图谱的电影知识问答系统的实现

6.2.1 文本预处理模块的实现

我们的电影知识问答系统首先需要接收用户的问题文本信息，由于用户输入的文本信息往往并不规范，如包含无效字符等，为了便于后续对问题文本进行分析，需要对用户输入的问题文本进行基本的预处理。这里仅进行了初步的预处理，包括去除文本中的中文标点符号及英文标点符号，并通过正则表达式过滤一些不合法字符。具体代码如代码 6.1 所示。

注意：

在实际项目中，针对不同的需求，可以根据具体需求对问题文本做相应的处理，这里的文本预处理仅用于简单演示。

代码 6.1　问题文本预处理代码

```
#!/usr/bin/env python
# _*_ coding:utf-8 _*_
import re


def text_processing(text):
    '''
    对用户输入的问题文本进行清理
    :param text:
    :return:
    '''
    text = text.replace(' ', '')
    clean_text = clean_punctuation(text)
    # 过滤非中文字符
    pattern = re.compile("[^\u4e00-\u9fa5]")
    clean_text = re.sub(pattern, '', clean_text)
    print(clean_text)
    return clean_text


def clean_punctuation(text):
    '''
    清理标点符号
    :param text:
```

```
    :return:
    '''
    # 清理中文标点符号
    cn_punctuation = "！？｡＂＃＄％＆＇（）＊＋，－／：；＜＝＞＠［＼］＾＿｀｛｜｝～｟｠｢｣
､、〃》「」『』【】〔〕〖〗〘〙〚〛〜〝〞〟〰〾〿–—‘’‛“”„‟…‧﹏."
    cn_re_punctuation = "[{}]+".format(cn_punctuation)
    text = re.sub(cn_re_punctuation, "", text)
    # 清理英文标点符号
    en_punctuation = '!"#$%&\'()*+,-./:;<=>?@[\\]^_`{|}~'
    en_re_punctuation2 = "[{}]+".format(en_punctuation)
    text = re.sub(en_re_punctuation2, "", text)
    return text


if __name__ == '__main__':
    # test
    user_input = '你好，请问电影卧虎藏龙的评分是多少？'
    text_processing(user_input)
```

为了提高电影知识问答系统的易用性，便于与用户进行交互，这里对输入的问题文本做一个简单的处理，即判定用户的输入是否合法，对于用户常见的输入可以给予相应的回复及简单的引导，便于用户方便快捷地使用本问答系统。

这里仅简单设置了几种规则。当用户的输入满足相应的规则时，问答系统可以快速给予相应的回复，同时给予一定的指引信息，帮助用户快速掌握该问答系统的使用方式。针对不同的使用场景，可以设置相应的回复方式。具体代码如代码 6.2 所示。

代码 6.2　对问题进行规则性回复

```
#!/usr/bin/env python
# _*_ coding:utf-8 _*_

import random


def rule_based_reply(user_input):
    '''
    对用户的输入信息判定是否需要基于规则进行回复
    :param user_input:
    :return:
    '''
    # 是否激活规则回复
    is_active_rule_base = False
    greeting_user_dia = ['你好', '您好', '早上好', '早安', '哈喽', '嗨']
    greeting_sys_dia = ['你好', '您好', '哈喽', '嗨']
    bye_user_dia = ['再见', '拜拜']
    bye_sys_dia = ['再见']
    chat_user_dia = ['你会做什么', '你会什么', '你能干什么']
```

```
    chat_sys_dia = ['您可以查询电影相关信息。', '您可以查询演员相关信息。']
    if user_input in greeting_user_dia:
        greeting_info = '，请输入您要查询的电影相关信息，如李连杰演过什么电影？'
        rule_based_res = random.choice(greeting_sys_dia) + greeting_info
        is_active_rule_base = True
    if user_input in bye_user_dia:
        rule_based_res = random.choice(bye_sys_dia)
        is_active_rule_base = True
    if user_input in chat_user_dia:
        rule_based_res = random.choice(chat_sys_dia)
        is_active_rule_base = True
    if is_active_rule_base:
        return is_active_rule_base, rule_based_res
    else:
        return is_active_rule_base, user_input
```

6.2.2 用户意图识别模块的实现

在文本预处理模块处理后，需要对用户输入的问题文本进行意图识别，确定用户想查询的信息内容。对用户意图的识别主要分三步来完成，首先通过命名实体识别抽取问题中的关键信息；然后对问题进行文本分类，确定该问题想要获取的信息；最后将获取到的信息填充到预先定义的问题模板。

对于关键信息的抽取工作，采用命名实体识别来完成，主要用来识别问题文本中出现的人名信息、电影名信息等关键信息，这里使用 jieba 分词中的词性标注功能来完成。具体代码如代码 6.3 所示。

代码 6.3　抽取问题文本中关键信息

```
#!/usr/bin/env python
# _*_ coding:utf-8 _*_
import jieba.posseg
import re


def jieba_pos_tagging(text):
    '''
    对文本进行词性标记
    :param text:
    :return:
    '''
    # 用户自定义词库路径
    user_dict_path = './../data/userdict3.txt'
    # 导入用户自定义词库
    jieba.load_userdict(user_dict_path)
    # 对文本进行词性分析
    text_pos_seg = jieba.posseg.cut(text)
    # 存储分词及词性分析结果
```

```
    result = []
    # 存储分词结果
    text_word = []
    # 存储词性分析结果
    text_pos = []
    # 遍历词性分析结果并返回
    for word_pos in text_pos_seg:
        curr_word_pos = f"{word_pos.word}/{word_pos.flag}"
        result.append(curr_word_pos)
        word = word_pos.word
        flag = word_pos.flag
        text_word.append(str(word).strip())
        text_pos.append(str(flag).strip())
    # 判断分词结果与词性分析结果是否匹配
    assert len(text_pos) == len(text_word)
    print('词性标注结果: ', result)
    return result, text_word, text_pos


if __name__ == '__main__':
    # test
    jieba_pos_tagging('章子怡演过多少部电影')
```

例如，对于问题文本“章子怡演过多少部电影”，经过jieba的词性标注，其标注结果如下：

```
['章子怡/nr', '演/v', '过/ug', '多少/m', '部/n', '电影/n']
```

其中，nr表示该词语为人名，v表示该词的词性为动词，m表示该词的词性为数量词。jieba分词中词性标注见表6.1。

表6.1　jieba分词词性标注表

词性标注	词性含义	命名规则
Ag	形语素	形容词性语素。形容词代码为a，语素代码g前面置以A
a	形容词	取英语形容词adjective的第1个字母
ad	副形词	直接作状语的形容词。形容词代码a和副词代码d并在一起
an	名形词	具有名词功能的形容词。形容词代码a和名词代码n并在一起
b	区别词	取汉字“别”的声母
c	连词	取英语连词conjunction的第1个字母
dg	副语素	副词性语素。副词代码为d，语素代码g前面置以D
d	副词	取adverb的第2个字母，因其第1个字母已用于形容词
e	叹词	取英语叹词exclamation的第1个字母
f	方位词	取汉字“方”的声母
g	语素	绝大多数语素都能作为合成词的“词根”，取汉字“根”的声母
h	前接成分	取英语head的第1个字母

续表

词性标注	词性含义	命名规则
i	成语	取英语成语 idiom 的第 1 个字母
j	简称略语	取汉字“简”的声母
k	后接成分	
l	习用语	习用语尚未成为成语，有点“临时性”，取“临”的声母
m	数词	取英语 numeral 的第 3 个字母，n、u 已有他用
Ng	名语素	名词性语素。名词代码为 n，语素代码 g 前面置以 N
n	名词	取英语名词 noun 的第 1 个字母
nr	人名	名词代码 n 和“人（ren）”的声母并在一起
ns	地名	名词代码 n 和处所词代码 s 并在一起
nt	机构团体	“团”的声母为 t，名词代码 n 和 t 并在一起
nz	其他专名	“专”的声母的第 1 个字母为 z，名词代码 n 和 z 并在一起
o	拟声词	取英语拟声词 onomatopoeia 的第 1 个字母
p	介词	取英语介词 prepositional 的第 1 个字母
q	量词	取英语 quantity 的第 1 个字母
r	代词	取英语代词 pronoun 的第 2 个字母,因 p 已用于介词
s	处所词	取英语 space 的第 1 个字母
tg	时语素	时间词性语素。时间词代码为 t,在语素的代码 g 前面置以 T
t	时间词	取英语 time 的第 1 个字母
u	助词	取英语助词 auxiliary 的第 2 个字母
vg	动语素	动词性语素。动词代码为 v。在语素的代码 g 前面置以 V
v	动词	取英语动词 verb 的第 1 个字母
vd	副动词	直接作状语的动词。动词和副词的代码并在一起
vn	名动词	指具有名词功能的动词。动词和名词的代码并在一起
w	标点符号	
x	非语素字	非语素字只是一个符号，字母 x 通常用于代表未知数、符号
y	语气词	取汉字“语”的声母
z	状态词	取汉字“状”的声母的前一个字母
un	未知词	不可识别词及用户自定义词组。取英语 unkonwn 前两个字母（非北大标准，CSW 分词中定义）

在关键信息抽取中，为了提高信息抽取的准确度，这里人工构建了电影名及人名词典，作为 jieba 分词的自定义词库。该词库包含三列，第一列为当前问答系统中出现的电影名及人名信息，第二列为该词的词频信息，为了便于处理，这里默认设置为 15，第三列为词性信息。示例如下：

```
白玉老虎 15 nm
武馆 15 nm
合家欢 15 nm
孔雀王朝 15 nm
```

```
Bian cheng san xia 15 nm
黄飞鸿少林拳 15 nm
Fei yan jin dao 15 nm
香港也疯狂 15 nm
巩俐 15 nr
乔宏 15 nr
李连杰 15 nr
梁朝伟 15 nr
张曼玉 15 nr
章子怡 15 nr
甄子丹 15 nr
```

抽取问题中的关键信息后，为了理解问题的意图信息，设计了一些问题模板，通过对用户输入的问题文本进行分类，进而实现对用户意图的识别。对用户问题进行分类时，采用朴素贝叶斯分类器来实现，通过预先根据用户习惯构造的问题数据来训练该分类器，具体代码如代码 6.4 所示。

代码 6.4　问题文本分类

```
#!/usr/bin/env python
# _*_ coding:utf-8 _*_
from question_classification import Question_classify


def get_question_template(text_word, text_pos):
    '''
    获取问题模板
    :param text_word:
    :param text_pos:
    :return:
    '''
    # 抽取问题中的名词信息
    for item in ['nr', 'nm', 'ng']:
        while (item in text_pos):
            idx = text_pos.index(item)
            text_word[idx] = item
            text_pos[idx] = item + "ed"
    # 将用户输入问题转换为抽象问题
    str_question = "".join(text_word)
    print("抽象问题为：", str_question)
    # 通过预训练的分类器获取抽象问题相应的模板编号
    classify_model = Question_classify()
    question_template_num = classify_model.predict(str_question)
    print("抽象问题相应模板编号：", question_template_num)
    tmp = get_question_mode()
    question_template = tmp[question_template_num]
    print("问题模板：", question_template)
    question_template_id_str = str(question_template_num) + "\t" + question_template
    return question_template_id_str
```

```
def get_question_mode():
    # 读取问题模板
    with(open("./../data/question/question_classification.txt", "r", encoding=
"utf-8")) as f:
        question_mode_list = f.readlines()
    question_mode_dict = {}
    for one_mode in question_mode_list:
        # 读取一行
        mode_id, mode_str = str(one_mode).strip().split(":")
        # 处理一行并存入
        question_mode_dict[int(mode_id)] = str(mode_str).strip()
    # print(self.question_mode_dict)
    return question_mode_dict
```

上面的代码将问题转换为抽象问题，如问题文本“章子怡演过多少部电影”，将其中的人名信息转换为抽象问题后为“nr 演过多少部电影”，将该抽象问题传入问题文本分类器中进行分类。

问题文本分类器采用 sklearn 的朴素贝叶斯来实现，具体代码如代码 6.5 所示。

代码 6.5　问题文本分类器

```
#!/usr/bin/env python
# _*_ coding:utf-8 _*_
import pandas as pd
from pandas import Series, DataFrame
from sklearn.naive_bayes import MultinomialNB
from sklearn.feature_extraction.text import TfidfVectorizer
import os
import re
import jieba


class Question_classify():
    '''
    定义用于问题模板分类的类函数
    '''

    # 类的初始化
    def __init__(self):
        # 读取训练数据及标签信息
        self.train_x, self.train_y = self.read_train_data()
        # 训练分类模型
        self.model = self.train_model_NB()

    def read_train_data(self):
        '''
        获取训练数据
```

```
        :return:
        '''
        # 存储训练数据
        train_x = []
        # 存储类别信息
        train_y = []
        # 训练数据文件存储地址
        train_data_path = './../data/question/'
        # 读取训练数据文件
        file_list = getfilelist(train_data_path)
        # 遍历所有文件
        for fname in file_list:
            # 正则匹配文件名中的数字
            num = re.sub(r'\D', '', fname)
            # 若该文件名有数字，则读取该文件
            if str(num).strip() != '':
                # 将文件名中的数字作为分类标签信息
                label_num = int(num)
                # 读取文件内容
                with(open(fname, 'r', encoding='utf-8')) as fr:
                    data_list = fr.readlines()
                    for one_line in data_list:
                        # 对文本进行分词
                        word_list = list(jieba.cut(str(one_line).strip()))
                        # 将文本存储为训练数据
                        train_x.append(" ".join(word_list))
                        train_y.append(label_num)
        return train_x, train_y

    def train_model_NB(self):
        '''
        训练朴素贝叶斯分类器
        :return:
        '''
        # 获取训练数据
        x_train, y_train = self.train_x, self.train_y
        # 初始化 TfidfVectorizer 实例
        self.tv = TfidfVectorizer()
        # 通过 TF-IDF 对文本数据进行向量化处理
        train_data = self.tv.fit_transform(X_train).toarray()
        # 初始化贝叶斯分类器并设置参数 alpha 为 0.01
        clf = MultinomialNB(alpha=0.01)
        # 训练模型
        clf.fit(train_data, y_train)
        return clf

    def predict(self, question):
```

```
        '''
        使用训练好的模型对文本进行预测
        :param question:
        :return:
        '''
        # 对输入文本分词
        question = [" ".join(list(jieba.cut(question)))]
        # 将文本转换为向量
        test_data = self.tv.transform(question).toarray()
        # 对文本向量进行预测
        y_predict = self.model.predict(test_data)[0]
        print("predict type:", y_predict)
        return y_predict


def getfilelist(root_path):
    '''
    获取该路径下全部文件的路径信息
    :param root_path:
    :return:
    '''
    # 存储文件路径信息
    file_path_list = []
    # 存储文件名信息
    file_name = []
    # 遍历文件目录
    walk = os.walk(root_path)
    for root, dirs, files in walk:
        for name in files:
            filepath = os.path.join(root, name)
            file_name.append(name)
            file_path_list.append(filepath)
    # print('文件名信息：', file_name)
    # print('文件路径信息：', file_path_list)
    return file_path_list


if __name__ == '__main__':
    qc = Question_classify()
    qc.predict("张学友的个人信息")
```

在文本分类器的训练中，需要读取训练数据，该数据依据类别存储在不同的文本文件中。例如，关于电影评分的文本存储在文件“【0】评分.txt”中，该文件中的内容如下：

```
nm 的评分是多少
nm 得了多少分
nm 的评分有多少
```

```
nm的评分
nm的分数是
nm电影分数是多少
nm评分
nm的分数是多少
nm这部电影的评分是多少
```

该文件中的内容为当用户询问电影评分信息时，根据用户习惯总结出用户输入的文本，通过对用户输入信息的分类，即可判定用户想要查询的信息内容。在分类器的训练中，将这些文本内容通过 TF-IDF 表示为向量，然后通过构建朴素贝叶斯分类器进行训练，最后利用训练好的分类模型对用户输入的新问题进行分类，返回用户输入问题所属的问题类别编号，通过该类别编号信息获取相应的问题模板信息。

问题所属类别编号及相应问题模板信息如下：

```
0:nm 评分
1:nm 上映时间
2:nm 类型
3:nm 简介
4:nm 演员列表
5:nnt 介绍
6:nnt ng 电影作品
7:nnt 电影作品
8:nnt 参演评分 大于 x
9:nnt 参演评分 小于 x
10:nnt 电影类型
11:nnt nnr 合作 电影列表
12:nnt 电影数量
13:nnt 出生日期
```

例如，对于上面的抽象问题"nr 演过多少部电影"，经过分类判定该问题类型编号为 12，根据上面的信息，确定该问题模板信息为"nnt 电影数量"，表示该问题想要查询的信息为 nnt 出演的电影数量。

6.2.3 答案查询模块的实现

根据用户意图识别模块的分析，可以确定用户想要查询的信息，再根据已经获取的问题模板，在答案查询模块中将问题模板转换为相应的图数据库查询条件，查询相应的信息，并将其按照答案模板生成相应的答案信息。具体代码如代码 6.6 所示。

代码 6.6 答案查询模块

```
#!/usr/bin/env python
# _*_ coding:utf-8 _*_

'''
```

```
0:nm 评分
1:nm 上映时间
2:nm 类型
3:nm 简介
4:nm 演员列表
5:nnt 介绍
6:nnt ng 电影作品
7:nnt 电影作品
8:nnt 参演评分 大于 x
9:nnt 参演评分 小于 x
10:nnt 电影类型
11:nnt nnr 合作 电影列表
12:nnt 电影数量
13:nnt 出生日期
'''
from query import Query
import re


class QuestionTemplate():
    def __init__(self):
        self.q_template_dict = {
            0: self.get_movie_rating,
            1: self.get_movie_releasedate,
            2: self.get_movie_type,
            3: self.get_movie_introduction,
            4: self.get_movie_actor_list,
            5: self.get_actor_info,
            6: self.get_actor_act_type_movie,
            7: self.get_actor_act_movie_list,
            8: self.get_movie_rating_bigger,
            9: self.get_movie_rating_smaller,
            10: self.get_actor_movie_type,
            11: self.get_cooperation_movie_list,
            12: self.get_actor_movie_num,
            13: self.get_actor_birthday
        }

        # 连接数据库
        self.graph = Query()
        # 测试数据库是否连接成功
        result = self.graph.run("match (m:Movie)-[]->() where m.title='卧虎藏龙'
return m.rating")
        # if result:
        #     print('图数据库连接成功，查询结果如下：',result)
        # exit()
```

```
    def get_question_answer(self, question, template):
        # 判定问题模板的格式是否正确
        assert len(str(template).strip().split("\t")) == 2
        template_id,
        template_str = int(str(template).strip().split("\t")[0]),
str(template).strip().split("\t")[1]
        self.template_id = template_id
        self.template_str2list = str(template_str).split()

        # 预处理问题文本
        question_word, question_flag = [], []
        for one in question:
            word, flag = one.split("/")
            question_word.append(str(word).strip())
            question_flag.append(str(flag).strip())
        assert len(question_flag) == len(question_word)
        self.question_word = question_word
        self.question_flag = question_flag
        self.raw_question = question
        # 根据问题模板 id 来做对应的查询处理，获取答案
        answer = self.q_template_dict[template_id]()
        return answer

    # 获取电影名字
    def get_movie_name(self):
        # 获取 nm 在原问题中的下标
        tag_index = self.question_flag.index("nm")
        # 获取电影名称
        movie_name = self.question_word[tag_index]
        return movie_name

    def get_name(self, type_str):
        name_count = self.question_flag.count(type_str)
        if name_count == 1:
            # 获取 nm 在原问题中的下标
            tag_index = self.question_flag.index(type_str)
            # 获取电影名称
            name = self.question_word[tag_index]
            return name
        else:
            result_list = []
            for i, flag in enumerate(self.question_flag):
                if flag == str(type_str):
                    result_list.append(self.question_word[i])
            return result_list

    def get_num_x(self):
```

```
        x = re.sub(r'\D', "", "".join(self.question_word))
        return x

    # 0:nm 评分
    def get_movie_rating(self):
        # 获取电影名称，这个是在原问题中抽取的
        movie_name = self.get_movie_name()
        cql = f"match  (m:Movie)-[]->() where m.title='{movie_name}' return m.rating"
        print(cql)
        answer = self.graph.run(cql)[0]
        print(answer)
        answer = round(answer, 2)
        final_answer = movie_name + "电影评分为" + str(answer) + "分！"
        return final_answer

    # 1:nm 上映时间
    def get_movie_releasedate(self):
        movie_name = self.get_movie_name()
        cql = f"match(m:Movie)-[]->() where m.title='{movie_name}' return m.releasedate"
        print(cql)
        answer = self.graph.run(cql)[0]
        final_answer = movie_name + "的上映时间是" + str(answer) + "！"
        return final_answer

    # 2:nm 类型
    def get_movie_type(self):
        movie_name = self.get_movie_name()
        cql = f"match(m:Movie)-[r:is]->(b) where m.title='{movie_name}' return b.name"
        print(cql)
        answer = self.graph.run(cql)
        answer_set = set(answer)
        answer_list = list(answer_set)
        answer = "、".join(answer_list)
        final_answer = movie_name + "是" + str(answer) + "等类型的电影！"
        return final_answer

    # 3:nm 简介
    def get_movie_introduction(self):
        movie_name = self.get_movie_name()
        cql = f"match(m:Movie)-[]->() where m.title='{movie_name}' return m.introduction"
        print(cql)
        answer = self.graph.run(cql)[0]
        final_answer = movie_name + "主要讲述了" + str(answer) + "！"
        return final_answer

    # 4:nm 演员列表
    def get_movie_actor_list(self):
```

```
        movie_name = self.get_movie_name()
        cql = f"match(n:Person)-[r:actedin]->(m:Movie) where m.title='{movie_name}'
return n.name"
        print(cql)
        answer = self.graph.run(cql)
        answer_set = set(answer)
        answer_list = list(answer_set)
        answer = "、".join(answer_list)
        final_answer = movie_name + "由" + str(answer) + "等演员主演！"
        return final_answer

    # 5:nnt 介绍
    def get_actor_info(self):
        actor_name = self.get_name('nr')
        cql = f"match(n:Person)-[]->() where n.name='{actor_name}' return n.biography"
        print(cql)
        answer = self.graph.run(cql)[0]
        final_answer = answer
        return final_answer

    # 6:nnt ng 电影作品
    def get_actor_act_type_movie(self):
        actor_name = self.get_name("nr")
        type = self.get_name("ng")
        # 查询电影名称
        cql = f"match(n:Person)-[]->(m:Movie) where n.name='{actor_name}' return
m.title"
        print(cql)
        movie_name_list = list(set(self.graph.run(cql)))
        # 查询类型
        result = []
        for movie_name in movie_name_list:
            movie_name = str(movie_name).strip()
            try:
                cql = f"match(m:Movie)-[r:is]->(t) where m.title='{movie_name}'
return t.name"
                # print(cql)
                temp_type = self.graph.run(cql)
                if len(temp_type) == 0:
                    continue
                if type in temp_type:
                    result.append(movie_name)
            except:
                continue
        answer = "、".join(result)
        print(answer)
        final_answer = actor_name + "演过的" + type + "电影有:\n" + answer + "。"
```

```
        return final_answer

    # 7:nnt 电影作品
    def get_actor_act_movie_list(self):
        actor_name = self.get_name("nr")
        answer_list = self.get_actorname_movie_list(actor_name)
        answer = "、".join(answer_list)
        final_answer = actor_name + "演过" + str(answer) + "等电影！"
        return final_answer

    def get_actorname_movie_list(self, actorname):
        # 查询电影名称
        cql = f"match(n:Person)-[]->(m:Movie) where n.name='{actorname}' return
m.title"
        print(cql)
        answer = self.graph.run(cql)
        answer_set = set(answer)
        answer_list = list(answer_set)
        return answer_list

    # 8:nnt 参演评分 大于 x
    def get_movie_rating_bigger(self):
        actor_name = self.get_name('nr')
        x = self.get_num_x()
        cql = f"match(n:Person)-[r:actedin]->(m:Movie) where n.name='{actor_name}'
and m.rating>={x} return m.title"
        print(cql)
        answer = self.graph.run(cql)
        answer = "、".join(answer)
        answer = str(answer).strip()
        final_answer = actor_name + "演的电影评分大于" + x + "分的有" + answer + "等！"
        return final_answer

    def get_movie_rating_smaller(self):
        actor_name = self.get_name('nr')
        x = self.get_num_x()
        cql = f"match(n:Person)-[r:actedin]->(m:Movie) where n.name='{actor_name}'
and m.rating<{x} return m.title"
        print(cql)
        answer = self.graph.run(cql)
        answer = "、".join(answer)
        answer = str(answer).strip()
        final_answer = actor_name + "演的电影评分小于" + x + "分的有" + answer + "等！"
        return final_answer

    def get_actor_movie_type(self):
        actor_name = self.get_name("nr")
```

```
        # 查询电影名称
        cql = f"match(n:Person)-[]->(m:Movie) where n.name='{actor_name}' return m.title"
        print(cql)
        movie_name_list = list(set(self.graph.run(cql)))
        # 查询类型
        result = []
        for movie_name in movie_name_list:
            movie_name = str(movie_name).strip()
            try:
                cql = f"match(m:Movie)-[r:is]->(t) where m.title='{movie_name}' return t.name"
                # print(cql)
                temp_type = self.graph.run(cql)
                if len(temp_type) == 0:
                    continue
                result += temp_type
            except:
                continue
        answer = "、".join(list(set(result)))
        print(answer)
        final_answer = actor_name + "演过的电影有" + answer + "等类型。"
        return final_answer

    def get_cooperation_movie_list(self):
        # 获取演员名字
        actor_name_list = self.get_name('nr')
        movie_list = {}
        for i, actor_name in enumerate(actor_name_list):
            answer_list = self.get_actorname_movie_list(actor_name)
            movie_list[i] = answer_list
        result_list = list(set(movie_list[0]).intersection(set(movie_list[1])))
        print(result_list)
        answer = "、".join(result_list)
        final_answer = actor_name_list[0] + "和" + actor_name_list[1] + "一起演过的电影主要是" + answer + "!"
        return final_answer

    def get_actor_movie_num(self):
        actor_name = self.get_name("nr")
        answer_list = self.get_actorname_movie_list(actor_name)
        movie_num = len(set(answer_list))
        answer = movie_num
        final_answer = actor_name + "演过" + str(answer) + "部电影!"
        return final_answer

    def get_actor_birthday(self):
```

```
        actor_name = self.get_name('nr')
        cql = f"match(n:Person)-[]->() where n.name='{actor_name}' return n.birth"
        print(cql)
        answer = self.graph.run(cql)[0]
        final_answer = actor_name + "的生日是" + answer + "。"
        return final_answer
```

针对不同的问题模板，需要构造不同的图数据库查询语句。例如，对于上面的例子，查询“章子怡演过多少部电影”时，根据获取到的问题模板“nnt 电影数量”，通过 get_actor_movie_num 方法来查询电影演员名为“章子怡”出演的电影数量，该查询语句如下：

```
cql = f"match(n:Person)-[]->(m:Movie) where n.name='{actorname}' return m.title"
```

查询结束后，将结果根据模板整理为相应的答案格式并返回。

```
final_answer = actor_name + "演过" + str(answer) + "部电影!"
```

调用以上答案查询模块的代码如代码 6.7 所示。此外对于无法获取答案的问题也需要做相应的处理。

代码 6.7 调用答案查询模块

```
#!/usr/bin/env python
# _*_ coding:utf-8 _*_
from question_template import QuestionTemplate

# 根据问题模板的具体内容构造 cql 语句，并查询
def query_template(text_pos,question_template_id_str):
    # 调用问题模板类中的获取答案的方法
    try:
        questiontemplate = QuestionTemplate()
        answer = questiontemplate.get_question_answer(text_pos,question_template_
id_str)
    except:
        answer = "对不起，暂时无法回答该问题！"
    return answer
```

6.2.4 电影知识问答系统的实现

完成以上全部模块后，分别调用相应模块，搭建最终的电影知识问答系统。具体代码如代码 6.8 所示。

代码 6.8 电影知识问答系统

```
#!/usr/bin/env python
# _*_ coding:utf-8 _*_
from question_preprocess import text_processing
from rule_based_reply import rule_based_reply
from text_pos_tagging import jieba_pos_tagging
```

```
from compose_question_template import get_question_template
from query_template import query_template


def main():
    # 获取用户输入
    user_input = input('您好，请输入您要查询的电影相关信息，如李连杰演过什么电影？：')
    print(user_input)
    # 文本预处理
    clean_question = text_processing(user_input)
    # 基于规则的问答回复
    is_active_rule_base, sys_reply = rule_based_reply(clean_question)
    if is_active_rule_base:
        return sys_reply
    else:
        # 词性标注获取关键信息及句子模板分类
        result, text_word, text_pos = jieba_pos_tagging(clean_question)
        # 获取问题模板信息
        question_template_id_str = get_question_template(text_word, text_pos)
        # 查询图数据库，根据答案生成模板获取答案
        answer = query_template(result, question_template_id_str)
        print(answer)


if __name__ == '__main__':
    main()
```

6.2.5 电影知识问答系统效果展示

电影知识问答系统应用示例如下：

```
您好，请输入您要查询的电影相关信息，如李连杰演过什么电影？：章子怡演过什么电影
Building prefix dict from the default dictionary ...
Loading model from cache C:\Users\12261\AppData\Local\Temp\jieba.cache
Loading model cost 0.715 seconds.
Prefix dict has been built successfully.
章子怡演过龙在哪里？、太平轮(下)、奔爱、Fei chang wan mei、Godzilla vs. Kong、茉莉花开、
Ye yan、非常幸运、조폭 마누라 2: 돌아온 전설、角色于我、紫蝴蝶、Mei Lanfang、最爱、2046、太
平轮(上)、十面埋伏、危险关系、Untitled Cloverfield Movie、在一起、星星点灯、卧虎藏龙、Rush
Hour 2、从天儿降、オペレッタ狸御殿、一代宗师、TMNT、무사、无问西东、Memoirs of a Geisha、
Cause: The Birth of Hero、Shu shan zheng zhuan、Horsemen、我的父亲母亲、Godzilla:
King of Monsters、越来越好之村晚、英雄、建国大业、罗曼蒂克消亡史等电影！

您好，请输入您要查询的电影相关信息，如李连杰演过什么电影？：梁朝伟演过多少部电影
Building prefix dict from the default dictionary ...
```

```
Loading model from cache C:\Users\12261\AppData\Local\Temp\jieba.cache
Loading model cost 0.682 seconds.
Prefix dict has been built successfully.
梁朝伟演过80部电影!

您好，请输入您要查询的电影相关信息，如李连杰演过什么电影？：——主要讲什么
Building prefix dict from the default dictionary ...
Loading model from cache C:\Users\12261\AppData\Local\Temp\jieba.cache
Loading model cost 0.682 seconds.
Prefix dict has been built successfully.
match(m:Movie)-[]->() where m.title='——' return m.introduction
```

NJ（吴念真）是个很有原则的生意人，同妻子敏敏（金燕玲）、女儿婷婷（李凯莉）、儿子洋洋（张杨洋）以及外婆住在台北某所普通公寓里。小舅子的一场麻烦婚礼过后，因为外婆突然中风昏迷，他迎来更加混乱的日子。敏敏公司、家里两头跑，时常感觉自己要被耗空；婷婷一直为外婆的中风内疚，恋爱谈到中途发现自己不过是替代品；NJ更是麻烦重重，公司面临破产，他又不愿放下别人眼里一文不值的自尊。一家人里，似乎只有洋洋没有烦恼，他平静地用照相机拍着各种人的背面，帮他们长出另一双眼睛，然而，洋洋简简单单的一句话，道出更深的悲凉。

第 7 章

基于知识图谱的医疗诊断问答系统

通过第 6 章的实际项目演示，学习了如何基于图数据库的电影知识数据来构建一个电影知识问答系统。那么在实践中是如何构建一个更加智能化的问答系统的呢？本章将从零开始，一步一步地学习如何构建一个复杂且高效的问答系统。希望通过本章的学习，读者可以根据自己的实际需求，按照本章的步骤进行操作，在本章结束时即可从零开始搭建一个符合实际需求的问答系统。

下面开始搭建一个基于知识图谱的医疗诊断问答系统，它能够理解用户描述的疾病症状，并将用户描述的疾病症状作相应的诊断，并给出用药建议。

本章主要涉及的知识点有：

- 基于知识图谱的医疗诊断问答系统的框架。
- 项目中用到的数据采集模块。
- 项目中知识图谱的搭建。
- 项目中医疗诊断问答系统的实现。

7.1　基于知识图谱的医疗诊断问答系统介绍

看过电影《超能陆战队》的朋友一定对其中憨态可掬的治疗机器人大白印象深刻，大白是未来世界的治疗机器人，可以实时检测主人的生理及心理状况，并采取相应的治疗措施，如图 7.1 所示。

图 7.1　治疗机器人大白

那么，当前现实世界是否有类似功能的治疗机器人呢？答案是肯定的，随着人工智能技术的飞速发展，在医疗健康领域已经有了很多成功案例，在不同的医疗场景下已经有许多满足特定功能的医疗机器人，如图 7.2 所示医院的导诊及预问诊机器人。这种机器人可以帮助引导病人及家属快速完成挂号等功能，极大地减轻了医疗工作人员的工作负担，同时极大地便利了病人及家属的就医流程。

图 7.2　导诊及预问诊机器人

本节将实现一个简单的医疗诊断系统，通过病人对其当前自身症状的描述，该医疗诊断系统通过对其描述的理解，诊断该病人可能患有的疾病，并给出相应的用药指导。下面介绍基于知识图谱的医疗诊断问答系统的主要功能及系统实现的框架。

7.1.1　基于知识图谱的医疗诊断问答系统简介

首先要确定基于知识图谱的医疗诊断问答系统的主要功能，也就是该医疗诊断问答系统能做什么。希望该医疗诊断问答系统可以尽可能地像一个“医生”，可以通过与病人之间的对话来诊断病人可能患有的疾病，并给予一定的用药指导。

为了提高问答系统的用户体验，让其更具智能化，可以让问答系统与用户进行简单的问候互动，如理解用户的问候信息及结束问答等。

该医疗诊断问答系统的实现架构图如图 7.3 所示。

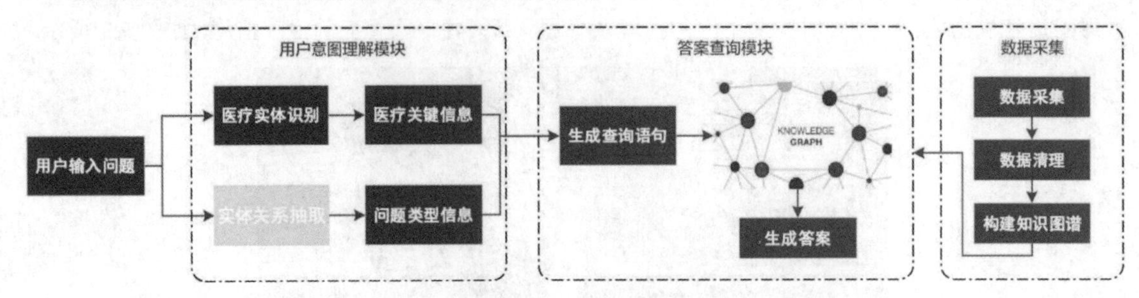

图 7.3　基于知识图谱的医疗诊断问答系统架构图

7.1.2　基于知识图谱的医疗诊断问答系统的构建过程

医疗知识图谱构建主要完成医疗知识数据的采集及医疗数据的清理，并将最终识别的医疗实体信息及关系信息存储在图数据库中。

从零开始构建一个基于知识图谱的医疗诊断问答系统主要分为两步，首先是医疗知识图谱的构建，然后是基于该医疗知识图谱搭建问答系统。该问答系统主要分为两个模块，分别为用户意图理解模块与答案查询模块，下面分别介绍各个功能模块的实现思路。

用户意图理解模块：该模块主要完成对用户输入问题的理解，通过对用户输入问题的处理，理解用户的问题。主要是通过识别问题文本中的疾病信息及问题类型信息，进而理解用户所要查询的信息。

答案查询模块：该模块根据用户意图生成相应的知识图谱查询语句，通过对医疗知识图谱数据库的查询获取最终的答案并返回给用户。

7.2　构建医疗知识图谱

7.2.1　医疗数据采集模块

为了构建一个医疗诊断问答系统，需要掌握一些医疗知识，这里从寻医问药网站采集一些医疗信息。这是一家医疗信息平台，上面的医疗信息已经做了很好的分类标注，通过采集其中的公开数据，可以获取一些医疗知识，如药品的信息、疾病的信息、常见的症状表现等。图 7.4 展示了扁桃体发炎的病因及如何进行检查，一般表现出哪些症状以及可能是由于哪些疾病所导致的。

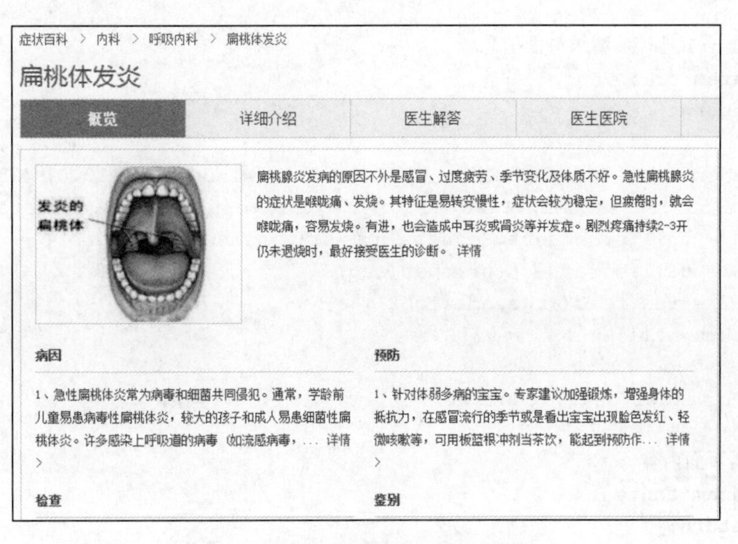

图 7.4　扁桃体发炎相关医疗知识

数据采集的具体实现代码如代码 7.1 所示。

注意：

在实际项目中，针对不同的需求，可以根据具体需求获取相应的数据，这里的文本预处理仅用于简单演示。

代码 7.1　医疗知识数据采集

```
#!/usr/bin/env python
# _*_ coding:utf-8 _*_

import urllib.request
import urllib.parse
from lxml import etree
import pymongo
import re


class MedicalSpider:
    '''
    基于寻医问药网站的医疗知识数据采集
    '''

    def __init__(self):
        self.conn = pymongo.MongoClient()
        self.db = self.conn['medical']
        self.col = self.db['data']

    def get_html(self, url):
        '''
```

```
        根据 url 地址，请求页面信息
        :param url:
        :return:
        '''
        headers = {'User-Agent': 'Mozilla/5.0 (Windows NT 10.0; WOW64)
AppleWebKit/537.36 (KHTML, like Gecko) ' 'Chrome/51.0.2704.63 Safari/537.36'}
        req = urllib.request.Request(url=url, headers=headers)
        res = urllib.request.urlopen(req)
        html = res.read().decode('gbk')
        return html

    def url_parser(self, content):
        '''
        解析页面内容
        :param content:
        :return:
        '''
        selector = etree.HTML(content)
        urls = ['http://www.anliguan.com' + i for i in selector.xpath('//h2[@class=
"item-title"]/a/@href')]
        return urls

    def spider_main(self):
        '''
        遍历查询网站不同模块的医疗知识
        :return:
        '''
        for page in range(1, 11000):
            try:
                basic_url = 'http://jib.xywy.com/il_sii/gaishu/%s.htm' % page
                cause_url = 'http://jib.xywy.com/il_sii/cause/%s.htm' % page
                prevent_url = 'http://jib.xywy.com/il_sii/prevent/%s.htm' % page
                symptom_url = 'http://jib.xywy.com/il_sii/symptom/%s.htm' % page
                inspect_url = 'http://jib.xywy.com/il_sii/inspect/%s.htm' % page
                treat_url = 'http://jib.xywy.com/il_sii/treat/%s.htm' % page
                food_url = 'http://jib.xywy.com/il_sii/food/%s.htm' % page
                drug_url = 'http://jib.xywy.com/il_sii/drug/%s.htm' % page
                data = {}
                data['url'] = basic_url
                data['basic_info'] = self.basicinfo_spider(basic_url)
                data['cause_info'] = self.common_spider(cause_url)
                data['prevent_info'] = self.common_spider(prevent_url)
                data['symptom_info'] = self.symptom_spider(symptom_url)
                data['inspect_info'] = self.inspect_spider(inspect_url)
                data['treat_info'] = self.treat_spider(treat_url)
                data['food_info'] = self.food_spider(food_url)
                data['drug_info'] = self.drug_spider(drug_url)
```

```
                print(page, basic_url)
                self.col.insert(data)
            except Exception as e:
                print(e, page)
        return

    def basicinfo_spider(self, url):
        '''
        爬取基本信息
        :param url:
        :return:
        '''
        html = self.get_html(url)
        selector = etree.HTML(html)
        title = selector.xpath('//title/text()')[0]
        category = selector.xpath('//div[@class="wrap mt10 nav-bar"]/a/text()')
        desc = selector.xpath('//div[@class="jib-articl-con jib-lh-articl"]/p/text()')
        ps = selector.xpath('//div[@class="mt20 articl-know"]/p')
        infobox = []
        for p in ps:
            info = p.xpath('string(.)').replace('\r', '').replace('\n', '').
replace('\xa0', '').replace('　', '').replace('\t', '')
            infobox.append(info)
        basic_data = {}
        basic_data['category'] = category
        basic_data['name'] = title.split('的简介')[0]
        basic_data['desc'] = desc
        basic_data['attributes'] = infobox
        return basic_data

    def treat_spider(self, url):
        '''
        爬取治疗信息
        :param url:
        :return:
        '''
        html = self.get_html(url)
        selector = etree.HTML(html)
        ps = selector.xpath('//div[starts-with(@class,"mt20 articl-know")]/p')
        infobox = []
        for p in ps:
            info = p.xpath('string(.)').replace('\r', '').replace('\n', '').replace
('\xa0', '').replace('　', '').replace('\t', '')
            infobox.append(info)
        return infobox

    def drug_spider(self, url):
```

```
        '''
        爬取药品信息
        :param url:
        :return:
        '''
        html = self.get_html(url)
        selector = etree.HTML(html)
        drugs = [i.replace('\n', '').replace('\t', '').replace(' ', '') for i in
                 selector.xpath('//div[@class="fl drug-pic-rec mr30"]/p/a/text()')]
        return drugs

    def food_spider(self, url):
        '''
        爬取忌口信息
        :param url:
        :return:
        '''
        html = self.get_html(url)
        selector = etree.HTML(html)
        divs = selector.xpath('//div[@class="diet-img clearfix mt20"]')
        try:
            food_data = {}
            food_data['good'] = divs[0].xpath('./div/p/text()')
            food_data['bad'] = divs[1].xpath('./div/p/text()')
            food_data['recommand'] = divs[2].xpath('./div/p/text()')
        except:
            return {}

        return food_data

    def symptom_spider(self, url):
        '''
        爬取症状信息
        :param url:
        :return:
        '''
        html = self.get_html(url)
        selector = etree.HTML(html)
        symptoms = selector.xpath('//a[@class="gre" ]/text()')
        ps = selector.xpath('//p')
        detail = []
        for p in ps:
            info = p.xpath('string(.)').replace('\r', '').replace('\n', '').replace
('\xa0', '').replace('   ', '').replace('\t', '')
            detail.append(info)
        symptoms_data = {}
        symptoms_data['symptoms'] = symptoms
```

```
        symptoms_data['symptoms_detail'] = detail
        return symptoms, detail

    def inspect_spider(self, url):
        '''
        爬取检查信息
        :param url:
        :return:
        '''
        html = self.get_html(url)
        selector = etree.HTML(html)
        inspects = selector.xpath('//li[@class="check-item"]/a/@href')
        return inspects

    def common_spider(self, url):
        '''
        爬取常用信息
        :param url:
        :return:
        '''
        html = self.get_html(url)
        selector = etree.HTML(html)
        ps = selector.xpath('//p')
        infobox = []
        for p in ps:
            info = p.xpath('string(.)').replace('\r', '').replace('\n', '').replace
('\xa0', '').replace('   ', '').replace('\t', '')
            if info:
                infobox.append(info)
        return '\n'.join(infobox)

    def inspect_crawl(self):
        '''
        启动数据采集
        :return:
        '''
        for page in range(1, 3685):
            try:
                url = 'http://jck.xywy.com/jc_%s.html' % page
                html = self.get_html(url)
                data = {}
                data['url'] = url
                data['html'] = html
                self.db['jc'].insert(data)
                print(url)
            except Exception as e:
                print(e)
```

```
if __name__ == '__main__':
    handler = MedicalSpider()
    handler.inspect_crawl()
```

最终获取的医疗知识数据保存在json格式的数据文件中，数据格式如下：

{ "_id" : { "$oid" : "5bb578b6831b973a137e3ee7" },
"name" : "百日咳",
"desc" : "百日咳(pertussis，whoopingcough)是由百日咳杆菌所致的急性呼吸道传染病。其特征为阵发性痉挛性咳嗽，咳嗽末伴有特殊的鸡鸣样吸气吼声。病程较长，可达数周甚至 3 个月左右，故有百日咳之称。多见于 5 岁以下的小儿，幼婴患本病时易有窒息、肺炎、脑病等并发症，病死率高。百日咳患者，阴性感染者及带菌者为传染源。潜伏期末到病后 2～3 周传染性最强。百日咳经呼吸道飞沫传播。典型患者病程 6～8 周，临床病程可分 3 期：1.卡他期，从发病到开始出现咳嗽，一般 1～2 周。2.痉咳期，一般 2～4 周或更长，阵发性痉挛性咳嗽为本期特点。3.恢复期，一般 1～2 周，咳嗽发作的次数减少，程度减轻，不再出现阵发性痉咳。一般外周血白细胞计数明显增高，分类以淋巴细胞为主。在诊断本病时要注意与支气管异物及肺门淋巴结结核鉴别。近年来幼婴及成人发病有增多趋势。",
"category" : ["疾病百科", "儿科", "小儿内科"],
"prevent" : "1.控制传染源：在流行季节，若有前驱症状应及早抗生素治疗。\n2.切断传播途径：由于百日咳杆菌对外界抵抗力较弱，无须消毒处理，但应保持室内通风，衣物在阳光下曝晒，对痰液及口鼻分泌物则应进行消毒处理。",
"cause" : "(一)发病原因\n病原菌是鲍特菌属(Bordetella)中的百日咳鲍特菌(B.pertussis)，常称百日咳杆菌，已知鲍特菌属有四种杆菌，除百日咳鲍特菌外还有副百日咳鲍特菌(B.parapertussis)，支气管败血鲍特菌(B.bronchiseptica)和鸟型鲍特菌(B.avium)，鸟型鲍特菌一般不引起人类致病，仅引起鸟类感染，百日咳杆菌长约 1.0～1.5μm，宽约 0.3～0.5μm，有荚膜，不能运动，革兰染色阴性，需氧，无芽孢，无鞭毛，用甲苯胺蓝染色两端着色较深，细菌培养需要大量(15%～25%)鲜血才能繁殖良好，故常以鲍-金(Border-Gengous)培养基(即血液、甘油、马铃薯)分离菌落，百日咳杆菌生长缓慢，在 35～37℃潮湿的环境中 3～7 天后，一种细小的、不透明的菌落生长，初次菌落隆起而光滑，为光滑(S)型，又称Ⅰ相细菌，形态高低一致，有荚膜和较强的毒力及抗原性，致病力强，如将分离菌落在普通培养基中继续培养，菌落由光滑型变为粗糙(R)型，称Ⅳ相细菌，无荚膜，毒力及抗原性丢失，并失去致病力，Ⅱ相、Ⅲ相为中间过渡型，百日咳杆菌能产生许多毒性因子，已知有五种毒素：\n1.百日咳外毒素(PT)：是存在百日咳杆菌细胞壁中一种蛋白质，过去称作白细胞或淋巴细胞增多促进因子(leukocytosis or lymphocyte promoting factor，LPE)，组胺致敏因子(histamin sensitizing factor，HSF)，胰岛素分泌活性蛋白(insulin activating protein，IAP)，百日咳外毒素由五种非共价链亚单位(S1～S5)所组成，亚单位(S2～S5)为无毒性单位，能与宿主细胞膜结合，通过具有酶活力的亚单位 S1 介导毒性作用，S1 能通过腺苷二磷酸(ADP)-核糖转移酶的活力，催化部分 ADP-核糖从烟酰胺腺嘌呤二核苷酸(NAD)中分离出来，转移至细胞膜抑制鸟苷三磷酸(CTP)结合即 G 蛋白合成，导致细胞变生，同时还能促使淋巴细胞增高，活化胰岛细胞及增强免疫应答。\n2.耐热的内毒素(endotoxin，ET)，100℃60min 只能部分破坏，180℃才能灭活，此毒素能引起机体发热及痉咳。\n3.不耐热毒素(HLT)这种毒素加热 55℃30min 后能破坏其毒性作用，此毒素抗体对百日咳杆菌感染无保护作用。\n4.气管细胞毒素(TCT)：能损害宿主呼吸道纤毛上皮细胞，使之变性，坏死。\n5.腺苷环化酶毒素(ACT)：存在百日咳杆菌细胞表面的一种酶，此酶进入吞噬细胞后被调钙蛋白所激活，催化 cAMP 的生成，干扰吞噬作用，并抑制中性粒细胞的趋化和吞噬细胞杀菌能力，使其能持续感染，ACT 也是一种溶血素，能起溶血作用，百日咳的重要抗原是百日咳菌的两种血凝活性抗原，一种为丝状血凝素(filamentous hemagglutinin，FHA)，因来自菌体表面菌毛故又称菌毛抗原，FHA 在百日咳杆菌黏附于呼吸道上皮细胞的过程中起决定作用，为致病的主要原因。实验发现，FHA 免疫小鼠能对抗百日咳杆菌致
死性攻击，因此 FHA 为保护性抗原，另一种凝集原(aggluginogens，AGG)为百日咳杆菌外膜及菌毛中的一种蛋白质成分，主要含 1、2、3 三种血清型凝血因子，AGG-1 具有种特异性；AGG-2，3 具有型特异性，通过

检测凝集原的型别来了解当地流行情况，目前认为这两种血凝素抗原相应抗体是保护性抗体，百日咳杆菌根据不耐热凝集原抗原性不同分为七型凝集原，1 型凝集原为所有百日咳杆菌均具备，7 型凝集原为鲍特菌属（包括副百日咳杆菌，支气管败血性杆菌）所共有，2～6 型以不同的配合将百日咳杆菌分为不同血清型，测定血清型主要是研究流行时菌株的血清型和选择特殊血清型菌株生产菌苗，此外，副百日咳杆菌与百日咳杆菌无交叉免疫，亦可引起流行，百日咳杆菌对外界理化因素抵抗力弱，55℃经 30min 即被破坏，干燥数小时即可杀灭，对一般消毒剂敏感，对紫外线抵抗力弱，但在 0～10℃存活较长。\n（二）发病机制\n1、发病机制：百日咳发病机制不甚清楚，很可能是百日咳毒素对机体综合作用的结果，当细菌随空气飞沫浸入易感者的呼吸道后，细菌的丝状血凝素黏附于咽喉至细支气管黏膜的纤毛上皮细胞表面；继之，细菌在局部繁殖并产生多种毒素如百日咳外毒素，腺苷环化酶等引起上皮细胞纤毛麻痹和细胞变性，使其蛋白合成降低，上皮细胞坏死脱落，以及全身反应，由于上皮细胞的病变发生和纤毛麻痹使小支气管中黏液及坏死上皮堆聚潴留，分泌物排出受阻，不断刺激呼吸道的周围神经，传入大脑皮质及延髓咳嗽中枢，反射性引起痉挛性咳嗽，由于长期刺激使咳嗽中枢形成兴奋灶，以致非特异性刺激，如进食、咽部检查、冷风、烟雾以及注射疼痛等，均可引起反射性的痉咳，恢复期间亦可因哭泣及其他感染，诱发百日咳样痉咳，近来研究表明百日咳发生机制与百日咳杆菌毒素类物质损害宿主细胞免疫功能有关，CD4+T 细胞和 Th1 细胞分泌的细胞因子所介导的免疫反应，在百日咳杆菌感染中起重要作用。\n2.病理解剖：百日咳杆菌侵犯鼻咽、喉、气管、支气管黏膜，可见黏膜充血，上皮细胞的基底部有多核白细胞，单核细胞浸润及部分细胞坏死。支气管及肺泡周围间质除炎症浸润外，可见上皮细胞胞质空泡形成，甚至核膜破裂溶解，坏死，脱落，但极少波及肺泡。若分泌物阻塞可引起肺不张，支气管扩张，有继发感染者，易发生支气管肺炎，有时可有间质性肺炎；若发生百日咳脑病，镜检或肉眼可见脑组织充血水肿，点状出血，皮质萎缩，神经细胞变性，脑水肿等改变，此时常可见到肝脏脂肪浸润等变化。",
"symptom" : ["吸气时有蝉鸣音", "痉挛性咳嗽", "胸闷", "肺阴虚", "抽搐", "低热", "闫鹏辉", "惊厥"],
"yibao_status" : "否",
"get_prob" : "0.5%",
"easy_get" : "多见于小儿",
"get_way" : "呼吸道传播",
"acompany" : ["肺不张"],
"cure_department" : ["儿科", "小儿内科"],
"cure_way" : ["药物治疗", "支持性治疗"],
"cure_lasttime" : "1～2 个月",
"cured_prob" : "98%",
"common_drug" : ["穿心莲内酯片", "百咳静糖浆"],
"cost_money" : "根据不同医院，收费标准不一致，市三甲医院约（1000～4000 元）",
"check" : ["耳、鼻、咽拭子细菌培养", "周围血白细胞计数及分类检验", "血常规", "酶联免疫吸附试验", "白细胞分类计数"],
"do_eat" : ["南瓜子仁", "圆白菜", "樱桃番茄", "小白菜"],
"not_eat" : ["螃蟹", "海蟹", "海虾", "海螺"],
"recommand_eat" : ["清蒸鸡蛋羹", "百合双耳鸡蛋羹", "排骨汤", "罗汉果雪耳鸡汤", "小黄瓜凉拌面", "黄瓜三丝汤", "黄瓜拌兔丝", "黄瓜拌皮丝"],
"recommand_drug" : ["琥乙红霉素片", "琥乙红霉素颗粒", "百咳静糖浆", "穿心莲内酯片", "红霉素肠溶片", "环酯红霉素片"],
"drug_detail" : ["惠普森穿心莲内酯片（穿心莲内酯片）", "北京同仁堂百咳静糖浆（百咳静糖浆）", "邦琪药业百咳静糖浆（百咳静糖浆）", "东新药业百咳静糖浆（百咳静糖浆）", "达发新（环酯红霉素片）", "康美药业红霉素肠溶片（红霉素肠溶片）", "旺龙药业琥乙红霉素颗粒（琥乙红霉素颗粒）", "白云山医药琥乙红霉素片（琥乙红霉素片）", "国瑞琥乙红霉素片（琥乙红霉素片）", "利君制药红霉素肠溶片（红霉素肠溶片）", "东信药业琥乙红霉素颗粒（琥乙红霉素颗粒）", "石药欧意红霉素肠溶片（红霉素肠溶片）", "平光制药红霉素肠溶片（红霉素肠溶片）", "北京曙光药业红霉素肠溶片（红霉素肠溶片）", "迪瑞制药琥乙红霉素颗粒（琥乙红霉素颗粒）", "永定制药百咳静糖浆（百咳静糖浆）", "东信药业琥乙红霉素片（琥乙红霉素片）",

```
"利君制药琥乙红霉素片(琥乙红霉素片)", "北京中新制药琥乙红霉素片(琥乙红霉素片)", "华南药业红霉素肠溶片(红霉素肠溶片)", "佐今明百咳静糖浆(百咳静糖浆)", "恒益药业琥乙红霉素颗粒(琥乙红霉素颗粒)", "利君沙(琥乙红霉素颗粒)" ] }
```

注意：

由于篇幅的限制，这里仅列举了其中一条医疗知识数据，详细数据可以访问随书附带项目源文件获取。

7.2.2 构建医疗数据知识图谱模块

将上面获取的医疗知识数据存储在图数据库中，通过这些数据进行分析整理，为医疗数据知识图谱设置了 8 种实体类型，分别是检查、科室、疾病、药品、食物、药品大类和症状。具体内容见表 7.1。

表 7.1　医疗数据知识图谱实体类型

实体类型	中文含义	实体数量	举　例
Check	检查	3353	支气管造影，关节镜检查
Department	科室	54	整形美容科，烧伤科
Disease	疾病	8807	血栓闭塞性脉管炎，胸降主动脉动脉瘤
Drug	药品	3828	京万红痔疮膏，布林佐胺滴眼液
Food	食物	4870	番茄冲菜牛肉丸汤，竹笋炖羊肉
Producer	药品大类	17201	通药制药青霉素 V 钾片，青阳醋酸地塞米松片
Symptom	症状	5998	乳腺组织肥厚，脑实质深部出血
Total	总计	44111	约 4.4 万实体量级

同时，在上面的实体类型之间，提取了 10 种实体关系，具体关系见表 7.2。

表 7.2　医疗数据知识图谱实体关系类型

实体关系类型	中文含义	关系数量	举　例
belongs_to	属于	8844	<妇科,属于,妇产科>
common_drug	疾病常用药品	14649	<阳强,常用,甲磺酸酚妥拉明分散片>
do_eat	疾病宜吃食物	22238	<胸椎骨折,宜吃,黑鱼>
drugs_of	药品在售药品	17315	<青霉素 V 钾片,在售,通药制药青霉素 V 钾片>
need_check	疾病所需检查	39422	<单侧肺气肿,所需检查,支气管造影>
no_eat	疾病忌吃食物	22247	<唇病,忌吃,杏仁>
recommand_drug	疾病推荐药品	59467	<混合痔,推荐用药,京万红痔疮膏>
recommand_eat	疾病推荐食谱	40221	<鞘膜积液,推荐食谱,番茄冲菜牛肉丸汤>
has_symptom	疾病症状	5998	<早期乳腺癌,疾病症状,乳腺组织肥厚>
acompany_with	疾病并发疾病	12029	<下肢交通静脉瓣膜关闭不全,并发疾病,血栓闭塞性脉管炎>
disease_infos	疾病	51719	<急性上呼吸道感染,支气管炎,高血压>
Total	总计	294149	约 30 万关系量级

同时，从实体类型中获取了 8 种属性信息，分别是疾病名称、疾病简介、疾病病因、预防措施、治疗周期、治疗方式、治愈概率及疾病易感人群，见表 7.3。

表 7.3　医疗数据知识图谱实体属性

属性类型	中文含义	举　例
name	疾病名称	喘息样支气管炎
desc	疾病简介	又称哮喘性支气管炎……
cause	疾病病因	常见的有合胞病毒……
prevent	预防措施	注意家族与患儿自身过敏史……
cure_lasttime	治疗周期	6～12 个月
cure_way	治疗方式	"药物治疗""支持性治疗"
cured_prob	治愈概率	95%
easy_get	疾病易感人群	无特定的人群

确定医疗知识图谱的结构后，将上面获取的数据导入 Neo4j 数据库中，导入代码如代码 7.2 所示。注意，完成导入可能需要消耗较长的时间。

代码 7.2　构建医疗知识图谱

```
#!/usr/bin/env python
# _*_ coding:utf-8 _*_


import os
import json
from py2neo import Graph, Node


class MedicalGraph:
    def __init__(self):
        # 确定当前工作路径
        cur_dir = '/'.join(os.path.abspath(__file__).split('/')[:-1])
        # 数据存储路径
        self.data_path = os.path.join(cur_dir, 'data/medical.json')
        # 连接图数据库
        self.g = Graph("bolt://localhost:11008")

    def read_nodes(self):
        '''
        读取数据文件，获取数据中的节点及节点间实体关系
        :return:
        '''
        # 数据库中包含 8 类节点
        drugs = []  # 药品
        foods = []  # 食物
        checks = []  # 检查
```

```
departments = []  # 科室
producers = []  # 药品大类
diseases = []  # 疾病
symptoms = []  # 症状
disease_infos = []  # 疾病信息

# 构建节点实体关系
rels_department = []  # 科室—科室关系
rels_noteat = []  # 疾病—忌吃食物关系
rels_doeat = []  # 疾病—宜吃食物关系
rels_recommandeat = []  # 疾病—推荐吃食物关系
rels_commonddrug = []  # 疾病—通用药品关系
rels_recommanddrug = []  # 疾病—热门药品关系
rels_check = []  # 疾病—检查关系
rels_drug_producer = []  # 厂商—药物关系
rels_symptom = []  # 疾病症状关系
rels_acompany = []  # 疾病并发关系
rels_category = []  # 疾病与科室之间的关系

count = 0
# 遍历医疗数据将其保存在字典中
for data in open(self.data_path, encoding='utf-8'):
    disease_dict = {}
    count += 1
    print(count)
    data_json = json.loads(data)
    disease = data_json['name']
    disease_dict['name'] = disease
    diseases.append(disease)
    disease_dict['desc'] = ''
    disease_dict['prevent'] = ''
    disease_dict['cause'] = ''
    disease_dict['easy_get'] = ''
    disease_dict['cure_department'] = ''
    disease_dict['cure_way'] = ''
    disease_dict['cure_lasttime'] = ''
    disease_dict['symptom'] = ''
    disease_dict['cured_prob'] = ''

    if 'symptom' in data_json:
        symptoms += data_json['symptom']
        for symptom in data_json['symptom']:
            rels_symptom.append([disease, symptom])

    if 'acompany' in data_json:
        for acompany in data_json['acompany']:
            rels_acompany.append([disease, acompany])
```

```
if 'desc' in data_json:
    disease_dict['desc'] = data_json['desc']

if 'prevent' in data_json:
    disease_dict['prevent'] = data_json['prevent']

if 'cause' in data_json:
    disease_dict['cause'] = data_json['cause']

if 'get_prob' in data_json:
    disease_dict['get_prob'] = data_json['get_prob']

if 'easy_get' in data_json:
    disease_dict['easy_get'] = data_json['easy_get']

if 'cure_department' in data_json:
    cure_department = data_json['cure_department']
    if len(cure_department) == 1:
        rels_category.append([disease, cure_department[0]])
    if len(cure_department) == 2:
        big = cure_department[0]
        small = cure_department[1]
        rels_department.append([small, big])
        rels_category.append([disease, small])

    disease_dict['cure_department'] = cure_department
    departments += cure_department

if 'cure_way' in data_json:
    disease_dict['cure_way'] = data_json['cure_way']

if 'cure_lasttime' in data_json:
    disease_dict['cure_lasttime'] = data_json['cure_lasttime']

if 'cured_prob' in data_json:
    disease_dict['cured_prob'] = data_json['cured_prob']

if 'common_drug' in data_json:
    common_drug = data_json['common_drug']
    for drug in common_drug:
        rels_commonddrug.append([disease, drug])
    drugs += common_drug

if 'recommand_drug' in data_json:
    recommand_drug = data_json['recommand_drug']
    drugs += recommand_drug
```

```
            for drug in recommand_drug:
                rels_recommanddrug.append([disease, drug])

        if 'not_eat' in data_json:
            not_eat = data_json['not_eat']
            for _not in not_eat:
                rels_noteat.append([disease, _not])

            foods += not_eat
            do_eat = data_json['do_eat']
            for _do in do_eat:
                rels_doeat.append([disease, _do])

            foods += do_eat
            recommand_eat = data_json['recommand_eat']

            for _recommand in recommand_eat:
                rels_recommandeat.append([disease, _recommand])
            foods += recommand_eat

        if 'check' in data_json:
            check = data_json['check']
            for _check in check:
                rels_check.append([disease, _check])
            checks += check
        if 'drug_detail' in data_json:
            drug_detail = data_json['drug_detail']
            producer = [i.split('(')[0] for i in drug_detail]
            rels_drug_producer += [[i.split('(')[0], i.split('(')[-1].replace
(')', '')] for i in drug_detail]
            producers += producer
        disease_infos.append(disease_dict)
    return set(drugs), set(foods), set(checks), set(departments),
set(producers), set(symptoms), set(diseases), disease_infos, \rels_check,
rels_recommandeat, rels_noteat, rels_doeat, rels_department, rels_commonddrug,
rels_drug_producer, rels_recommanddrug, \rels_symptom, rels_acompany, rels_category

    def create_node(self, label, nodes):
        '''
        创建知识图谱中的节点
        :param label:
        :param nodes:
        :return:
        '''
        count = 0
        # 遍历节点信息
        for node_name in nodes:
```

```
            # 使用节点对象 Node 来创建节点
            node = Node(label, name=node_name)
            self.g.create(node)
            count += 1
            print(count, len(nodes))
        return

    def create_diseases_nodes(self, disease_infos):
        '''
        创建知识图谱中疾病的节点
        :param disease_infos:
        :return:
        '''
        count = 0
        for disease_dict in disease_infos:
            node = Node("Disease", name=disease_dict['name'], desc=disease_dict['desc'],
                        prevent=disease_dict['prevent'], cause=disease_dict['cause'],
                        easy_get=disease_dict['easy_get'], cure_lasttime=disease_dict
['cure_lasttime'],
                        cure_department=disease_dict['cure_department']
                        , cure_way=disease_dict['cure_way'], cured_prob=disease_
dict['cured_prob'])
            self.g.create(node)
            count += 1
            print(count)
        return

    def create_graphnodes(self):
        '''
        创建知识图谱实体节点类型 schema
        :return:
        '''
        Drugs, Foods, Checks, Departments, Producers, Symptoms, Diseases,
disease_infos, rels_check, rels_recommandeat, rels_noteat, rels_doeat,
rels_department, rels_commonddrug, rels_drug_producer, rels_recommanddrug,
rels_symptom, rels_acompany, rels_category = self.read_nodes()
        self.create_diseases_nodes(disease_infos)
        self.create_node('Drug', Drugs)
        print(len(Drugs))
        self.create_node('Food', Foods)
        print(len(Foods))
        self.create_node('Check', Checks)
        print(len(Checks))
        self.create_node('Department', Departments)
        print(len(Departments))
        self.create_node('Producer', Producers)
        print(len(Producers))
```

```
        self.create_node('Symptom', Symptoms)
        return


    def create_graphrels(self):
        '''
        创建知识图谱实体关系边
        :return:
        '''
        Drugs, Foods, Checks, Departments, Producers, Symptoms, Diseases,
disease_infos, rels_check, rels_recommandeat, rels_noteat, rels_doeat,
rels_department, rels_commonddrug, rels_drug_producer, rels_recommanddrug,
rels_symptom, rels_acompany, rels_category = self.read_nodes()
        self.create_relationship('Disease', 'Food', rels_recommandeat,
'recommand_eat', '推荐食谱')
        self.create_relationship('Disease', 'Food', rels_noteat, 'no_eat', '忌吃')
        self.create_relationship('Disease', 'Food', rels_doeat, 'do_eat', '宜吃')
        self.create_relationship('Department', 'Department', rels_department,
'belongs_to', '属于')
        self.create_relationship('Disease', 'Drug', rels_commonddrug, 'common_drug',
'常用药品')
        self.create_relationship('Producer', 'Drug', rels_drug_producer, 'drugs_of',
'生产药品')
        self.create_relationship('Disease', 'Drug', rels_recommanddrug,
'recommand_drug', '好评药品')
        self.create_relationship('Disease', 'Check', rels_check, 'need_check',
'诊断检查')
        self.create_relationship('Disease', 'Symptom', rels_symptom, 'has_symptom',
'症状')
        self.create_relationship('Disease', 'Disease', rels_acompany, 'acompany_with',
'并发症')
        self.create_relationship('Disease', 'Department', rels_category, 'belongs_to',
'所属科室')

    def create_relationship(self, start_node, end_node, edges, rel_type, rel_name):
        '''
        创建实体关联边
        :param start_node:
        :param end_node:
        :param edges:
        :param rel_type:
        :param rel_name:
        :return:
        '''
        count = 0
        # 去重处理
        set_edges = []
```

```
        for edge in edges:
            set_edges.append('###'.join(edge))
        all = len(set(set_edges))
        for edge in set(set_edges):
            edge = edge.split('###')
            p = edge[0]
            q = edge[1]
            query = "match(p:%s),(q:%s) where p.name='%s'and q.name='%s' create
(p)-[rel:%s{name:'%s'}]->(q)" % (start_node, end_node, p, q, rel_type, rel_name)
            try:
                self.g.run(query)
                count += 1
                print(rel_type, count, all)
            except Exception as e:
                print(e)
        return

    def export_data(self):
        '''
        导出并保存数据
        :return:
        '''
        Drugs, Foods, Checks, Departments, Producers, Symptoms, Diseases,
disease_infos, rels_check, rels_recommandeat, rels_noteat, rels_doeat,
rels_department, rels_commonddrug, rels_drug_producer, rels_recommanddrug,
rels_symptom, rels_acompany, rels_category = self.read_nodes()
        f_drug = open('drug.txt', 'w+')
        f_food = open('food.txt', 'w+')
        f_check = open('check.txt', 'w+')
        f_department = open('department.txt', 'w+')
        f_producer = open('producer.txt', 'w+')
        f_symptom = open('symptoms.txt', 'w+')
        f_disease = open('disease.txt', 'w+')

        f_drug.write('\n'.join(list(Drugs)))
        f_food.write('\n'.join(list(Foods)))
        f_check.write('\n'.join(list(Checks)))
        f_department.write('\n'.join(list(Departments)))
        f_producer.write('\n'.join(list(Producers)))
        f_symptom.write('\n'.join(list(Symptoms)))
        f_disease.write('\n'.join(list(Diseases)))

        f_drug.close()
        f_food.close()
        f_check.close()
        f_department.close()
        f_producer.close()
```

```
        f_symptom.close()
        f_disease.close()
        return


if __name__ == '__main__':
    # 初始化医疗数据知识图谱
    handler = MedicalGraph()
    # 创建知识图谱节点信息
    handler.create_graphnodes()
    # 创建知识图谱关系信息
    handler.create_graphrels()
    # 导出数据并保存
    handler.export_data()
```

7.2.3 医疗数据知识图谱效果展示

导入后的医疗知识数据图谱效果如图 7.5 所示。

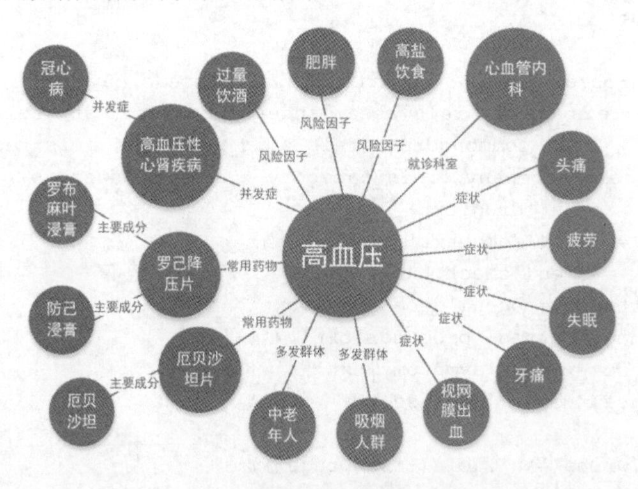

图 7.5　医疗知识数据知识图谱效果展示

通过上面的医疗知识图谱可以发现，与疾病“高血压”相关的症状有“头痛”“疲劳”“失眠”等，其治疗所用的常用药物为“厄贝沙坦片”“罗己降压片”等信息。

7.3　构建医疗诊断问答系统

构建好医疗知识图谱后，接下来就是基于该医疗知识图谱搭建医疗诊断问答系统。该问答系统主要分为两大模块，首先对用户输入的问题文本进行理解，抽取其中的关键信息，理解用户想要查询的信息，将其转换为知识图谱数据库的查询语句；然后通过访问医疗知识图谱数据库获取其查询信息，并将查询结果按照问题类型选用不同的模板，构造相应的答案文本，最终返回给用户。下面详细介绍这两个模块的实现方式。

7.3.1 用户意图理解模块

在第 6 章的电影知识问答系统中，抽取用户输入的问题文本中的关键信息是使用分词器来完成的。而在实际应用中，为了抽取文本中的语义信息，需要对文本进行更加深入精细的分析，首先要识别用户输入的问题文本中的医疗实体信息，这部分的工作主要通过命名实体识别任务（named entity recognition，NER）来完成、命名实体识别任务主要用于识别出待处理文本中的实体信息，如实体类、时间类和数字类以及人名、机构名、地名、时间、日期、货币和百分比等。

例如，通过对句子“小明早上 8 点去学校上课。”的命名实体分析，可以抽取到以下信息：

```
人名：小明，时间：早上 8 点，地点：学校。
```

本章采用深度学习的方法来完成医疗实体识别，通过 Bi-LSTM+CRF 网络结构来实现。同时为了生成用于训练深度网络的大规模数据，采用自然语言处理的数据增强技术，通过将采集到的实体信息随机填充到预先设置的问题文本模板的槽中，进而对问题文本进行命名实体识别训练，其中对问题文本的命名实体的标注采用通用的 BIOES 标注法，其中各个实体及其标注表示见表 7.4。

表 7.4　医疗知识命名实体标注标签

实　体	序　号	含　义
O	0	其他
B-dis	1	疾病实体开头
I-dis	2	疾病实体中间
E-dis	3	疾病实体末尾
B-sym	4	症状
I-sym	5	
E-sym	6	
B-dru	7	药品
I-dru	8	
E-dru	9	
S-dis	10	单个-疾病实体
S-sym	11	
S-dru	12	

对于问题语句的分析，会同时对其进行问题类型的分类，其中问题类别的信息见表 7.5。

表 7.5　问题语句类别

类　别	序　号	含　义
disease_symptom	0	疾病有什么症状
symptom_curway	1	症状有什么治疗方法
symptom_disease	2	症状对应什么疾病
disease_drug	3	疾病要吃什么药品
drug_disease	4	药品治疗什么疾病
disease_check	5	疾病要做什么检查
disease_prevent	6	疾病有什么预防方式

对问题文本的分析主要包括识别问题中的医疗实体信息及对问题文本进行分类，判定该问题文本想要询问的为哪种问题类型，便于获取问题查询的条件，进而根据问题去医疗知识图谱中查找相应的信息。问题文本分析模块的具体代码如代码 7.3 所示。

代码 7.3　问题文本分析模块

```
#!/usr/bin/env python
# _*_ coding:utf-8 _*_

import tensorflow as tf
from classifyApp import classifyApplication
from nerApp import nerAppication
import os

# 屏蔽通知信息、警告信息和报错信息
os.environ["TF_CPP_MIN_LOG_LEVEL"] = "3"

# 使用 allow_growth option，刚开始分配少量的 GPU 容量，然后按需增加
allow_growth = True
# 是否打印设备分配日志
log_device_placement = True
# 如果指定的设备不存在，允许 TF 自动分配设备
allow_soft_placement = True
# 每个进程占用 30%显存
gpu_options = tf.GPUOptions(per_process_gpu_memory_fraction=0.3)
# 配置 tf.ConfigProto
session_conf = tf.ConfigProto(gpu_options=gpu_options, allow_soft_placement=
allow_soft_placement, log_device_placement=log_device_placement)


class question_ays:
    '''
    问题文本分析类
    '''

    def __init__(self, device='/cpu:0'):
        # 为每个类(实例)单独创建一个计算图
```

```
        self.g1 = tf.Graph()
        self.g2 = tf.Graph()
        self.device = device
        self.id2state = {0: 'O',
                        1: 'B-dis', 2: 'I-dis', 3: 'E-dis',
                        4: 'B-sym', 5: 'I-sym', 6: 'E-sym',
                        7: 'B-dru', 8: 'I-dru', 9: 'E-dru',
                        10: 'S-dis', 11: 'S-sym', 12: 'S-dru'}
        # 命名实体识别采用 g1 计算图
        self.sess_ner = tf.Session(graph=self.g1, config=session_conf)
        # 分类采用 g2 计算图
        self.sess_classify = tf.Session(graph=self.g2, config=session_conf)

        self.classifyApp = classifyApplication(self.sess_classify, device)

        self.nerApp = nerAppication(self.sess_ner, device)

        self.state2entityType = {'dis': 'disease', 'sym': 'symptom', 'dru': 'drug'}
        self.label2id = {"disease_symptom": 0, "symptom_curway": 1, "symptom_disease":
2, "disease_drug": 3, "drug_disease": 4, "disease_check": 5, "disease_prevent":
6, "disease_lasttime": 7, "disease_cureway": 8}
        self.id2label = {0: "disease_symptom", 1: "symptom_curway", 2:
"symptom_disease", 3: "disease_drug", 4: "drug_disease", 5: "disease_check", 6:
"disease_prevent", 7: "disease_lasttime", 8: "disease_cureway"}

    def analysis(self, text):
        res = {}
        args = {}
        question_types = []
        data_line, lable_line, efficient_sequence_length = self.nerApp.questionNer
(self.sess_ner, text) for idx in range(len(data_line)):
            middle_question = []
            _entity = ''
            for each in range(efficient_sequence_length[idx]):
                middle_question.append(data_line[idx][each])
                _entityType = self.id2state[int(lable_line[idx][each])]
                if _entityType[0] == 'B' or _entityType[0] == 'I':
                    _entity += data_line[idx][each]
                elif _entityType[0] == 'E' or _entityType[0] == 'S':
                    _entity += data_line[idx][each]
                    _entityType_short = _entityType[-3:]
                    middle_question.append(self.state2entityType[_entityType_short])
                    if _entity not in args:
                        args.setdefault(_entity, [self.state2entityType
[_entityType_short]])
                    else:
                        args[_entity].append(self.state2entityType[_entityType_short])
                    _entity = ''
```

```
                else:
                    _entity = ''
            question_text = ''.join(middle_question)
            _classify_idx = self.classifyApp.questionClassify(self.sess_classify,
question_text)
            _classify_label = self.id2label[_classify_idx[0]]
            question_types.append(_classify_label)
        res['args'] = args
        res['question_types'] = question_types
        return res


if __name__ == "__main__":
    ques = question_ays()
    text = "我发烧流鼻涕应该怎么治疗"
    while (text != "" and text != " "):
        # text = input("请描述您的问题：")
        if text == "quit" or text == "" or text == " ":
            break
        else:
            res = ques.analysis(text)
            print(res)
            break
```

在问题文本分析中，对于医疗实体的识别部分，这里采用双向 LSTM 与 CRF 结合的方式来对问题文本完成命名实体识别。该神经网络模型结构如图 7.6 所示。

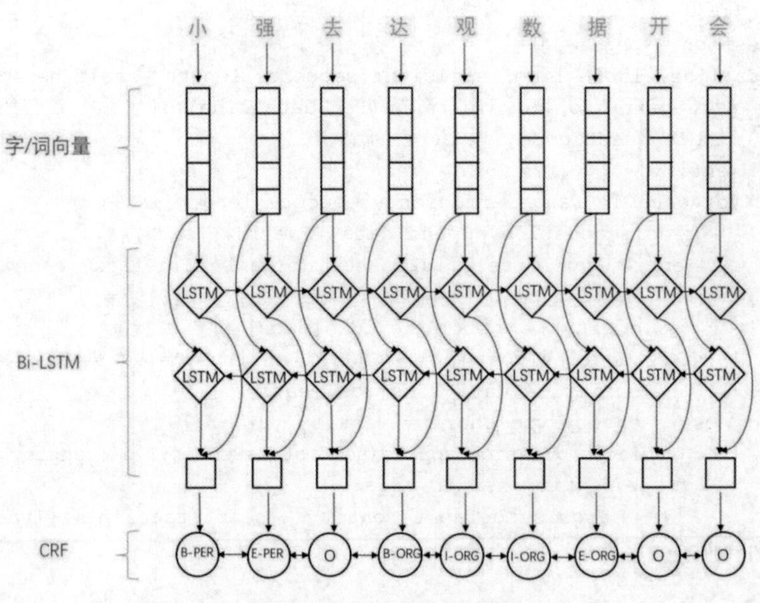

图 7.6　Bi-LSTM+CRF 模型

注意：

限于篇幅，这里不再具体展开相关内容，感兴趣的读者可以查询相关内容进行学习。

通过调用离线训练的NER模型，对输入的问题文本进行医疗实体识别，如对“我感冒了”的识别结果如下：

```
“我:0  感冒:10  了:0   ”-,
```

可以发现经过实体识别，可以准确识别问题文本中的“感冒”属于实体“疾病名称”，具体代码如代码7.4所示。

代码7.4　医疗实体识别

```
#!/usr/bin/env python
# _*_ coding:utf-8 _*_

import tensorflow as tf
from tensorflow.contrib import crf
import random
from nerUtils import *
import logging
import datetime
from BiLSTM_CRF import BiLSTM_CRF

debug = False
batch_size = 100


class nerAppication:
    # 参数
    def __init__(self, sess, device='/gpu:1'):
        with sess.as_default():
            with sess.graph.as_default():
                self.dataGen = DATAPROCESS(train_data_path="./data_ai/nerData/
train_cutword_data.txt", train_label_path="./data_ai/nerData/ label_cutword_
data.txt", test_data_path="./data_ai/nerData/test_data.txt", test_label_path=
"./data_ai/nerData/test_label.txt", word_embedings_path= "./data_ai/cbowData/
document.txt.ebd.npy", vocb_path="./data_ai/cbowData/ document.txt.vab", batch_
size=batch_size
                                          )
                self.dataGen.load_wordebedding()
                self.tag_nums = 13  # 标签数量
                self.hidden_nums = 650  # Bi-LSTM的隐藏层单元数量
                self.sentence_len = self.dataGen.sentence_length  # 句子长度，输入到
网络的序列长度
                self.model_checkpoint_path = "./data_ai/nerModel/"
                self.model = BiLSTM_CRF(
                    batch_size=batch_size,
```

```
                tag_nums=self.tag_nums,
                hidden_nums=self.hidden_nums,
                sentence_len=self.sentence_len,
                word_embeddings=self.dataGen.word_embeddings,
                device=device
            )
            self.saver = tf.train.Saver(max_to_keep=1)
            ckpt = tf.train.get_checkpoint_state(self.model_checkpoint_path)
            if ckpt and ckpt.model_checkpoint_path:
                self.saver.restore(sess, ckpt.model_checkpoint_path)
                logging.info("model loading successful")

    def nerApp(self, sess):
        with sess.as_default():
            with sess.graph.as_default():
                text = "application"
                while (text != "" and text != " "):
                    text = input("请输入一句话：")
                    if text == "quit" or text == "" or text == " ": break
                    data_line, data_x, efficient_sequence_length =
self.dataGen.handleInputData(text)
                    if debug:
                        print(np.array(data_x).shape)
                        print(data_x)
                        print(np.array(efficient_sequence_length).shape)
                    feed_dict = {self.model.input_x: data_x,
                                 self.model.sequence_lengths: efficient_sequence_length,
                                 self.model.dropout_keep_prob: 1
                                 }
                    predict_labels = sess.run([self.model.crf_labels], feed_dict)
                    # predict_labels 是三维的[1,1,25]，第 1 维包含了一个矩阵
                    lable_line = []
                    if debug:
                        print(type(predict_labels))
                        print(predict_labels)
                        print(np.array(predict_labels).shape)
                    for idx in range(len(predict_labels[0])):
                        _label = predict_labels[0][idx].reshape(1, -1)
                        lable_line.append(list(_label[0]))
                    for idx in range(len(data_line)):
                        for each in range(efficient_sequence_length[idx]):
                            print("%s:%s" % (data_line[idx][each], lable_line[idx]
[each]), end="  ")
                        print('\n')

    def questionNer(self, sess, text):
        with sess.as_default():
```

```
        with sess.graph.as_default():
            if text == " ":
                print("文本为空，错误")
                return
            data_line, data_x, efficient_sequence_length = self.dataGen.
handleInputData(text)

            feed_dict = {self.model.input_x: data_x,
                         self.model.sequence_lengths: efficient_sequence_length,
                         self.model.dropout_keep_prob: 1}
            predict_labels = sess.run([self.model.crf_labels], feed_dict)
            # predict_labels是三维的[1,1,25]，第1维包含了一个矩阵
            lable_line = []
            for idx in range(len(predict_labels[0])):
                _label = predict_labels[0][idx].reshape(1, -1)
                lable_line.append(list(_label[0]))
            return data_line, lable_line, efficient_sequence_length


if __name__ == "__main__":

    graph = tf.Graph()
    log_device_placement = True  # 是否打印设备分配日志
    allow_soft_placement = True  # 如果指定的设备不存在，允许TF自动分配设备
    gpu_options = tf.GPUOptions(per_process_gpu_memory_fraction=0.3)
    session_conf = tf.ConfigProto(gpu_options=gpu_options, allow_soft_placement=
allow_soft_placement, log_device_placement=log_device_placement)

    sess = tf.Session(graph=graph, config=session_conf)
    app = nerAppication(sess)

    text = "我发烧流鼻涕怎么办"
    while (text != "" and text != " "):
        text = input("请输入一句话：")
        if text == "quit" or text == "" or text == " ": break
        data_line, lable_line, efficient_sequence_length = app.questionNer(sess,
text)
        for idx in range(len(data_line)):
            for each in range(efficient_sequence_length[idx]):
                print("%s:%s" % (data_line[idx][each], lable_line[idx][each]),
end="  ")
            print('\n')
```

问题分析的另一部分为对问题文本进行分类，判定用户想要查询的信息类型。这里采用常用的文本分类模型textCNN对问题文本进行分类，选用该模型的原因在于问题文本的长度往往较短，并且结合前面识别的医疗实体，可以很好地理解用户的意图。

对问题文本的分类首先要将问题文本表示为向量，这里采用 CBOW 的方式来训练词向量，通过词向量将问题文本表示为向量，然后通过 textCNN 分类模型进行分类。其中 textCNN 网络结构如图 7.7 所示。

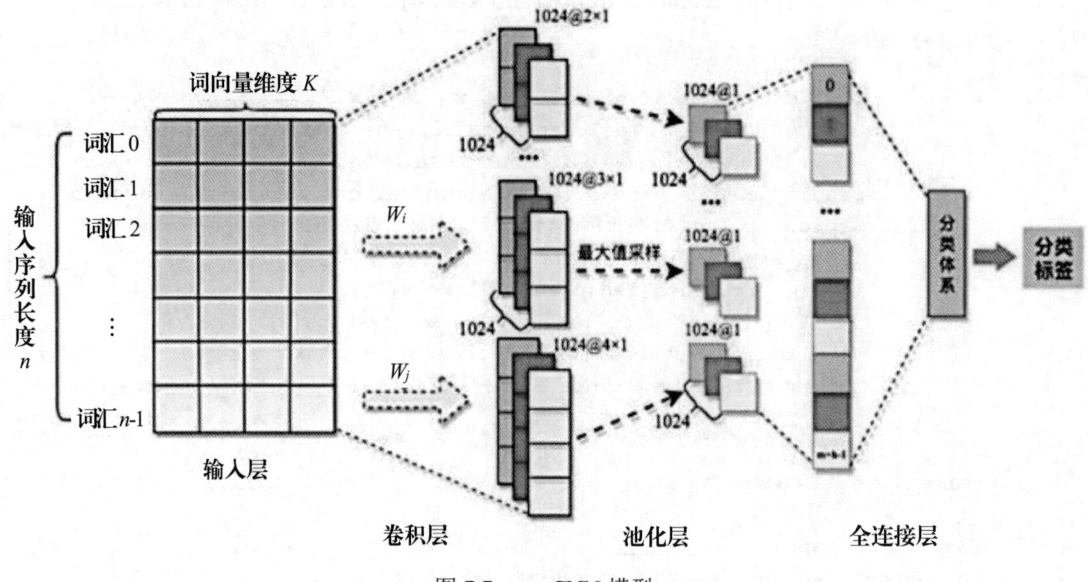

图 7.7　textCNN 模型

具体代码如代码 7.5 所示。

代码 7.5　问题文本分类

```
#!/usr/bin/env python
# _*_ coding:utf-8 _*_

import tensorflow as tf
import numpy as np
import os
import time
import datetime
from classifyUtils import data_process
from text_cnn import TextCNN
import math
from tensorflow.contrib import learn
import jieba


# tf.reset_default_graph()

class classifyApplication:
    def __init__(self, sess, device='/gpu:1'):
        with sess.as_default():
```

```
            with sess.graph.as_default():
                self.word_embedings_path = "./data_ai/cbowData/
classifyDocument.txt.ebd.npy"
                self.vocb_path = "./data_ai/cbowData/classifyDocument.txt.vab"
                self.model_path = "./data_ai/classifyModel"
                self.num_classes = 9
                self.max_sentence_len = 20
                self.embedding_dim = 200
                self.filter_sizes = "2,3,4"
                self.dropout_keep_prob = 1.0
                self.l2_reg_lambda = 0.0
                self.num_filters = 128
                self.num_checkpoints = 1

                self.data_helpers = data_process(
                    train_data_path="",
                    word_embedings_path=self.word_embedings_path,
                    vocb_path=self.vocb_path,
                    num_classes=self.num_classes,
                    max_document_length=self.max_sentence_len)
                self.data_helpers.load_wordebedding()
                self.cnn = TextCNN(
                    w2v_model=self.data_helpers.word_embeddings,
                    sequence_length=self.max_sentence_len,
                    num_classes=self.num_classes,
                    embedding_size=self.embedding_dim,
                    filter_sizes=list(map(int, self.filter_sizes.split(","))),
                    num_filters=self.num_filters,
                    l2_reg_lambda=self.l2_reg_lambda,
                    device=device
                )
                self.saver = tf.train.Saver(max_to_keep=self.num_checkpoints)
                ckpt = tf.train.get_checkpoint_state(self.model_path)
                if ckpt and ckpt.model_checkpoint_path:
                    self.saver.restore(sess, ckpt.model_checkpoint_path)
                    print("restore from history model.")
                else:
                    print("there is no classify model.")

    def classifyApp(self, sess):
        with sess.as_default():
            with sess.graph.as_default():
                text = "application"
                while (text != "" and text != " "):
                    text = input("请输入一句话：")
                    if text == "quit" or text == "" or text == " ": break
                    text = text.strip()
```

```
                    seg_list = list(jieba.cut(text))
                    x_data = self.data_helpers.handle_input(' '.join(seg_list))
                    feed_dict = {self.cnn.input_x: x_data, self.cnn.dropout_keep_
prob: self.dropout_keep_prob}
                    _predic = sess.run([self.cnn.predictions], feed_dict)
                    print("%s is %d" % (text, _predic[0]))

    def questionClassify(self, sess, text):
        with sess.as_default():
            with sess.graph.as_default():
                text = text.strip()
                seg_list = list(jieba.cut(text))
                x_data = self.data_helpers.handle_input(' '.join(seg_list))
                feed_dict = {self.cnn.input_x: x_data, self.cnn.dropout_keep_prob:
self.dropout_keep_prob}
                _predic = sess.run([self.cnn.predictions], feed_dict)
                return _predic[0]


if __name__ == "__main__":
    graph = tf.Graph()
    # 使用 allow_growth option，刚开始分配少量的 GPU 容量，然后按需慢慢地增加
    log_device_placement = True  # 是否打印设备分配日志
    allow_soft_placement = True  # 如果指定的设备不存在，则允许 TF 自动分配设备
    gpu_options = tf.GPUOptions(per_process_gpu_memory_fraction=0.3)
    session_conf = tf.ConfigProto(gpu_options=gpu_options, allow_soft_placement
=allow_soft_placement, log_device_placement=log_device_placement)

    sess = tf.Session(graph=graph, config=session_conf)
    classifyApp = classifyApplication(sess)
    classifyApp.classifyApp(sess)
```

通过对问题文本的分类，可以判定该问题所属的类型。例如，对于问题“感冒了吃什么药”，经过分类判定该问题类型编号为 3，也就是属于 disease_drug 类型，表示该疾病类型应该服用哪种药物。

7.3.2 生成数据查询语句

根据对用户意图理解模块的分析，可以获取到用户输入的问题文本中的医疗实体信息以及用户的查询意图，基于以上信息，可以生成用户查询知识图谱的查询语句信息。具体代码如代码 7.6 所示。

代码 7.6 生成查询语句

```
#!/usr/bin/env python
```

```
# _*_ coding:utf-8 _*_


class QuestionPaser:
    '''
    问题解析类
    '''

    def build_entitydict(self, args):
        '''
        构建实体节点
        '''
        entity_dict = {}
        for arg, types in args.items():
            for type in types:
                if type not in entity_dict:
                    entity_dict[type] = [arg]
                else:
                    entity_dict[type].append(arg)

        return entity_dict


    def parser_main(self, res_classify):
        '''
        问题解析主方法
        :param res_classify:
        :return:
        '''
        args = res_classify['args']
        entity_dict = self.build_entitydict(args)
        question_types = res_classify['question_types']
        sqls = []
        for question_type in question_types:
            sql_ = {}
            sql_['question_type'] = question_type
            sql = []
            if question_type == 'disease_symptom':
                sql = self.sql_transfer(question_type, entity_dict.get('disease'))

            elif question_type == 'symptom_disease' or question_type ==
'symptom_curway':
                sql = self.sql_transfer(question_type, entity_dict.get('symptom'))

            elif question_type == 'disease_drug':
                sql = self.sql_transfer(question_type, entity_dict.get('disease'))
```

```
        elif question_type == 'drug_disease':
            sql = self.sql_transfer(question_type, entity_dict.get('drug'))

        elif question_type == 'disease_check':
            sql = self.sql_transfer(question_type, entity_dict.get('disease'))

        elif question_type == 'disease_prevent':
            sql = self.sql_transfer(question_type, entity_dict.get('disease'))

        elif question_type == 'disease_lasttime':
            sql = self.sql_transfer(question_type, entity_dict.get('disease'))

        elif question_type == 'disease_cureway':
            sql = self.sql_transfer(question_type, entity_dict.get('disease'))

        elif question_type == 'disease_desc':
            sql = self.sql_transfer(question_type, entity_dict.get('disease'))

        if sql:
            sql_['sql'] = sql

            sqls.append(sql_)

    return sqls


def sql_transfer(self, question_type, entities):
    '''
    针对不同的问题类型，构造不同的查询语句，查询知识图谱中的信息
    :param question_type:
    :param entities:
    :return:
    '''
    if not entities:
        return []

    # 构造查询语句
    sql = []
    # 查询疾病的原因
    if question_type == 'disease_cause':
        sql = ["MATCH (m:Disease) where m.name = '{0}' return m.name,
m.cause".format(i) for i in entities]

    # 查询疾病的防御措施
    elif question_type == 'disease_prevent':
        sql = ["MATCH (m:Disease) where m.name = '{0}' return m.name,
m.prevent".format(i) for i in entities]
```

```
        # 查询疾病的持续时间
        elif question_type == 'disease_lasttime':
            sql = ["MATCH (m:Disease) where m.name = '{0}' return m.name, m.cure_lasttime".format(i) for i in entities]

        # 查询疾病的治愈概率
        elif question_type == 'disease_cureprob':
            sql = ["MATCH (m:Disease) where m.name = '{0}' return m.name, m.cured_prob".format(i) for i in entities]

        # 查询疾病的治疗方式
        elif question_type == 'disease_cureway':
            sql = ["MATCH (m:Disease) where m.name = '{0}' return m.name, m.cure_way".format(i) for i in entities]

        # 查询疾病的易发人群
        elif question_type == 'disease_easyget':
            sql = ["MATCH (m:Disease) where m.name = '{0}' return m.name, m.easy_get".format(i) for i in entities]

        # 查询疾病的相关介绍
        elif question_type == 'disease_desc':
            sql = ["MATCH (m:Disease) where m.name = '{0}' return m.name, m.desc".format(i) for i in entities]

        # 查询疾病有哪些症状
        elif question_type == 'disease_symptom':
            sql = ["MATCH (m:Disease)-[r:has_symptom]->(n:Symptom) where m.name = '{0}' return m.name, r.name, n.name".format(i) for i in entities]

        # 查询症状会导致哪些疾病
        elif question_type == 'symptom_disease':
            sql = ["MATCH (m:Disease)-[r:has_symptom]->(n:Symptom) where n.name = '{0}' return m.name, r.name, n.name".format(i) for i in entities]

        # 查询疾病的并发症
        elif question_type == 'disease_acompany':
            sql1 = ["MATCH (m:Disease)-[r:acompany_with]->(n:Disease) where m.name = '{0}' return m.name, r.name, n.name".format(i) for i in entities]
            sql2 = ["MATCH (m:Disease)-[r:acompany_with]->(n:Disease) where n.name = '{0}' return m.name, r.name, n.name".format(i) for i in entities]
            sql = sql1 + sql2

        # 查询疾病的忌口
        elif question_type == 'disease_not_food':
            sql = ["MATCH (m:Disease)-[r:no_eat]->(n:Food) where m.name = '{0}'
```

```
return m.name, r.name, n.name".format(i) for i in entities]

        # 查询疾病建议吃的东西
        elif question_type == 'disease_do_food':
            sql1 = ["MATCH (m:Disease)-[r:do_eat]->(n:Food) where m.name = '{0}'
return m.name, r.name, n.name".format(i) for i in entities]
            sql2 = ["MATCH (m:Disease)-[r:recommand_eat]->(n:Food) where m.name =
'{0}' return m.name, r.name, n.name".format(i) for i in entities]
            sql = sql1 + sql2

        # 已知忌口查疾病
        elif question_type == 'food_not_disease':
            sql = ["MATCH (m:Disease)-[r:no_eat]->(n:Food) where n.name = '{0}'
return m.name, r.name, n.name".format(i) for i in entities]

        # 已知推荐查疾病
        elif question_type == 'food_do_disease':
            sql1 = ["MATCH (m:Disease)-[r:do_eat]->(n:Food) where n.name = '{0}'
return m.name, r.name, n.name".format(i) for i in entities]
            sql2 = ["MATCH (m:Disease)-[r:recommand_eat]->(n:Food) where n.name =
'{0}' return m.name, r.name, n.name".format(i) for i in entities]
            sql = sql1 + sql2

        # 查询疾病常用药品，药品别名记得扩充
        elif question_type == 'disease_drug':
            sql1 = ["MATCH (m:Disease)-[r:common_drug]->(n:Drug) where m.name =
'{0}' return m.name, r.name, n.name".format(i) for i in entities]
            sql2 = ["MATCH (m:Disease)-[r:recommand_drug]->(n:Drug) where m.name =
'{0}' return m.name, r.name, n.name".format(i) for i in entities]
            sql = sql1 + sql2

        # 已知药品查询能够治疗的疾病
        elif question_type == 'drug_disease':
            sql1 = ["MATCH (m:Disease)-[r:common_drug]->(n:Drug) where n.name =
'{0}' return m.name, r.name, n.name".format(i) for i in entities]
            sql2 = ["MATCH (m:Disease)-[r:recommand_drug]->(n:Drug) where n.name =
'{0}' return m.name, r.name, n.name".format(i) for i in entities]
            sql = sql1 + sql2

        # 查询疾病应该进行的检查
        elif question_type == 'disease_check':
            sql = ["MATCH (m:Disease)-[r:need_check]->(n:Check) where m.name =
'{0}' return m.name, r.name, n.name".format(i) for i in entities]

        # 已知检查查询疾病
        elif question_type == 'check_disease':
            sql = ["MATCH (m:Disease)-[r:need_check]->(n:Check) where n.name =
```

```
'{0}' return m.name, r.name, n.name".format(i) for i in entities]

        return sql



if __name__ == '__main__':
    from question_classifier import *

    handler = QuestionPaser()
    QChandler = QuestionClassifier()
    while 1:
        question = input(' input an question:')
        data = QChandler.classify(question)
        print(data)
        sqls = handler.parser_main(data)
        print(sqls)
```

针对不同的问题类型，需要构造不同的图数据库查询语句，如对于上面的例子，查询“感冒了应吃什么药”，根据获取到的问题为查询疾病与药物的类型，该查询语句如下：

```
MATCH (m:Disease)-[r:common_drug]->(n:Drug) where m.name = '感冒' return m.name, r.name, n.name
```

7.3.3 答案生成模块

通过查询语句查询医疗知识图谱，获取相应的答案信息，同时根据问题类型，选用相应的模板，生成答案文本并返回给用户。具体代码如代码 7.7 所示。

代码 7.7 答案生成模块

```
#!/usr/bin/env python
# _*_ coding:utf-8 _*_

from py2neo import Graph


class AnswerSearcher:
    '''
    查询答案类
    '''
    def __init__(self):
        # 连接 Neo4j 数据库
        self.g = Graph("bolt://localhost:11008")
        # 查询数据条数限制
        self.num_limit = 20
```

```
def search_main(self, sqls):
    '''
    执行cypher查询，并返回相应结果
    :param sqls:
    :return:
    '''
    final_answers = []
    for sql_ in sqls:
        question_type = sql_['question_type']
        queries = sql_['sql']
        answers = []
        for query in queries:
            ress = self.g.run(query).data()
            answers += ress
        final_answer = self.answer_prettify(question_type, answers)
        if final_answer:
            final_answers.append(final_answer)
    return final_answers


def answer_prettify(self, question_type, answers):
    '''
    根据相应的问题类型，采用相应的答案生成模板
    :param question_type:
    :param answers:
    :return:
    '''
    final_answer = []
    if not answers:
        return ''
    if question_type == 'disease_symptom':
        desc = [i['n.name'] for i in answers]
        subject = answers[0]['m.name']
        final_answer = '{0}的症状包括：{1}'.format(subject, '; '.join(list(set(desc))
                    [:self.num_limit]))

    elif question_type == 'symptom_disease':
        desc = [i['m.name'] for i in answers]
        subject = answers[0]['n.name']
        final_answer = '症状{0}可能染上的疾病有：{1}'.format(subject, '; '
                    .join(list(set(desc))[:self.num_limit]))

    elif question_type == 'disease_cause':
        desc = [i['m.cause'] for i in answers]
        subject = answers[0]['m.name']
```

```
        final_answer = '{0}可能的成因有：{1}'.format(subject, '；'
                    .join(list(set(desc)) [:self.num_limit]))

    elif question_type == 'disease_prevent':
        desc = [i['m.prevent'] for i in answers]
        subject = answers[0]['m.name']
        final_answer = '{0}的预防措施包括：{1}'.format(subject, '；'
                    .join(list(set(desc))[:self.num_limit]))

    elif question_type == 'disease_lasttime':
        desc = [i['m.cure_lasttime'] for i in answers]
        subject = answers[0]['m.name']
        final_answer = '{0}治疗可能持续的周期为：{1}'.format(subject, '；'
                    .join(list(set(desc))[:self.num_limit]))

    elif question_type == 'disease_cureway':
        desc = [';'.join(i['m.cure_way']) for i in answers]
        subject = answers[0]['m.name']
        final_answer = '{0}可以尝试如下治疗：{1}'.format(subject, '；'
                    .join(list(set(desc))[:self.num_limit]))

    elif question_type == 'disease_cureprob':
        desc = [i['m.cured_prob'] for i in answers]
        subject = answers[0]['m.name']
        final_answer = '{0}治愈的概率为（仅供参考）：{1}'.format(subject, '；'
                    .join(list(set(desc))[:self.num_limit]))

    elif question_type == 'disease_easyget':
        desc = [i['m.easy_get'] for i in answers]
        subject = answers[0]['m.name']

        final_answer = '{0}的易感人群包括：{1}'.format(subject, '；'
                    .join(list(set(desc))[:self.num_limit]))

    elif question_type == 'disease_desc':
        desc = [i['m.desc'] for i in answers]
        subject = answers[0]['m.name']
        final_answer = '{0},熟悉一下：{1}'.format(subject,  '；'
                    .join(list(set(desc))[:self.num_limit]))

    elif question_type == 'disease_acompany':
        desc1 = [i['n.name'] for i in answers]
        desc2 = [i['m.name'] for i in answers]
        subject = answers[0]['m.name']
        desc = [i for i in desc1 + desc2 if i != subject]
        final_answer = '{0}的症状包括：{1}'.format(subject, '；'
                    .join(list(set(desc))[:self.num_limit]))
```

```
        elif question_type == 'disease_not_food':
            desc = [i['n.name'] for i in answers]
            subject = answers[0]['m.name']
            final_answer = '{0}忌食的食物有：{1}'.format(subject, '; '
                            .join(list(set(desc))[:self.num_limit]))

        elif question_type == 'disease_do_food':
            do_desc = [i['n.name'] for i in answers if i['r.name'] == '宜吃']
            recommand_desc = [i['n.name'] for i in answers if i['r.name'] == '推荐食谱']
            subject = answers[0]['m.name']
            final_answer = '{0}宜食的食物有：{1}\n 推荐食谱有：{2}'.format(subject,
                            ';'.join(list(set(do_desc))[:self.num_limit]),
                            ';'.join(list(set(recommand_desc))[:self.num_limit]))

        elif question_type == 'food_not_disease':
            desc = [i['m.name'] for i in answers]
            subject = answers[0]['n.name']
            final_answer = '患有{0}的人最好不要吃{1}'.format('; '
                            .join(list(set(desc))[:self.num_limit]), subject)

        elif question_type == 'food_do_disease':
            desc = [i['m.name'] for i in answers]
            subject = answers[0]['n.name']
            final_answer = '患有{0}的人建议多试试{1}'.format('; '
                            .join(list(set(desc))[:self.num_limit]), subject)

        elif question_type == 'disease_drug':
            desc = [i['n.name'] for i in answers]
            subject = answers[0]['m.name']
            final_answer = '{0}通常使用的药品包括：{1}'.format(subject, '; '
                            .join(list(set(desc))[:self.num_limit]))

        elif question_type == 'drug_disease':
            desc = [i['m.name'] for i in answers]
            subject = answers[0]['n.name']
            final_answer = '{0}主治的疾病有{1},可以试试'.format(subject, '; '
                            .join(list(set(desc))[:self.num_limit]))

        elif question_type == 'disease_check':
            desc = [i['n.name'] for i in answers]
            subject = answers[0]['m.name']
            final_answer = '{0}通常可以通过以下方式检查出来：{1}'.format(subject, '; '
                            .join(list(set(desc))[:self.num_limit]))

        elif question_type == 'check_disease':
            desc = [i['m.name'] for i in answers]
```

```
            subject = answers[0]['n.name']
            final_answer = '通常可以通过{0}检查出来的疾病有{1}'.format(subject, '; '
                            .join(list(set(desc))[:self.num_limit]))

        return final_answer


if __name__ == '__main__':
    searcher = AnswerSearcher()
```

7.3.4 医疗诊断问答系统实现

通过上面的步骤，已经完成了一个完整的医疗诊断问答系统的功能模块。通过对用户输入问题文本的分析，识别其中的医疗实体，了解用户的查询意图，构造查询语句获取用户想要获取的信息，并最终根据问题类型选用相应的答案生成模板，生成最终的答案返回给用户。具体实现代码如代码 7.8 所示。

代码 7.8　医疗诊断问答系统

```
#!/usr/bin/env python
# _*_ coding:utf-8 _*_


#from question_classifier import *
from question_parser import *
from answer_search import *
from question_analysis import *


class ChatBotGraph:
    '''
    问答系统类
    '''
    def __init__(self):
        #self.classifier = QuestionClassifier()
        self.classifier = question_ays()
        self.parser = QuestionPaser()
        self.searcher = AnswerSearcher()

    def chat_main(self, sent):
        answer = '抱歉，您的问题暂时没有找到答案，我会将您的问题记录下来。'
        res_classify = self.classifier.analysis(sent)
        # print(res_classify)
        if not res_classify:
            return answer
        res_sql = self.parser.parser_main(res_classify)
        print(res_sql)
        final_answers = self.searcher.search_main(res_sql)
```

```
        if not final_answers:
            return answer
        else:
            return '\n'.join(final_answers)

if __name__ == '__main__':
    handler = ChatBotGraph()
    question= '##'
    print('您好，我是小艾医生，请问您哪里不舒服？希望我的回答可以帮到您！')
    while(question!="" and question!=" "):
        question = input('用户:')
        if question == "quit" or question=="" or question == " ":break
        answer = handler.chat_main(question)
        print('小艾医生:', answer)
    print("再见！")
```

7.3.5 医疗诊断问答系统效果展示

经过上面的系统实现，接下来验证医疗诊断问答系统的实际效果。具体展示情况如下：

```
小艾医生：您好，我是小艾医生，请问您哪里不舒服？希望我的回答可以帮到您！
用户：我感冒了应该吃什么药呢
小艾医生：感冒通常使用的药品包括蒲公英颗粒；利巴韦林颗粒；头孢拉定胶囊；伤风停胶囊；愈美胶囊；抗病毒口服液；洛索洛芬钠胶囊；阿莫西林颗粒；麻黄止嗽丸；消炎片；酚咖片；银芩胶囊；匹多莫德分散片；肺宁片；喉痛灵片；头孢丙烯分散片；依托红霉素片；感冒灵颗粒；洛索洛芬钠片；风油精
用户：高血压有什么症状
小艾医生：高血压的症状包括重压感、紧箍感……；颈部搏动；头晕目眩；乏力；头晕；眼花；血压高；神经性呕吐；心脏主动脉瓣返流
用户：感冒怎么预防
小艾医生：感冒的预防措施包括本病全年皆可发病，冬春季节多发，可通过含有病毒的飞沫或被污染的用具传播，多数为散发性，但常在气候突变时流行，由于病毒的类型较多，人体对各种病毒感染后产生的免疫力较弱且短暂，并无交叉免疫，同时在健康人群中有病毒携带者，故一个人一年内可有多次发病。
日常预防
4 种简易预防感冒的方法
1. 冷水洗脸、热水泡足法：每日晨、晚养成用冷水浴面、热水泡足的习惯，这有助于提高身体抗病能力。
2. 盐水漱口：每日早晚、餐后用淡盐水漱口，以清除口腔病菌。
3. 食醋熏蒸法：把陈醋加热，关上门窗，隔一段时间在房间里熏蒸一次，可有效杀除感冒等病毒。
4. 饮用姜茶法：晚上睡觉前，用萝卜加醋熬汤，或以生姜、红糖适量煮水代茶饮，对防止感冒有很好的效果。
专业指导
1. 补充维生素 E、维生素 C。维生素 E、维生素 C 都能有效提高人体免疫力。
2. 保证足够的睡眠。数据显示，只睡半宿的人，免疫力会下降大约三成。而在睡足 8 小时后，免疫力就会恢复。
3. 进行鼻部按摩。大部分感冒中，鼻咽部是最初感染的部位，因此鼻部按摩能有效预防感冒。
```

第 8 章

基于任务导向的聊天机器人

通过前面的学习，掌握了如何从零开始搭建一个完整的问答型聊天机器人。然而在实际生产生活中，可以帮助人们完成一些较复杂任务的聊天机器人往往都属于基于任务导向的聊天机器人，下文将基于任务导向的聊天机器人统称为对话系统。为了准确获取用户的真实意图，往往需要用户和聊天机器人之间进行多轮次的交互对话，进而获取必要的信息，最终完成用户想要完成的任务。图 8.1 所示为对话系统完成预订比萨任务的示例。

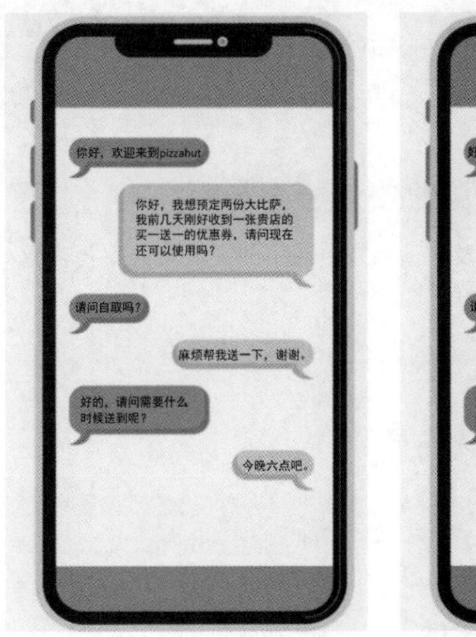

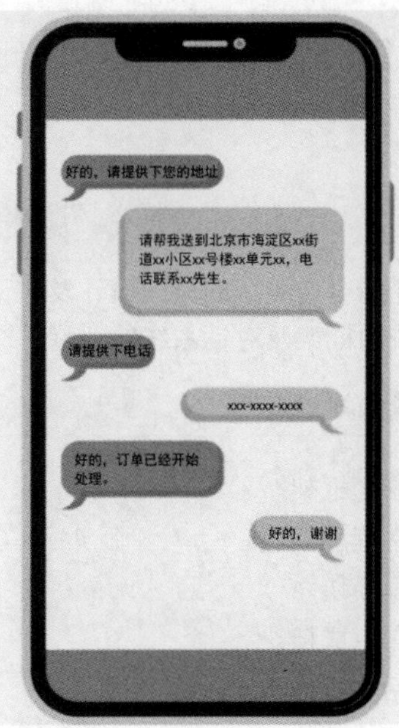

图 8.1　多轮对话场景示例

对话系统一般分为基于开放领域的对话系统以及基于特定领域的对话系统。例如，陪伴型的闲聊机器人属于基于开放领域的多轮对话，而用于订餐的对话系统属于基于特定领域的对话系统。基于特定领域的问答系统和基于特定领域的对话系统的区别主要在于对话系统是否需要维护对话状态，以及是否可以根据用户当前状态以及对话历史信息作出决策来帮助用户完成任务。

对话系统是指用户带着明确的任务而来，希望得到明确且满足特定条件的信息或者服务，如订餐、订票或者购买某件商品等。由于用户的需求比较复杂，需要多轮对话交互，且用户与对话系统在交互的过程中也可能不断修正完善自己的需求，此外，在用户陈述的信息不够具体（明确）的情况下，对话系统也可以通过询问、澄清或者确认来帮助用户输入准确的信息，最终帮助用户完成任务。

相较于问答系统这种一问一答的单轮对话形式，对话系统不仅需要理解当前用户输入的对话信息，同时需要根据对话历史中的相关信息来维护对话状态，并根据用户最终所要完成的任务作出“合理”的决策，帮助用户快速完成任务。图 8.2 所示为多轮交互的对话系统与单轮对话的问答系统的区别。

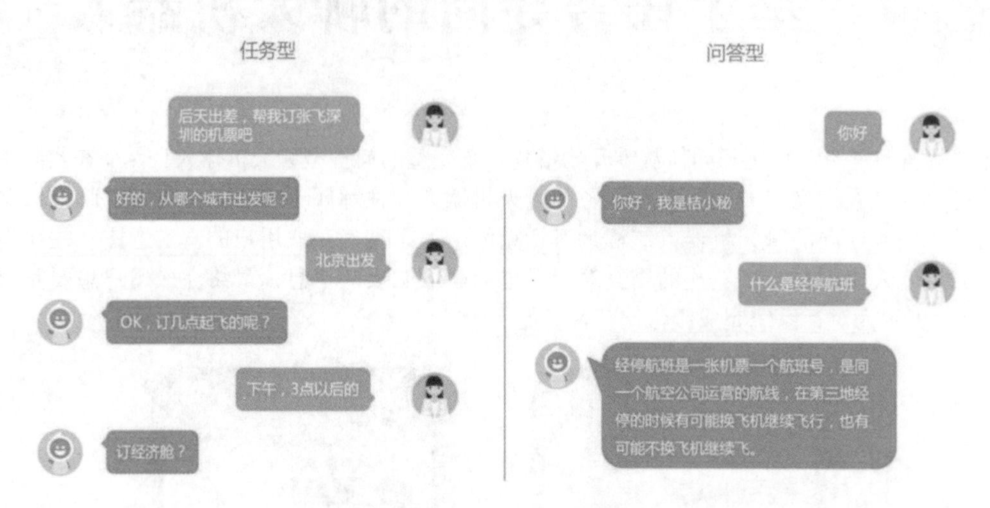

图 8.2　对话系统与问答系统的区别

下面将重点介绍对话系统的架构设计及对话系统中通用的模块及其主要功能，同时介绍几种当前常用的对话系统的框架及对话系统的评价。

本章主要涉及的知识点有：

- 对话系统的框架。
- 自然语言理解模块。
- 对话管理模块。
- 自然语言生成模块。
- 常用对话系统框架。
- 对话系统的评价。

8.1 对话系统介绍

生活中很多人都有过在餐厅点餐的经历，在点餐的过程中，服务员会询问一些基本的问题，如就餐人数、就餐时间、预订的菜品信息、是否有忌口、是否有想要就餐的位置等，通过对这些问题的沟通，服务员会根据需求，最终给出满足以上条件的最优方案。图 8.3 所示为一个点餐的场景。

图 8.3　点餐场景示例

对话系统与用户的交互过程与客户点餐的过程是很相似的，常见的对话系统框架结构如图 8.4 所示。对话系统主要包括 4 个核心功能模块，分别是自然语言理解模块（natural language understanding，NLU）、对话状态追踪模块（dialogue state tracking，DST）、对话策略管理模块（dialog policy optimization，DPO）及自然语言生成模块（natural language generate，NLG）。其中，对话状态追踪模块与对话策略管理模块一般统称为对话管理模块（dialog management，DM）。

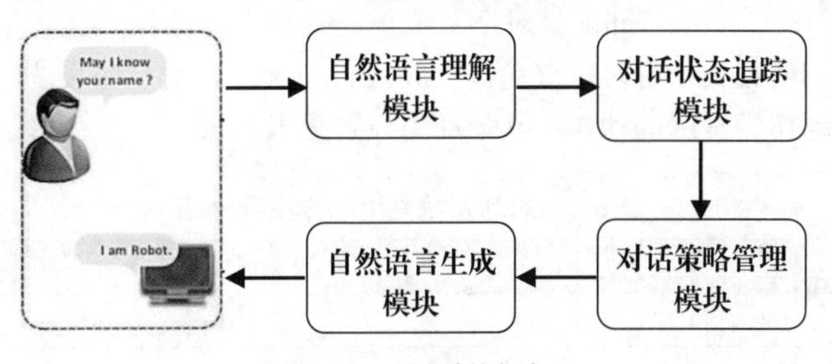

图 8.4　对话系统框架

自然语言理解模块主要完成对用户输入的信息进行“理解”的任务，通过自然语言处理技术将用户输入的自然语言进行解析及深层语义理解，进而将用户输入的语句中隐含的意图信息及实体信息进行结构化表示。这些信息可以用于填充用户为了完成任务而设置的“信息槽”。在实际应用中自然语言理解模块往往会与语音识别模块（ASR）结合，将用户的语音输入转换为计算机可以理解的信息。

对话状态追踪模块与对话策略管理模块可以看作整体的对话管理模块，主要负责根据当前用户输入的对话信息，并结合历史对话信息，决定对话系统下一步的具体操作。例如，对话系统对预订比萨的任务设置了询问比萨大小、预订数量等“信息槽”，当这些“信息槽”都填满后，对话管理模块即可完成下单任务，并返回给用户相应的订单信息。

自然语言生成模块主要完成将对话管理模块给出的“动作”转换为用户可以理解的自然语言处理，在实际应用中，该模块往往会结合语音生成模块（TTS），将系统的输出内容转换为语音输出，便于与用户交互。

8.2 自然语言理解模块

自然语言理解模块是对话系统中最重要的模块，对于用户输入的语句信息，首先需要通过自然语言理解模块进行处理，该模块主要的功能在于解析并“理解”用户输入的信息，将其转变成计算机可以理解的形式。该过程也可以看作一个信息结构化的过程，用户的输入信息一般表示为如下格式：

```
act(slot=value)
```

图 8.5 所示为一个用户输入语句经过结构化后的示例，该示例中的意图是希望用户提供手机号码信息，因此 act 为 request，且当前询问的 slot 为电话信息 phone 和 name，name 的 value 为“韩小姐”。

图 8.5 用户输入的结构化示例

在上面的例子中，act、slot、value 为对话系统预定义的值，其中，act 表示当前对话系统支持的动作，当系统向用户询问相关信息时，该动作一般为 request，而用户向系统回答该信息时，该动作称为 inform，这两个动作为常用的动作，其他动作设置见表 8.1。

表 8.1 对话系统常用动作设置介绍

动 作	描述说明	示例介绍
hello()	开始对话流程	嗨、你好
thanks()	用户感谢信息	谢谢、多谢
ack()	用户对对话系统的响应进行确认	
bye()	结束对话信息	再见、退出
hangup()	用户挂起状态	
inform()	用户给系统发送信息，一般为（信息槽—信息值）的格式	我想看的电影是《魔戒》
request()	系统向用户询问信息，一般为信息槽的信息	请问您想预订几点的票呢
reqmore()	请求更多的信息	请描述得再详细点可以吗
help()	帮助信息	我可以为您做什么呢
restart()	重新开启对话流程	

续表

动 作	描述说明	示例介绍
confirm()	对信息槽的肯定回复	帮我订三张票
deny()	对信息槽的否定回复	不是，需要订五张票
silence()	输入为空的情况	
affirm()	确定回复	是、确认
negate()	否定回复	不是、否认
null()	对话系统无法识别或空白输入	
repeat()	重复信息	麻烦重新描述一下

如何让自然语言理解模块可以像人类一样“理解”自然语言语句的含义，并将“理解”后的内容转换为计算机可以处理的形式？为了模拟人类的操作，一般将自然语言理解模块拆分为三个子模块，分别是领域识别（domain detection）、意图识别（intent determination）和词槽填充（slot filling）。

8.2.1 领域识别

对于用户输入的语句信息，对话系统首先需要判定当前用户所谈论的话题属于哪个领域（domain）。例如，如果用户输入的语句为“请问附近哪家中餐厅最值得推荐呢？”，则可以认为在谈论“餐厅”领域的话题，而当用户输入的语句为“请问这里附近有哪些景点呢？”时，那么用户在谈论“景点”领域的话题。

如果一个对话系统只需要处理特定领域的对话场景，如用于订餐的对话系统，则对话系统只需要处理订餐相关的对话，如果用户输入的语句不是关于订餐时间或者餐品种类等订餐相关的信息，那么对话系统无法给出相应的响应。如果对话系统需要同时满足多领域的对话场景，如用于酒店服务的对话系统，则需要同时处理用户关于订餐、酒店预订、景点推荐、天气信息查询等不同的场景。

在实际应用中，将领域识别任务当作一个分类问题来处理，除了常用的基于规则的方法（如通过关键字进行识别），当前更常用的方法是通过基于机器学习的分类算法或者通过构建基于神经网络的分类模型来进行识别。图 8.6 所示为领域识别的流程。

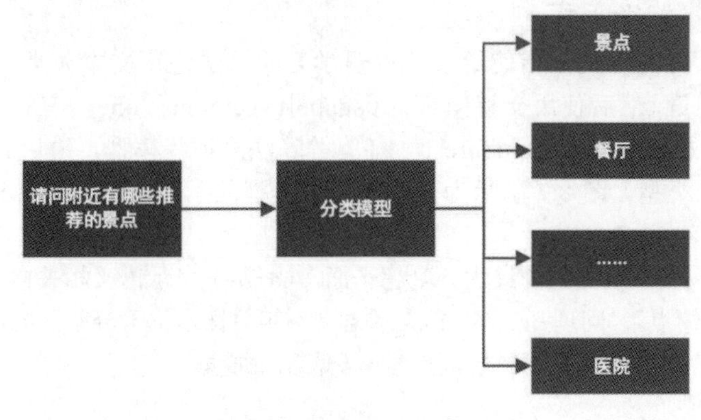

图 8.6 领域识别流程

确定用户输入语句所属的领域后，可以快速缩小对话范围，方便我们更加精准地识别用户的对话意图，以及在后续的对话过程提升对话系统的整体效果。

8.2.2 意图识别

在确定用户输入语句所属的领域后，接下来需要识别用于输入语句的具体意图（intent）。意图识别就是判断用户要做什么。例如，用户输入为“帮我订一张火车票”，那么用户的意图为“订票”；如果用户输入为“帮我查询下今天的天气”，那么用户的意图为“查询天气信息”。

意图识别的本质是一个文本分类的过程。在意图识别过程中，自然语言理解模块需要对用户输入的信息进行文本分析，包括对用户输入的语句的成分分析以及语法关系分析等，进而对其潜在的语义信息进行分析。

在实际应用中，意图识别的方式主要有三种，分别是基于规则的方式、基于统计机器学习的方式以及基于深度学习的方式。

1．基于规则的方式

基于规则的方式是指通过整理常见的用户输入语句，经过人工分析后总结出的规则模板，当用户输入语句与模板进行匹配后满足该模板的规则或达到一定的阈值，则可以认为该语句属于该意图。如下面的语句均为预订火车票的语句：

```
从广州到贵阳的车票
东营到济南的车票
济南去大连的车票
帮我预订后天从广州到武汉的车票信息
我要预订十月四号从广州到北京的车票
```

对上面的语句进行总结，我们可以归纳出预订车票的模板如下：

```
.*?[地名]{到|去|至}[地名].*?
```

使用基于规则的方式来进行意图识别的好处是准确度较高，但是这种方法需要消耗大量的人工来指定模板，对于其他对话场景的可移植性较低。

2．基于统计机器学习的方式

基于统计机器学习的方式是指使用统计机器学习的算法进行文本分类。这种方法将用户输入的语句先表示为向量，然后使用支持向量机（support vector machine，SVM）、逻辑回归（logistic regression，LR）、随机森林（random forest，RF）等算法来训练模型，最后利用模型来预测用户输入语句所属的意图类型。图 8.7 所示为支持向量机模型的示例，图 8.8 所示为随机森林模型的示例。

图 8.7 中的 $wx-b=0$ 表示找到的最优分割超平面，$wx-b=1$ 表示语义相关样本位于分割区间的最大间隔上，作为“支撑点”，同理 $wx-b=-1$ 表示语义不相关样本位于分割区间的最大间隔上，作为“支撑点”。其中 w 表示分割超平面的方向向量，b 表示偏置量。

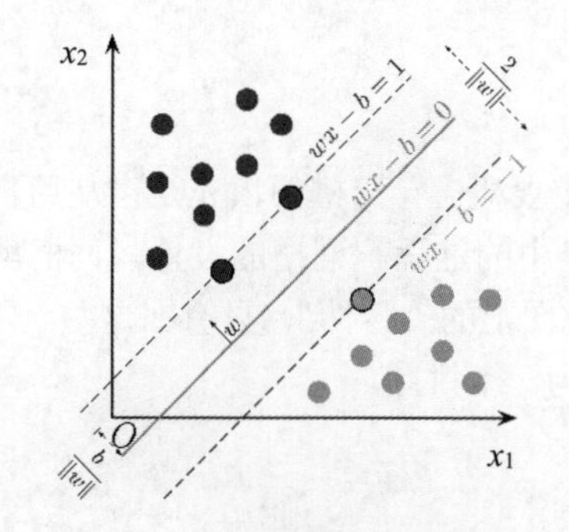

图 8.7 支持向量机模型示例

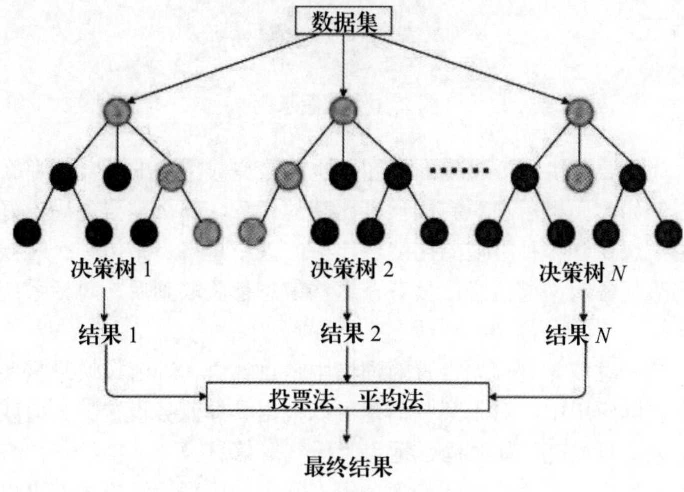

图 8.8 随机森林模型示例

3．基于深度学习的方式

基于深度学习的方式是指使用神经网络来完成文本分类。这种方式的优点在于不需要人工提取文本特征，但是为了训练模型需要大量的语料数据。这种方式与基于统计学习的方式很相似，不同之处在于，基于深度学习的方式采用特征提取能力更强的神经网络，如卷积神经网络（CNN）、长短期记忆网络（LSTM）等。图 8.9 所示为使用 LSTM 网络，然后引入注意力机制，最后使用 Softmax 作为意图识别结果输出。

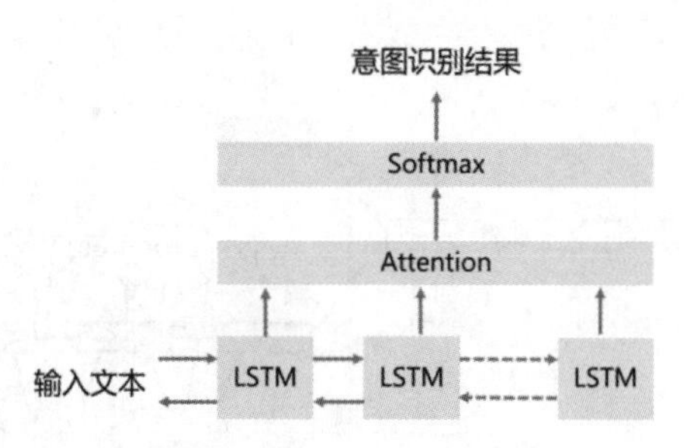

图 8.9 基于神经网络的意图识别

8.2.3 词槽填充

词槽（slot）是对话系统中的重要概念，词槽的填充是指从用户输入的对话中抽取与对话任务相关及所需的关键信息并补全到词槽中的过程。词槽的设置与词槽填充的性能对对话系统的质量有非常重要的影响。可以将词槽比作拼图上的“零件”，只有在这些“零件”都正确拼接的情况下，才可以拼出正确的形状。图 8.10 所示为一个拼图。

图 8.10　拼图示例

在对话系统中，如果要“拼出”正确的拼图，也就是完成用户的任务，那么就需要根据实际情况预先设置好词槽。例如，如果用户想完成预订比萨的任务，那么需要先确定好哪些信息是对话系统必须知道的，如用户想要订哪种类型的比萨、比萨的大小规格、希望什么时候送到等，这些信息便是完成本次预订比萨任务的词槽信息，只有在这些信息都获取到后，对话系统才可以帮用户完成预订比萨的任务。

如何将用户输入的信息填充到预先设置的词槽中是自然语言理解模块最重要的工作。当然除了用户的输入信息，在实际应用中，对于某些词槽可以根据具体业务设置默认值或者根据对话系统从其他渠道了解的信息来进行填充，如时间、地点、天气等信息。

词槽填充通常也被看作一个序列标注任务，很多常用的序列标注方法都可以应用于词槽填充，如经典的条件随机场模型（conditional random field，CRF），随着深度学习的发展，当前更多地使用深度神经网络，如循环神经网络（RNN）、编码器-解码器模型（Encoder-Decoder Model）来完成词槽填充。

同时，在使用深度神经网络训练词槽填充任务时，一般会同时训练意图识别及领域识别。可以将准备好的用户输入的语句数据通过神经网络模型进行训练，然后将待预测的语句通过模型进行预测，并得到意图识别的预测结果与词槽填充的预测结果。图 8.11 所示为通过编码器-解码器模型预测意图识别的结果与词槽填充的结果。

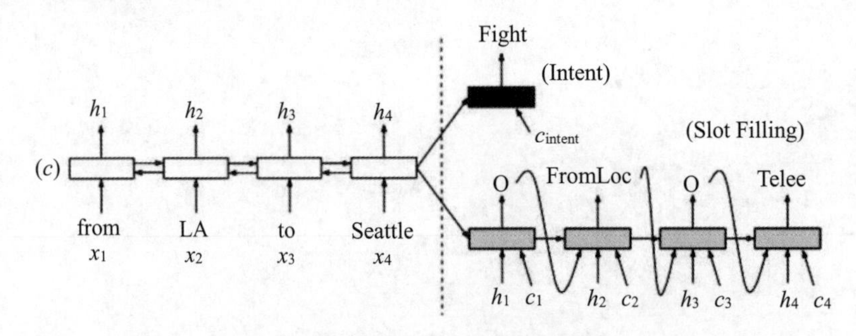

图 8.11　通过编码器-解码器模型完成意图识别与词槽填充示例

经过领域识别、意图识别、词槽填充后，自然语言理解模块最终将用户输入的语句转换为结构化的数据。例如，用户输入的“我想预订两张今晚八点从北京到上海的商务票”，经过自然语言理解模块后其格式化的结果如下：

```
{
领域信息：出行
意图信息：预订车票
词槽信息：{
          出发地：北京
          目的地：上海
          车票数量：两张
          出发时间：今晚八点
          车票类型：商务票
          }
}
```

8.3 对话管理模块

经过自然语言理解模块对用户输入语句的解析与“理解”，对话系统将用户输入的信息传递给对话管理模块（dialog management，DM），对话管理模块的主要任务是根据对话历史信息及当前用户输入的信息决定对话系统应该执行的动作。对话管理模块是对话系统最核心的模块，可以看作对话系统的“大脑”，一般也把对话系统模块分为两个子模块，分别是对话状态追踪模块（dialog state track，DST）和对话策略管理模块（dialog policy optimization，DPO）。图 8.12 所示为对话管理模块。

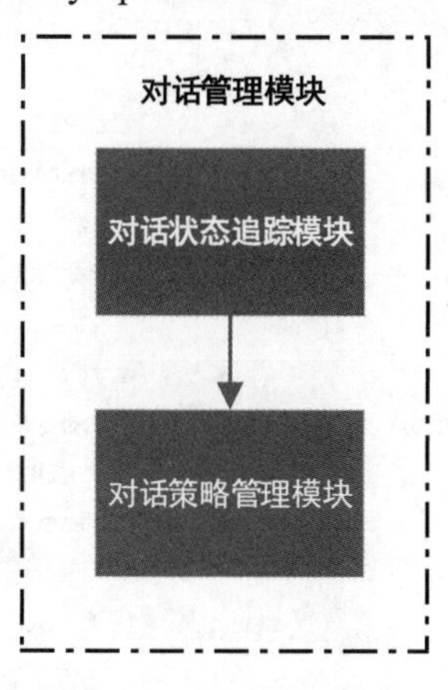

图 8.12 对话管理模块

8.3.1 对话状态追踪模块

对话状态是用户在与对话系统交互过程中对话系统所处的状态。例如，在对话刚开始时，对话系统主动向用户发出问好的信息（如“你好”），那么当前对话系统处于 hello 的状态。当对话结束时，对话系统向用户发出再见的信息（如“拜拜”），那么当前对话系统处理 bye 的状态。

在与用户进行交互的过程中，对话系统需要对历史对话状态、用户当前的输入信息以及系统通过其他方法获取的信息输入进行综合考虑，进而更新对话状态。图 8.13 为对话状态追踪模块的示例，通过对这些状态信息的分析，对话系统才可以决定下一步的具体操作。

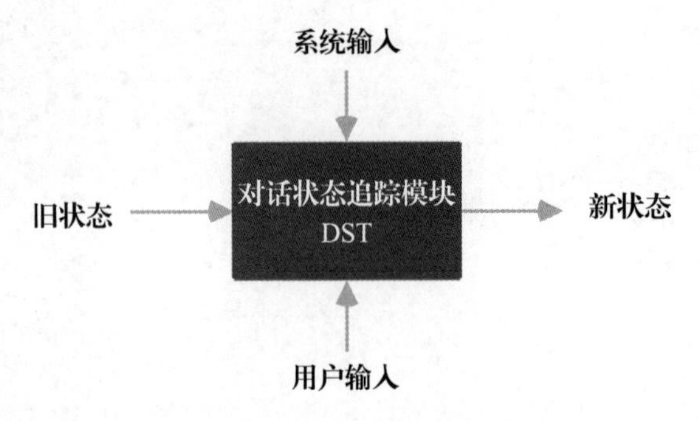

图 8.13　对话状态追踪模块示例

在实际使用中，对话状态一般以字典的形式来保存。在对话过程中，对话系统需要对对话状态不断更新，下面就是一个典型的对话状态存储格式：

```
state == {'user_action': [],
          'system_action': [],
          'belief_state': {'police': {'book': {'booked': []}, 'semi': {}},
                  'hotel': {'book': {'booked': [],},
                       'semi': {'day': '',
                                 'stay': '',
                                 'people': '',
                                 'name': '',
                                      'area': 'east',
                                      'parking': '',
                                      'pricerange': '',
                                      'stars': '4',
                                      'internet': '',
                                      'type': ''}},
               'attraction': {'book': {'booked': []},
                              'semi': {'type': '', 'name': '', 'area': ''}},
               'restaurant': {'book': {'booked': [], 'people': '', 'day':
                              '', 'time': ''},
                              'semi': {'food': '',
                                        'pricerange': '',
                                        'name': '',
                                        'area': ''}},
               'hospital': {'book': {'booked': []},
                            'semi': {'department': ''}},
               'taxi': {'book': {'booked': []},
                        'semi': {'leaveAt': '',
                                 'destination': '',
```

```
                                    'departure': '',
                                    'arriveBy': ''}},
                    'train': {'book': {'booked': []},
                             'semi': {
                                     'leaveAt': '',
                                      ticket_type: '',
                                     'destination': '',
                                     'day': '',
                                     'arriveBy': '',
                                     'departure': ''}}},
         'request_state': {},
         'terminated': False,
         'history': []}
```

其中，user_action、system_action 用来存储用户与对话系统的操作，belief_state 用来存储对话系统的整体状态，terminated 用来表示当前对话是否结束，history 用来存储对话历史信息。这里对话状态中使用 police、hotel、attraction、restaurant、hospital、taxi、train 区别不同的对话领域。

例如，当用户想预订车票时，那么当前对话系统会更新对话状态中 train 的信息，当前设置的词槽有目的地、出发地、出发时间、车票类型、抵达方式、离开方式等。当对话系统通过交互已经知道用户预订的出发地信息为“北京”，且通过对用户当前的输入信息可以知道用户的目的地信息为“上海”时，那么当前对话状态的信息如下：

```
'train': {'book': {'booked': []},
         'semi': {
                 'leaveAt': '',
                  ticket_type: '',
                 'destination': '上海',
                 'day': '',
                 'arriveBy': '',
                 'departure': '北京'}}},
```

通过对对话状态进行分析，对话系统发现除了出发地、目的地信息外，其他信息仍处于未知状态。信息未知则为空“"”，那么如果要完成预订车票的任务，对话系统需要获取到其他词槽的信息。对于当前的情况，可以让对话系统随机选取一个词槽（如“出发时间”）作为对话系统的下一个动作，这样对话系统接下来会询问用户的出行时间信息。

对于这种对话状态相对简单且易于处理的情况，可以采用上面的方法随机选取一个词槽或者基于先验经验对词槽设置不同的权重，优先填充重要程度高的词槽。然而在实际应用中，对话状态的数量是非常庞大的，如何合理地进行决策，让对话系统采取高效的动作帮助用户完成任务呢？

8.3.2 对话策略管理模块

通过上面的例子，我们可以发现，当对话系统在更新对话状态后，如何根据当前的对话状态决定对话系统下一步的具体行为是一个很重要的工作。对话系统下一步的具体行为主要分两类：一类是基于当前的对话状态选取“恰当”的词槽来填充，另一类是执行具体的动作，实际完成用户的对话任务。这部分的工作在对话系统中属于对话策略管理的内容。

例如，在订票过程中，当对话系统已经知道用户的出发地和目的地信息后，接下来的操作是获取用户的出行时间信息，这种操作属于选取一个未知词槽进行填充。当全部信息都获取到以后，对话系统接下来的操作应该是执行具体的订票操作，如读写数据库，调用想用的接口等。

1. 基于规则的方式

在上面介绍的例子中，对话系统在获取到出发地和目的地信息后，在选取下一个待填充词槽时，选择了出行时间信息词槽，这种方式的选择可以是随机选取，也可以是基于先验的经验而对不同词槽设置了不同的优先级，这种策略均属于基于规则的方式。这种方法的优点在于简单便捷，开发人员可以很方便地理解并控制对话的逻辑结构，但是对于复杂的对话任务则无法适用，且会造成对话系统的动作序列相对固定，效率及交互效果较差。

2. 基于有限状态机的方式

与基于规则的方式相似的另一种思路是基于有限状态机来完成对话策略管理，通过对当前对话状态的分析，基于预先设置的有限状态机来管理对话系统的动作。其优点在于状态转移很容易设置，且系统行为较为固定，可预测性较高，但是对于较为复杂的对话系统需要设计复杂的状态机转移策略。图 8.14 所示为一个询问天气的有限状态机。

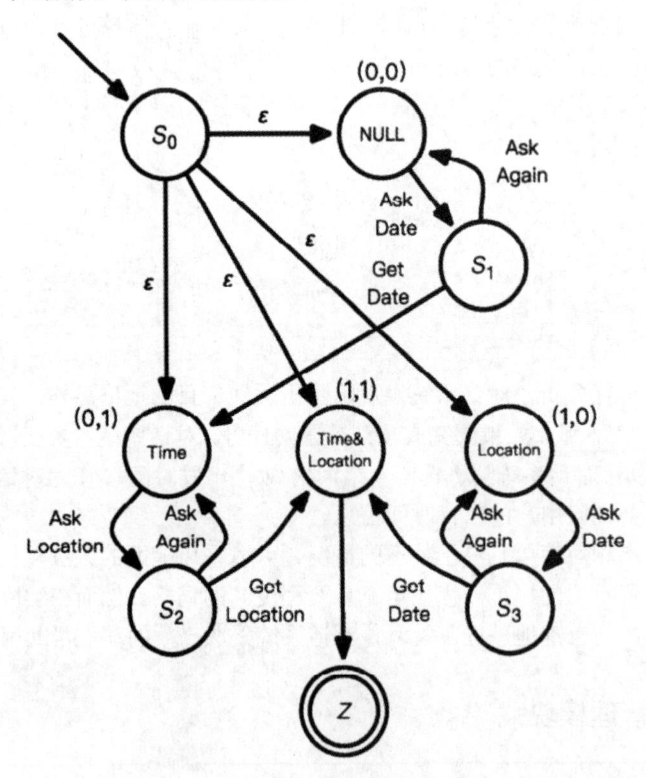

图 8.14　询问天气的有限状态机

3. 基于神经网络的方式

随着深度学习的发展，采用神经网络模型来完成对话策略管理，可以将对话状态表征为向量表示，然后通过神经网络来训练一个决策模型，如图 8.15 所示。

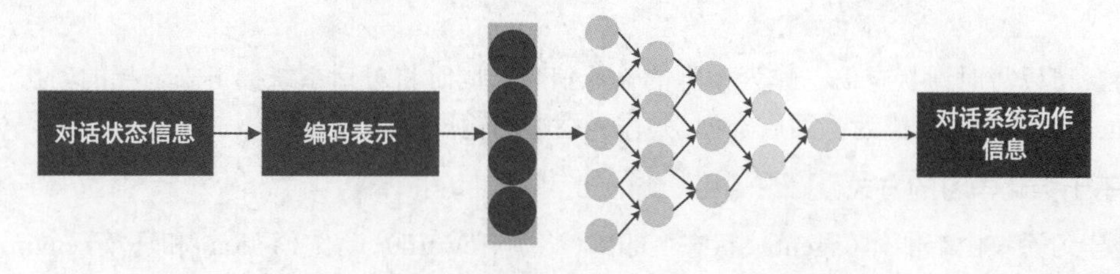

图 8.15　基于神经网络模型的对话策略管理

这种方式需要对预先准备好的对话数据进行处理，整体得到在一个完整的对话过程中每个对话轮次中的对话状态及选择的对话策略；然后将对话状态信息作为模型的输入，通过对其进行编码表示后，使用神经网络模型进行训练；最后将对话系统的动作信息作为模型的输出。

```
对话系统：你好，有什么需要帮忙的吗？
用户：你好，我想订酒店。
对话系统：请问您想订哪里的酒店？
用户：我想订天安门附近的酒店。
对话系统：请问您想订什么类型的酒店。
用户：我想订五星级酒店。
对话系统：请问您想什么时候入住？
用户：今晚八点入住。
对话系统：请问您计划什么时候离开？
用户：明天早上八点。
对话系统：请问您需要订几间房间？
用户：一间。
对话系统：好的，已经帮您预订成功，请及时查收预订信息。
用户：谢谢。
对话系统：不客气，祝您出行愉快。
```

例如，在上面的对话流程中，对话状态信息如下：

```
对话状态：{
        酒店位置："",
        酒店类型："",
        酒店入住时间："",
        酒店离开时间："",
        酒店房间数量："",
}
```

当用户提供“酒店位置”信息为“天安门附近”后，更新对话状态信息。此时对话状态中的其余词槽仍为空，如下所示：

```
对话状态：{
        酒店位置："天安门附近",
```

```
        酒店类型："",
        酒店入住时间："",
        酒店离开时间："",
        酒店房间数量："",
}
```

此时，可以将对话状态信息作为模型的输入信息，同时将对话系统接下来选择的动作（动作类型为 request 且选择的词槽为“酒店类型”）作为模型的输出信息。

4．基于强化学习的方式

强化学习系统由智能体（agent）、状态（state）、奖励（reward）、动作（action）和环境（environment）5 部分组成，如图 8.16 所示。

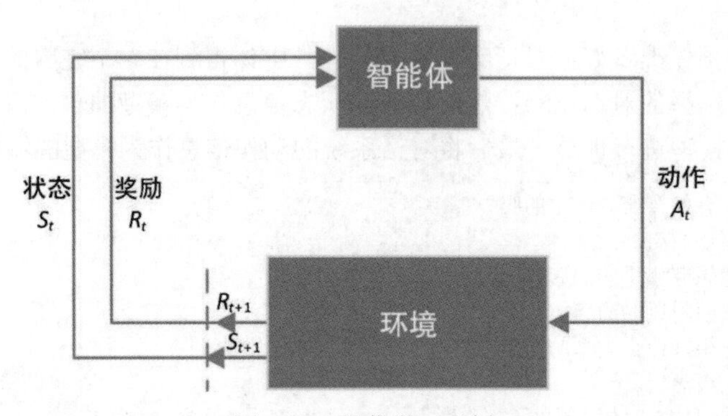

图 8.16　强化学习示例

其中，智能体是整个强化学习系统核心，它能够感知环境的状态，并且根据环境提供的奖励信号，通过学习选择一个合适的动作来最大化长期的奖励值。简而言之，智能体可以将环境提供的奖励值作为反馈，学习一系列的环境状态到动作的映射，动作选择的原则是最大化未来累积的奖励值的概率。选择的动作不仅影响当前时刻的奖励值，还会影响下一时刻甚至未来的奖励值。因此，在学习过程中，如果某个动作带来了环境的正回报奖励值，那么这一动作会被加强，反之则会被逐渐削弱，类似于条件反射原理。

环境会接收智能体执行的一系列动作，并且对这一系列动作的好坏进行评价，并转换成一种可量化的奖励值反馈给智能体，这种反馈可以是正向的鼓励也可能是负向的惩罚。同时，环境会向智能体提供其当前所属的状态信息。

强化学习的过程就是智能体为了适应环境做出的一系列动作，使最终的奖励值最高，同时在此过程中更新特定的参数。强化学习的过程如下：

```
智能体从环境中获取一个状态 St;
智能体根据状态 St 采取一个动作 At;
受到 at 的影响，环境发生变化，转换到新的状态 St+1;
环境反馈给智能体一个奖励（正向为奖励，负向则为惩罚）。
```

当前主流的对话策略管理是通过引入强化学习的思路来完成的，即将对话系统中的对话策略管理模块看作智能体，通过对话系统与外部环境的交互，将对话系统最终完成任务及对话轮数作为奖励，将对话状态看作状态，最终学习到如何选择合适的动作使对话系统的奖励值最高，也就是完成任务的准确率较高或对话轮数较少，如图 8.17 所示。

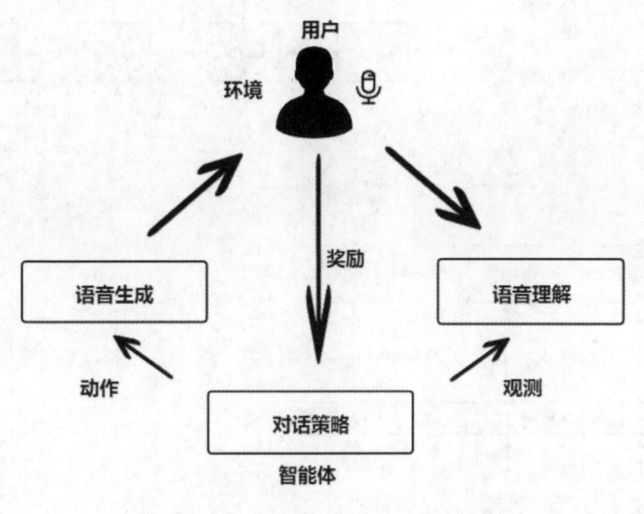

图 8.17　基于强化学习的对话策略管理

8.4　自然语言生成模块

自然语言生成（natural language generate，NLG）是自然语言处理的重要组成部分，根据输入数据的形式，一般可以分为数据到文本的生成和文本到文本的生成，这里的数据可以是映射在高维空间的语义数据，也可以是图像数据、视频数据等。在实际应用中，“看图说话”就是根据图片生成描述图片内容的文本，如图 8.18 所示。同样也可以根据视频数据生成描述视频内容的文本等。

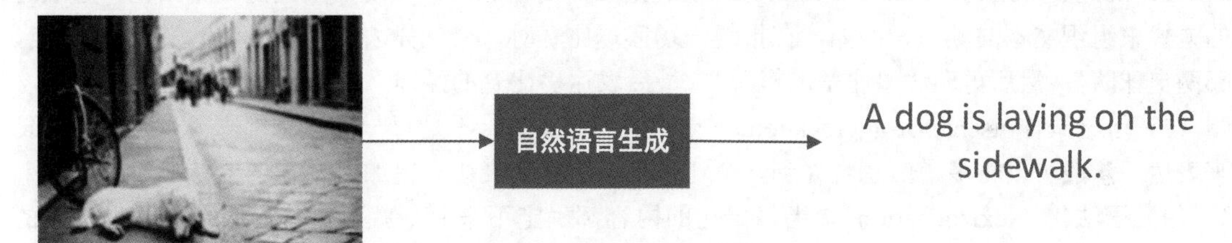

图 8.18　根据图片生成文本示例

对于文本到文本的生成有更多的应用场景，且技术已经很成熟，如机器翻译、文本摘要等。图 8.19 所示为一个机器翻译的示例。

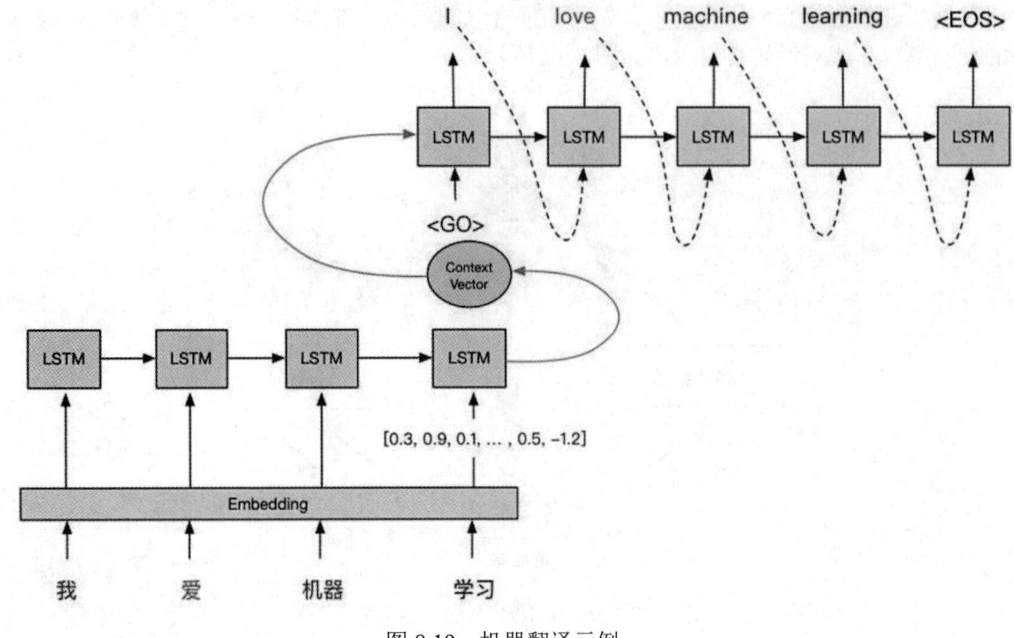

图 8.19　机器翻译示例

8.4.1　自然语言生成步骤

根据已有信息，通过自然语言生成的方式生成自然语言语句，常用的方法包括以下步骤：

（1）确定内容（content determination）。系统需要决定哪些信息应该包含在正在构建的文本中，哪些不应该包含。因此需要对给定的信息先进行筛选，通常数据中包含的信息比最终传达的信息要多。

（2）确定文本结构（text structuring）。在选定所需的信息后，系统需要确定文本结构，选取合理的方式来组织文本的顺序。例如，在报道一场篮球比赛时，会优先表达“什么时间”“什么地点”“哪两支球队”，然后再表达“比赛的概况”，最后表达“比赛的结局”。

（3）句子聚合（sentence aggregation）。在生成的文本中，不是每一条信息都需要一个独立的句子来表达。一般可以将多个信息合并到一个句子里，这样使表达会更加流畅，也更易于阅读。

（4）语法化（lexicalisation）。当每一句的内容都确定下来后，就可以将这些信息通过一定的语法结构组织成自然语句。这个步骤会在各种信息之间加一些连接词，使其看起来像是一个完整的句子。

（5）参考表达式生成（referring expression generation）。与语法化的过程很相似，本步骤也是选择一些单词和短语来构成一个完整的句子，侧重于参考表达式生成需要识别出内容的领域，然后使用该领域所专有的词汇。

（6）语言实现（linguistic realisation）。当所有相关的单词和短语都已经确定时，将它们组合起来形成一个结构良好的完整语句。

8.4.2 对话系统中的自然语言生成

在对话系统中，自然语言生成模块主要用于将对话系统给出的结构化信息“翻译”成便于用户理解的自然语言，因此，可以将自然语言生成模块看作自然语言理解模块的逆过程。

如图 8.20 所示，对话系统希望用户确认当前信息为找一家价格便宜且位置在城东的餐厅，同时希望询问用户想要选择的食物类型。当前结构化的信息如下：

```
confirm-request(
                price=cheap,
                area=east,
                food=?
)
```

自然语言生成模块将该信息转换为自然语言：

```
You'd like a cheap restaurant on the esat side of town? What kind of food would you like?
```

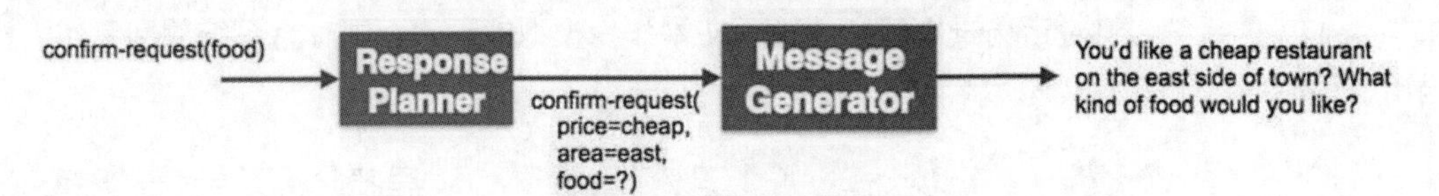

图 8.20 自然语言生成示例

要实现上面的功能，如果能够直接获取生成自然语句的关键字信息，那么可以通过对其进行合并拼接的方式来生成。但是这种方法产生的语句往往存在语法错误，无法很好被理解。因此，自然语言生成模块更常用的思路主要包括基于模板的方式、基于语法树的方式和基于深度学习模型的方式。

1. 基于模板的方式

基于模板的方式需要人工先构建模板数据，在模板中可以包含成分固定的话术信息，以及给对话管理模块预留的填充信息。例如，一个车票预订的回复模板如下：

```
您好，您预订的时间为[出行时间]：从[出发地信息]到[目的地信息]的[车票类型]，共计[车票数量]，已经预订成功，请及时查看预订信息。
```

基于模板的方式简单高效，回复文本精准可控，但是其生成质量严重依赖模板集的设定，编写模板需要大量的人力投入，耗费较高的成本。

2. 基于语法树的方式

基于语法树的方式与基于模板的方式类似，其过程如图 8.21 所示，将输入的语义符号先转换为语法树的表现形式，然后将其转换为自然语言的形式。

基于语法树的方式优点在于可以构建复杂的语言结构，但是同样需要专业的领域知识，需要大量的人力和物力，且产生的结果相较于基于模板的方式而言没有明显的提升。

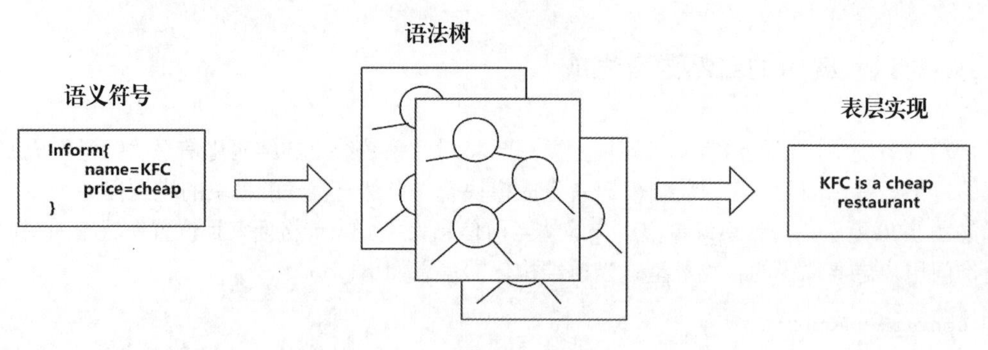

图 8.21　基于语法树的方式

3. 基于深度学习模型的方式

基于深度学习模型的方式是当前普遍采取的方式，这种方式借助神经网络从大量数据中抽取特征来学习，不需要人工去提取特征。例如，编码器解码器模型，在编码阶段将会基于输入而得到一个语义向量，然后在解码阶段将这个语义向量生成自然语言文本。

当然这种思路也可以直接基于用户的输入生成相应的回复，将对话系统整体看作一个端到端（end-to-end）的系统，将对话场景中用户的输入文本作为模型的输入，同时将系统的回复作为模型的输出进行训练，如图 8.22 所示。

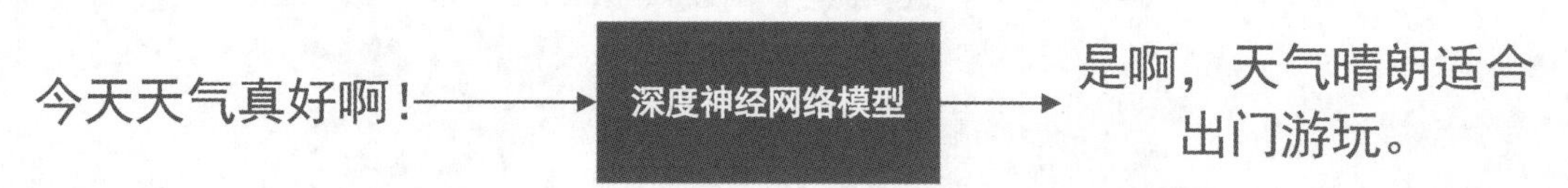

图 8.22　基于深度学习模型的方式

8.5　常用对话系统框架介绍

近年来对于构建对话系统，研究人员已经提出了多种开源对话系统及工具，如 Rasa、PyDial、opendial、ChatterBot、UNIT 等，接下来对其进行简单介绍。

8.5.1　Rasa 框架

Rasa 是 Rasa 公司发布的一套开源机器学习框架，用于构建基于上下文的 AI 小助手和聊天机器人。Rasa 有两个主要模块：Rasa NLU 用于对用户消息内容的语义理解；Rasa Core 用于对话管理。Rasa 官方还提供了一套交互工具 RasaX 帮助用户提升和部署由 Rasa 框架构建的 AI 小助手和聊天机器人，如图 8.23 所示。

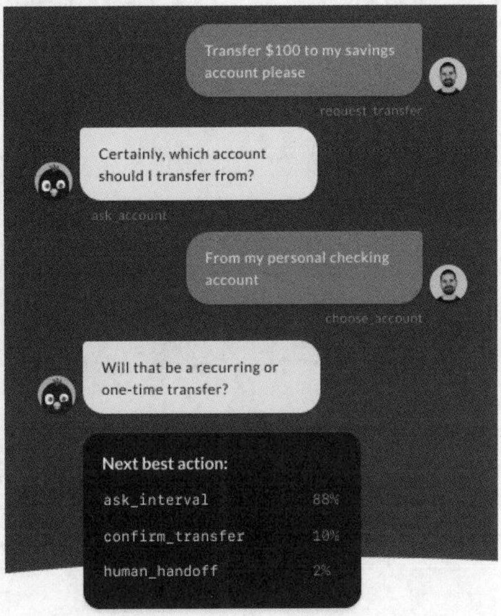

图 8.23 Rasa 示例

8.5.2 PyDial 框架

PyDial 是剑桥大学发布的多域统计对话系统工具包，支持多领域对话，同时支持多种不同策略的对话策略管理，如强化学习，具有完备的用户模拟及多智能体对话实现功能。图 8.24 所示为 PyDial 主要结构。

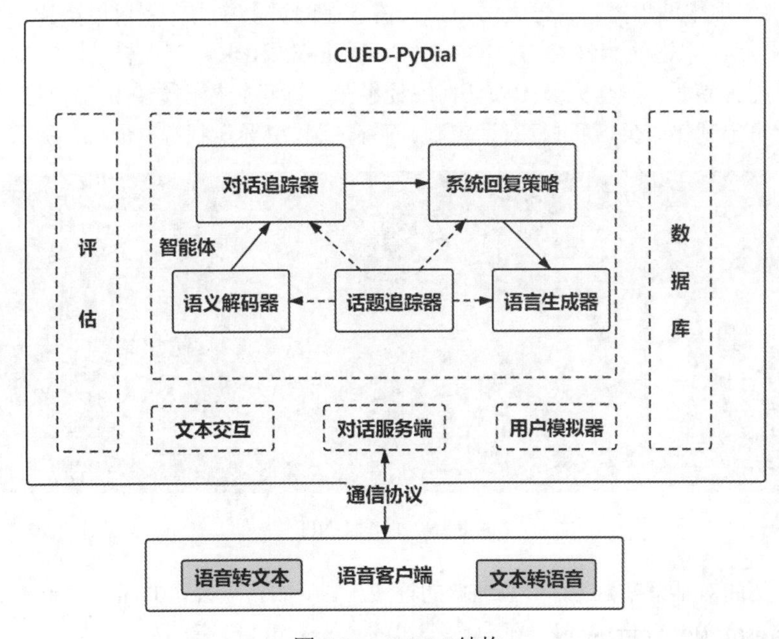

图 8.24 PyDial 结构

8.5.3 ChatterBot 框架

ChatterBot 是基于 Pyhton 实现的一个简单的聊天机器人，运行时需要大量对话语料来支撑。ChatterBot 基于文本检索/匹配的聊天机器人框架，从保存的对话语料中找出与输入句子最匹配的句子，并把匹配到的句子的下一句作为回答返回。图 8.25 所示为 ChatterBot 流程。

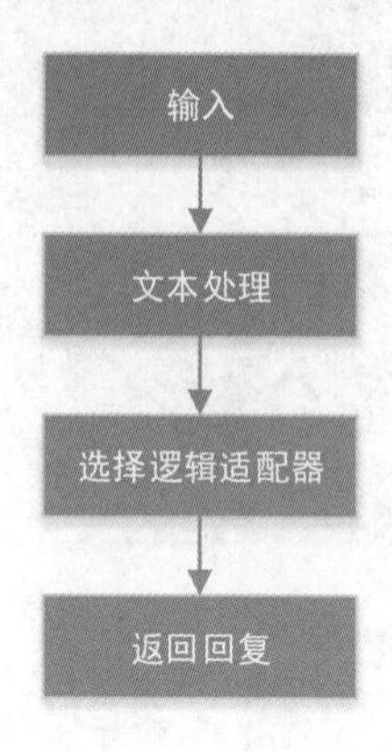

图 8.25 ChatterBot 流程

8.5.4 UNIT 框架

UNIT 是百度推出的对话系统定制平台，基于理解与交互技术（understanding and interaction technology）能够实现零编程搭建机器人，用户只需要在网页上单击，就可以搭建一个聊天机器人。

UNIT 不仅提供了丰富的 API 接口、iOS SDK、Android SDK，可以轻松实现调用 ChatBot，同时提供了图形化配置界面，操作人员无须任何编程经验，即可轻松创建、定制自己的对话机器人。平台提供丰富的可定制化服务，可进行对话定制、问答定制、引导定制等。图 8.26 所示为百度 UNIT。

图 8.26 百度 UNIT

除了上面介绍的对话框架，还有一些经典的框架工具，如谷歌公司的 api.ai、脸书公司的 wit.ai、微软公司的 Microsoft Bot Framework、亚马逊公司的 Amazom Lex 等。

8.6 对话系统的评价

如何客观而科学地评测对话系统的性能，是对话系统研究领域的关键问题。当前学术界及工业界尚未形成标准且统一的评价体系，其中一方面在于缺乏高质量的数据集，另一方面在于对话系统所应用的对话场景往往只限定于某个具体领域，具有一定的场景特异性，无法很好地将评价指标迁移到其他场景中。

8.6.1 对话系统的评价方法

当前对对话系统的评价主要有两种思路，一种是将对话系统看作一个整体，由于对话系统是由任务驱动的，通过多轮对话来完成用户的目标任务，因此对于对话系统的评价可以通过对任务完成的情况来评估。例如，在帮助用户快速有效地获取信息并完成任务的条件下，把对话系统对用户任务的成功完成率和对话过程中成本消耗的指标（如对话时长、系统给出确认性回复所需的对话轮数等）作为评价指标。

另一种是对对话系统的各个子模块分别进行评价，当每个模块均达到较高的表现时，对话系统的表现往往也很好。对不同子模块的评价指标往往不同，表 8.2 为对不同子模块常用的评价指标。

表 8.2 对话系统各子模块评价指标

子模块名	评价指标
自然语言理解模块	分类问题、准确率、召回率、F-socre
对话状态追踪模块	假设准确率、平均排序倒数、L2 范数、平均概率、ROC 表现、等误差率、正确接受率
对话策略管理模块	任务完成率、平均对话轮数
自然语言生成模块	准确率

对于自然语言理解模块，主要是对其进行意图识别与词槽填充，其中意图识别可以看作分类任务，当前很多用于评价对话系统的数据集主要是评价其自然语言理解模块。

8.6.2 常用评测数据集介绍

近年来，随着对对话系统研究的不断深入，对对话系统评价已经取得了一定的成就。例如，对于自然语言理解模块的评价已经开源发表了较多质量较高的公开数据集，如 MultiWOZ、DSTC、CamRest、CrossWOZ 等。一些常用的对话系统公开评测数据集的介绍及相关论文、网址请参考前言下载方式下载后查看。

第 9 章

基于 Rasa 的电影订票助手

通过前面的学习，掌握了任务导向对话系统的基本原理及主要功能模块，那么在实际应用场景中，如何快速搭建一个任务导向的对话系统呢？

当前市场上已经涌现了多种成功的对话框架（bot framework），可以帮助我们快速搭建一个满足使用需求的对话系统，避免每次遇到需求场景都从零开始编程的问题。

当前各大互联网公司都推出了自己设计的对话框架，且在各自领域场景中都有很不错的表现，如大家常用的IBM的IBM Watson Conversation、谷歌的Dialogflow、微软的Microsoft Bot Framework、脸书的 ManyChat 以及亚马逊的 Amazon Lex 等。感兴趣的读者可以按照其官方文档亲自安装体验一下，更加深入地理解任务导向对话系统的基本原理。

以上这些对话框架，各有其独特优点，且广泛应用于不同的实际场景中，并取得了很好的效果。然而这些对话框架均存在一个共同的问题，那就是核心代码为非开源状态。

如果要借助这些对话框架开发自己的任务导向对话系统，那么只能先将数据上传到这些服务平台上，然后在这些对话框架上进行对话系统的设置及对话服务部署，这种方式往往会存在一些无法回避的问题，如受限于对话框架自身的原因，无法自定义扩展对话系统的功能，以及在数据传输过程中可能会发生的隐私泄露等安全问题。

为了解决这些问题，实现最大限度化地定制对话系统功能，我们需要一个真正的开源框架。本章将介绍一个优秀的开源对话框架 Rasa，并通过该对话框架快速搭建一个智能的电影订票助手。

本章主要涉及的知识点如下：

- Rasa 的基本组成。
- Rasa 的安装。
- 基于 Rasa 的电影订票助手的实现。

9.1 Rasa 介绍

Rasa 是一家名为 Rasa 的创业公司所开发的对话框架，主要用来通过机器学习技术实现对话系统及机器人开发。相较于当前业界的其他对话框架，如前面提到的谷歌公司的 Dialogflow 及脸书公司的 ManyChat 等，Rasa 最大的创新来自其开发了一整套基于机器学习的对话工具，即 Rasa Stack。

简单来说，Rasa Stack（后面统一称其为 Rasa）是一个开源的机器学习框架，主要用于帮助用户搭建对话系统，其功能主要包括理解用户的信息，管理对话状态。

使用 Rasa 实现一个对话系统，其完整架构图如图 9.1 所示，当 Rasa 收到一个来自用户的文本信息"Get me the latest ipl updates?"时，Rasa 的 Rasa NLU 模块将会抽取这个文本信息中的 entities（实体信息），并预测其 intent（意图信息），关于实体与意图的解释，在前文已经作过介绍，这里不再赘述。

在图 9.1 所示的例子中，Rasa NLU 模块经过自然语言理解认为该信息的意图信息为 current_matches，且判定该意图的准确度为 93%。确定了用户的意图后，Rasa 会基于该意图进行相应的操作，一般为通过访问相应的数据库或者调用相应服务 API 的方式来获取所需要的信息，其完成的操作为 action_match_news。

接下来 Rasa 的 Rasa Core 模块会根据当前的对话状态，结合多种因素进行分析并决定对话系统下一步做什么。在图 9.1 所示的例子中，Rasa Core 模块对于 next_action 的建议为 utter_did_that_help。

最后根据 next_action 的动作与用户进行相应的交互。在图 9.1 所示的例子中，Rasa 会将最近的 ipl 比赛结果展示给用户。

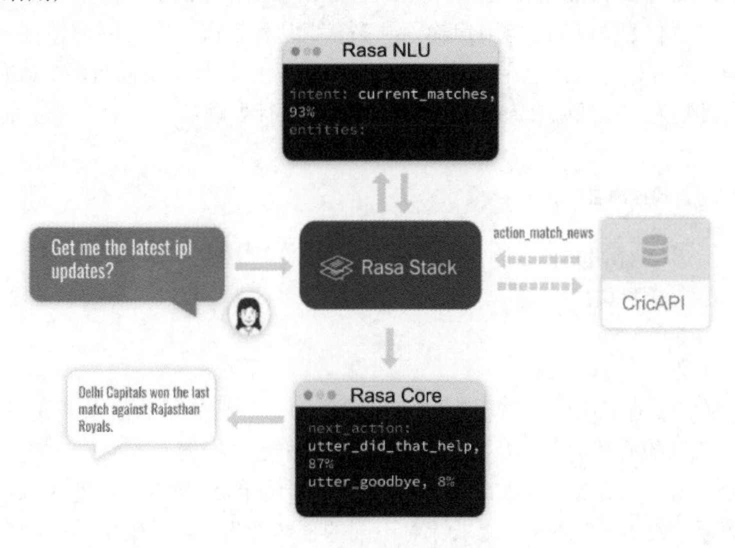

图 9.1　Rasa 完整架构

通过对上面例子的说明，我们再来梳理一下 Rasa 对用户数据的处理（即反馈过程）。如图 9.2 所示，当用户的信息进入 Rasa 后，首先通过解释器 Interpreter 的处理，也就是 Rasa NLU 对其进行意图理解及实体识别的操作，将其转换为结构化的字典格式。接着信息从解释器被传递给 Tracker，Tracker 用来管理跟踪对话过程中的状态信息。然后当前对话状态信息被 Tracker 传递给对话策略中心 Policy，Policy 根据当前对话状态及对话历史信息和其他信息，统一进行综合分析。Policy 根据不同的策略，选择相应的 Action 作为系统的响应操作，同时 Tracker 会将该 Action 记录到对话状态信息中。最后系统将系统的响应 Action 作为反馈信息发送给用户。

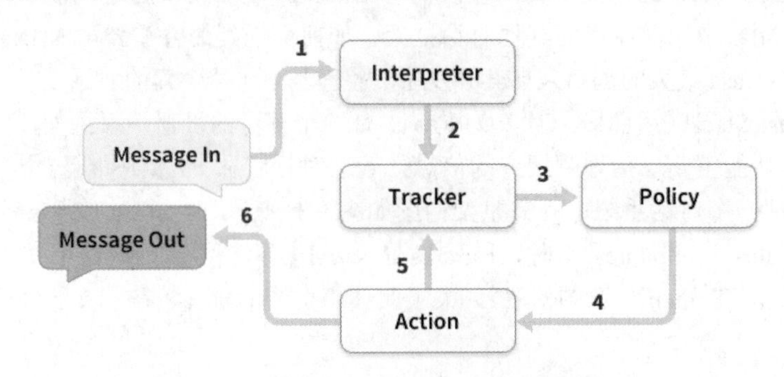

图 9.2　信息在 Rasa 中的流动过程

接下来重点介绍 Rasa 中的两个核心组件，也就是自然语言理解模块 Rasa NLU 和对话管理模块 Rasa Core。

9.1.1　Rasa NLU 模块

Rasa NLU 是 Rasa 中的自然语言理解模块，主要用来理解并识别用户发送的文本消息中所蕴含的意图信息及其他实体信息。例如，当用户输入一条信息“我想在天安门附近预订一家五星级酒店”时，通过对这条信息的分析，认为该用户的意图是要预订酒店，且需要满足两个条件，分别是位置在天安门附近和酒店级别为五星级。Rasa NLU 对以上信息进行处理后，其输出可以是如下结构：

```
{
    "intent": "预订酒店 ",
    "entities": {
                "酒店级别" : "五星级",
                "位置" : "天安门附近"
    }
}
```

Rasa NLU 主要完成的工作就是将输入的信息转换为一个结构化的信息，其中包括意图和实体：意图反映用户输入信息的整体思想，而实体是对其中特殊信息的表示。

通过一个简单的例子来说明 Rasa NLU 是如何完成上面的工作的：首先 Rasa NLU 先将用户的输入转换为向量表示，如图 9.3 所示，这里针对不同的语料数据，可以采用不同的向量化转换策略。例如，对于中文语料数据的处理，首先需要对其进行分词处理。对于文本的向量化表示可以采用传统的词袋表示（bag of words）方式，也可以采用基于深度学习的预训练模型及词向量嵌入表示（pretrained_embedding）的方式。

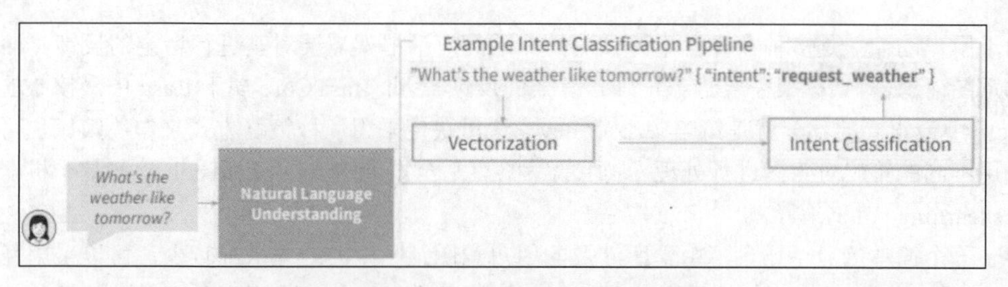

图 9.3　Rasa NLU 对文本进行向量化操作

完成对输入的向量表示后，为了预测该信息所包含的意图信息，我们将其作为一个文本分类任务来处理，按照预先设置的不同的意图类别，采用传统机器学习的分类方式进行意图分类，如图 9.4 所示。当然这里也可以通过配置文件设置不同的分类方式，进而判定输入的意图类别。

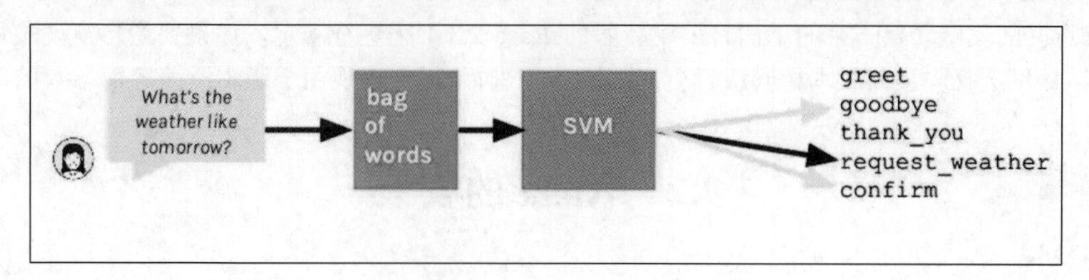

图 9.4　Rasa NLU　意图分类

完成意图分类后，Rasa NLU 会对输入的信息进行实体识别，如图 9.5 所示。该任务属于自然语言处理的命名实体识别任务，通过在配置文件中进行相应的配置，可以采用不同的策略算法。

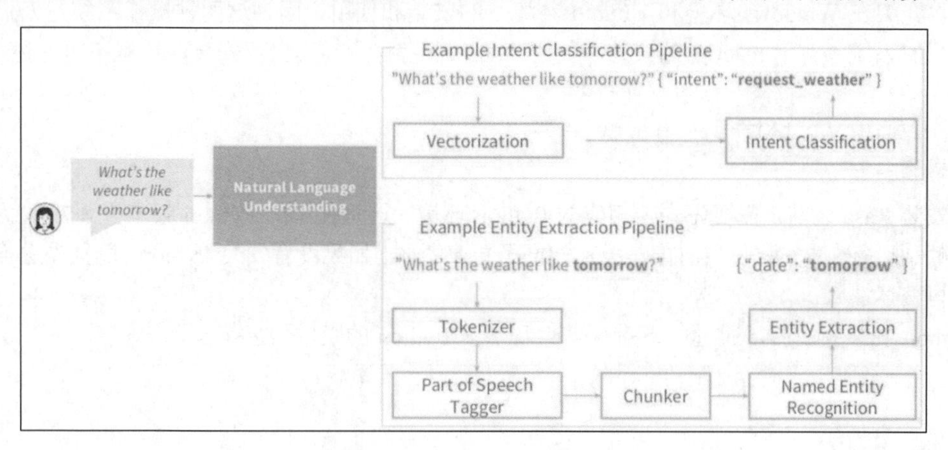

图 9.5　Rasa NLU　实体识别

9.1.2　Rasa Core 模块

Rasa Core 是 Rasa 的对话状态管理模块，它可以结合 Rasa NLU 的当前结构化信息与本轮对话的历史信息，通过机器学习的方式，使用特定的策略，决定对话系统将要执行的操作。

由于用户的输入是多种多样且不可预测的，因此对话框架需要对其进行特定的反馈。面对用户不同的意图请求，对话框架需要给予正确且有效的反馈，因此 Rasa Core 属于 Rasa 中最核心的部分。Rasa Core 中最重要的部分就是策略中心 Policy，这里决定采用何种策略方式来作决策，也可以通过配置选用不同的策略对意图进行处理。常用的策略有基于规则的 rule-based policy 和基于机器学习的 machine learning policy 等。

对于一个简单的对话场景，由于所涉及的用户意图及相应的处理情况较少，可以采用基于规则的方式，然而当对话系统面对大量的意图需要识别以及多种询问请求需要处理时，对话状态的管理将变得极其复杂。尤其是对于大型企业级的应用场景，如果依然采用基于规则的方式来处理，不仅会耗费大量的时间来开发，也会使系统庞大到难以维护调试，因此推荐使用模型来对其进行处理。

了解了 Rasa 的基本组成，接下来实际安装体验一下 Rasa。这里需要注意，在 2020 年 10 月，Rasa 官方发布了 Rasa Open Source 2.0，相较于原来的 Rasa 1.x，该版本有了很大的变化更新，具有里程碑意义的飞跃。接下来的示例将采用新版的 Rasa 2.3.4 来进行演示，如果要亲自复现项目中的示例，请尽量选择与当前版本相同或者更高的版本来进行，以免出现由于版本不兼容而导致的问题。

9.2 Rasa 的安装

下面将快速安装 Rasa 并搭建一个简单的对话系统示例，该对话系统示例可以与我们进行简单的互动交互，当我们向其表示有点难过时，它会发送一个可爱的小老虎图片链接地址来让我们开心起来。

Rasa 可运行在不同的操作系统平台，如 Microsoft Windows 系列、macOS X 系列、Linux 系列。这里重点介绍在 Windows 环境和 Ubuntu 环境下的安装和使用，因为这两种操作系统是人们工作学习中常用的系统，对于 macOS 的安装和使用，可以参考官方文档自行安装，这里不再赘述。

9.2.1 Windows 环境

在安装 Rasa 之前，需要先安装相应的 Python 环境，这里使用的 Python 版本为 3.7.6，为了便于项目的顺利运行，请安装与当前推荐版本相同及更高版本。如果没有安装 Python，请预先进行安装，这里不再赘述。

Python 安装完成后，通过以下命令来查看当前 Python 的版本信息：

```
$ python --version
```

结果显示为：

```
$ Python 3.7.6
```

Python 环境安装好之后，为了便于对虚拟环境及相应依赖包的管理，我们采用 Anaconda 来进行管理。这里使用的 Anaconda 版本为 4.5.4，为了便于项目的顺利运行，请安装与当前推荐版本相同及更高版本。如果没有安装 Anaconda，请预先进行安装，这里不再赘述。

Anaconda 安装完成后，在系统启动页面，可以找到并打开 Anaconda Prompt，并通过以下命令来查看当前 Anaconda 的版本信息：

```
$ conda --version
```

结果显示为：

```
$ conda 4.5.4
```

以上操作成功完成后，新建一个路径 rasa_project，作为接下来项目的地址，在 Anaconda Prompt 窗口中依次执行如下命令：

```
$ mkdir rasa_project
$ cd rasa_project
$ conda create -name installingrasa python==3.7.6
```

通过以上操作，成功创建了一个名称为 installingrasa 的虚拟环境，并指定其 Python 版本为 3.7.6。installingrasa 虚拟环境创建成功后，可以通过以下命令来激活 installingrasa 虚拟环境：

```
$ conda activate installingrasa
```

执行上面的命令后，可以发现当前路径信息前面的(base)标志变为(installingrasa)，这表明 installingrasa 虚拟环境已经成功激活，且当前使用的是 installingrasa 环境。

接下来就是简单安装项目所需要的依赖包 ujson 和 tensorflow，可以直接通过 conda 来快速安装，分别执行下面的操作：

```
$ conda install ujson
$ conda install tensorflow
```

由于 Rasa 无法通过 conda 命令来安装，因此需要通过 pip 来安装 Rasa，执行下面的命令：

```
$ pip install rasa
```

Rasa 成功安装后，可以通过以下命令快速初始化一个简单的 Rasa 示例项目：

```
$ rasa init
```

当页面中出现以下提示信息后，表明已经成功初始化了一个 Rasa 示例项目，此时系统会提示输入项目存储的路径：

```
Welcome to Rasa! 
```

```
To get started quickly, an initial project will be created.
If you need some help, check out the documentation at
https://rasa.com/docs/rasa.
Now let's start! 
```

```
? Please enter a path where the project will be created [default: current
directory]
```

可以直接按 Enter 键确认，将当前路径作为 Rasa 示例项目地址。

此时系统的提示信息如下。可以看出已经创建完成项目结构所需的文件。接下来系统会询问是否开始训练一个初始模型。

```
Created project directory at 'G:\rasa_project'.
Finished creating project structure.
? Do you want to train an initial model? 💪 Yes
Training an initial model...
Do you want to train an initial model?
```

输入 Yes 并按 Enter 键，让其自动进行模型训练。

通过对系统信息的观察，可以发现其分别训练的 Rasa NLU 和 Rasa Core 两部分模型。经过一段时间的训练，在 Rasa 训练全部完成后，会有以下提示信息：

```
Your Rasa model is trained and saved at 'G:\rasa_project\models\20210302-233944.tar.gz'.
```

该信息表明 Rasa 已经训练完成，且模型文件保存在该路径下。

此时系统会询问是否通过命令行的方式和训练好的小助手进行交流，直接输入 Yes 并按 Enter 键，提示信息如下：

```
? Do you want to speak to the trained assistant on the command line? 🤖 Yes
$ Bot loaded. Type a message and press enter (use '/stop' to exit):
```

系统会提供一个简单的对话示例，可以与该 Bot 进行简单的交互。如下面的示例，当我们向 Bot 表示不开心时，Bot 会返回一个网址信息，打开后是一个可爱的小老虎图片，如图 9.6 所示。最后通过执行/stop 命令结束当前的对话程序。

Rasa 对话示例如下：

```
Your input ->  Hi
Hey! How are you?
Your input ->  I am a bit sad.
Here is something to cheer you up:
Image: https://i.imgur.com/nGF1K8f.jpg
Did that help you?
Your input ->  yeah! Thks.
Great, carry on!
Your input -> /stop
2021-03-03 08:51:51 INFO     root  - Killing Sanic server now.
```

图 9.6　Rasa 示例返回的图片

9.2.2 Ubuntu 环境

在 Linux 系统中安装 Rasa 的方式与在 Windows 系统中相似。接下来将介绍如何在 Ubuntu 环境中安装 Rasa，这里使用的 Ubuntu 版本为 20.04，为了便于项目的顺利运行，请安装与当前推荐版本相同及更高版本。

如果不确定当前 Linux 操作系统的具体版本信息，可以通过如下命令来查看当前系统的版本信息：

```
$ cat /proc/version
```

当然也可以通过以下命令获取更详细的版本信息：

```
$ lsb_release -a
```

返回的结果如下：

```
No LSB modules are available.
Distributor ID: Ubuntu
Description:    Ubuntu 20.04.1 LTS
Release:        20.04
Codename:       focal
```

结果显示当前使用的系统版本为 Ubuntu 20.04.1 LTS。

Rasa 要求 Python 的版本在 3.6 及以上，而 Ubuntu 20.04.1 LTS 自带的 Python 版本为 3.8.5，高于 Rasa 所要求的版本，因此可直接使用其自带的 Python。

在 Ubuntu 的命令行终端，首先使用以下命令检查当前 Python 的版本信息：

```
$ python3 -version
```

返回的结果如下：

```
Python 3.8.5
```

确定 Python 的版本符合项目要求后，接下来需要创建一个虚拟环境，后续的项目代码将运行在这个虚拟环境中。这样做的好处是，不会受其他项目的影响，避免由于依赖包版本不兼容而导致的问题。通过 pip 的方式来安装虚拟环境所需要的依赖 virtualenv。

```
$ pip3 install virtualenv
```

在成功安装虚拟环境后，新建一个路径，后续项目的相关代码将保存在该路径下。这里将项目命名为 rasa_demo，路径创建完成后，再通过 virtualenv 创建一个名称为 env 的虚拟环境。具体操作命令如下：

```
# 创建项目位置
$ mkdir rasa_demo
$ cd rasa_demo/
# 创建虚拟环境
$ virtualenv env
```

创建成功后，将通过以下命令来激活该虚拟环境：

```
$ source env/bin/activate
```

注意：

如果要退出激活环境，可以执行下面的命令：

```
$ source env/bin/deactivate
```

完成了前面的准备工作后，开始准备安装 Rasa，与在 Windows 操作系统中的安装一样，通过 pip 的方式来安装 Rasa，执行下面的命令：

```
$ pip3 --default-timeout=500 install -U rasa
```

注意：

在安装过程中，由于网络原因，需要设置超时参数，如果安装失败，可以尝试多次执行上面的命令。

Rasa 成功安装后，同样需要对其进行初始化，通过执行以下命令来初始化 Rasa 项目：

```
$ rasa init --no-prompt
```

当 Rasa 初始化结束后，系统提示如图 9.7 所示。

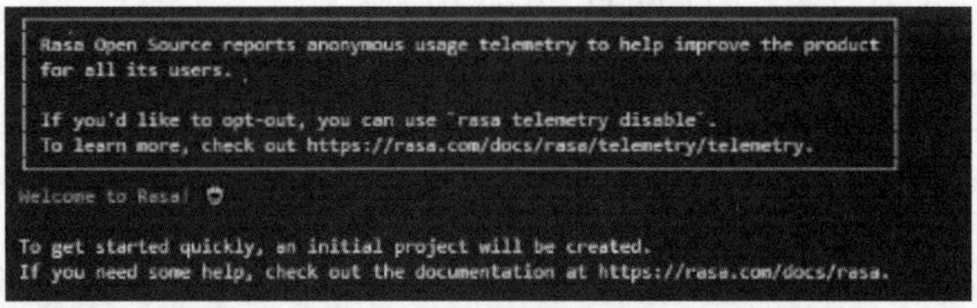

```
Rasa Open Source reports anonymous usage telemetry to help improve the product
for all its users.

If you'd like to opt-out, you can use `rasa telemetry disable`.
To learn more, check out https://rasa.com/docs/rasa/telemetry/telemetry.

Welcome to Rasa!

To get started quickly, an initial project will be created.
If you need some help, check out the documentation at https://rasa.com/docs/rasa.
```

图 9.7　初始化 Rasa 结果

Rasa 成功初始化后，即可与其进行与上面相同的交流。

通过 Rasa 的安装与实际运行，可以发现当前的对话系统所具有的能力过于单一，功能太简单。那么如何扩展对话系统能力，甚至帮助我们完成一些实际的任务呢？接下来将对其进行扩展，实现一个电影订票助手。

9.3　基于 Rasa 的电影订票助手

9.3.1　功能设计

试想这样一个场景：当你想看电影时，需要去票务平台买电影票。在买票时，一般是先进行查询，看最近有哪些电影在上映，选定电影后，才开始订票。在订票过程中还需要指定电影票的放映场次及位置信息，通过这些操作最终完成订票任务。一个常用的电影订票网站页面如图 9.8 所示。

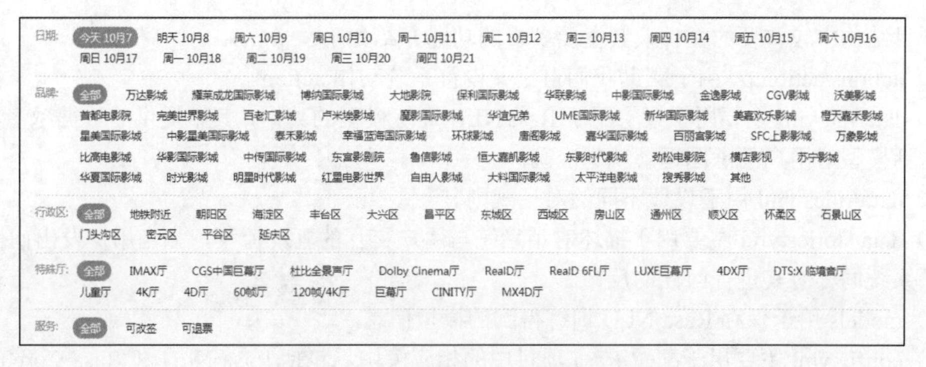

图 9.8　一个典型的电影订票页面示例

假设要设计并完成一个电影订票助手。这个电影订票助手可以帮助我们快速订好电影票而不需要我们自己去打开网页进行操作。首先要确定电影订票助手可以完成哪些工作，也就是这个电影订票助手需要有哪些能力。这里根据上面的场景描述，总结了这个电影订票助手应具备的主要能力。

（1）电影订票助手应该可以理解问候语并进行回复。

（2）电影订票助手应该理解用户想看哪部电影。

（3）电影订票助手应该可以理解用户对当前上映影片的查询。

（4）电影订票助手应该可以理解用户想订的电影场次。

（5）电影订票助手在为用户订票时应该询问用户想订的影院名称。

（6）电影订票助手在为用户订票时应该询问用户想订的影厅类型。

（7）电影订票助手在为用户订票时应该询问用户想订的座位信息。

（8）电影订票助手在为用户订票时应该询问用户的通信信息，便于发送通知。

（9）电影订票助手应该可以理解用户的离开信息。

（10）电影订票助手应该可以理解用户的感谢信息。

接下来通过 Rasa 来搭建这样一个电影订票助手。

幸运的是，可以基于上面安装的 Rasa 示例项目来快速开启我们的项目，通过对其进行相应的修改，即可实现需要的电影订票助手。先来看一下示例项目中都包含哪些内容，Rasa 示例项目中的文件结构如图 9.9 所示。

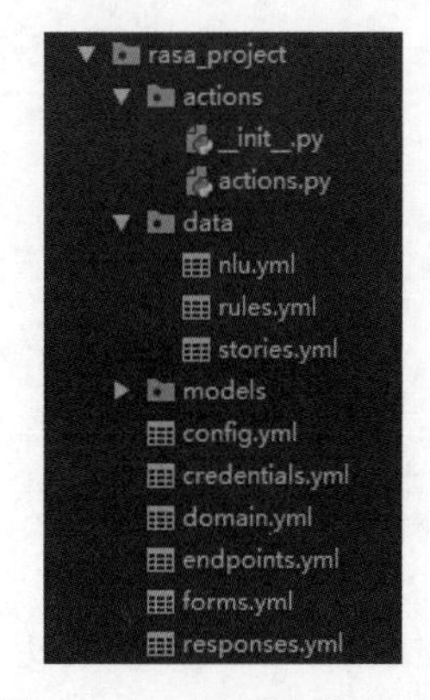

图 9.9　Rasa 示例项目结构

该项目结构中较重要的文件及其主要负责的功能介绍如下：

（1）actions/action.py 用于帮助我们自定义设置系统动作 action。

（2）data/nlu.yml 主要用于设置用于 Rasa NLU 训练模型的数据，其中提供的数据越多，经过训练后的对话模型对用户的意图理解就越准确。

（3）data/rules.yml 用于设置不同的对话规则。

（4）data/stories.yml 主要用于描述对话系统与用户交互的互动流程，如当用户发出问候的请求后，对话系统同样对其进行问候的反馈。

（5）models 用于保存 Rasa NLU 训练得到的模型信息。

（6）config.yml 主要用于配置 Rasa 项目中的相应模块，包括 Rasa NLU 和 Rasa Core 的配置信息均在这里进行设置。

（7）credentials.yml 用于设置连接其他服务的详细认证信息，当需要通过 HTTP 的形式访问 Rasa Server 时，需要对文件中的 rest 参数进行配置。同时该配置文件还支持配置 Facebook、Slack、socketio 等链接方式。

（8）domain.yml 中列出了所有意图、实体、动作、回复模板和其他信息。

（9）endpoints.yml 用于设置连接其他 Web 的信息，如我们可以将 Rasa NLU 模块单独接入到其他 Web 项目中。

（10）forms.yml 用于设置域文件中关于对话的槽位信息。

（11）responses.yml 用于设置系统的反馈信息，针对不同的 action，反馈不同的文本内容。

了解了 Rasa 示例项目的基本结构，下面正式开始电影订票助手的工程实现。

9.3.2 准备训练数据

为了让 Rasa NLU 可以理解用户的意图，需要先设置好电影订票助手所需要理解的用户意图，通过对上面功能的分析，设置了如下意图：

（1）问候意图。

（2）订电影票意图。

（3）查询电影信息意图。

（4）用户选择的电影场次意图。

（5）用户选择的影院信息意图。

（6）用户选择的影厅信息意图。

（7）用户选择的座位意图。

（8）用户的通信信息意图。

（9）确认信息意图。

（10）否认信息意图。

（11）对话结束意图。

（12）用户感谢意图。

确定意图后，给每个意图构造多条示例语句，其格式为 YML 形式，只需要按照格式逐一添加即可。每个意图的设置方式如下：

```
- intent: 意图名
  examples: |
    - 意图语句示例
```

其中，examples 中的意图语句示例为该意图的表达，如问候意图的表达可以是“你好”，也可以是“早上好”。尽量给每个意图均设置多个不同的表达，这样 Rasa NLU 对用户输入的意图识别就越准确，一般来说每个意图均需要设置至少两个示例语句。注意这里的意图名是不允许重复出现的，如不可以同时出现两个同名的 greet 意图。

对于电影订票助手，我们给其意图均构造了相应的语句。具体数据如代码 9.1 所示。

代码 9.1　意图训练数据

```
nlu:
- intent: greet
  examples: |
    - hey
    - hello
    - hi
    - hola
    - hello everyone
    - hello there
    - good morning
    - good evening
    - moin
    - hey there
    - let's go
    - hey dude
    - good afternoon
    - 嗨
    - 你好
    - 哈喽
    - 早上好
    - 中午好
    - 晚上好
    - 大家好

- intent: request_today_movie_info
  examples: |
    - What movies are there today?
    - What are the latest movies?
    - What's the latest movie?
    - What good movies have you seen lately?
    - Is there any movie to recommend?
    - What are the recommended movies?
    - 最近有什么好看的电影推荐吗？
    - 请问最近有哪些动作片上映？
    - 今天有哪些新电影上映呢？
    - 帮我查询下最近的电影信息？
```

```
    - 《泰坦尼克号》什么时候重映呢？

- intent: booking_movie_tickets
  examples: |
    - I want to book a movie ticket.
    - I'd like to book a movie ticket.
    - I want to buy tickets for the movie.
    - Can you give me a ticket?
    - I would like to see a movie ?
    - Can you help me buy tickets for the movie?
    - 我想看变形金刚电影。
    - 我想要订一张侯孝贤导演的电影票。
    - 麻烦给我订一张晚上八点的《星际穿越》。
    - 请帮我预订一张明天下午的《火星救援》电影票。
    - 我想去看电影《赛德克·巴莱》，请帮我订个票。

- intent: inform_movie_time
  examples: |
    - I want to book ticket at 8 PM.
    - I want to book 10 AM.
    - I'd like to make a reservation for the morning.
    - I'd like to make a reservation for the evening.
    - I'd like to make a reservation for the afternoon.
    - I'd like to book a movie for the morning.
    - I'd like to book a movie for the evening.
    - I'd like to book a movie for the afternoon.
    - 我想订一张晚上八点场次的电影。
    - 我想在晚上九点以后看电影。
    - 我想预订 10：50 那场的电影。
    - 请帮我买一张晚上九点的电影。
    - 可以给我订一张晚上九点的《无间道》电影吗？

- intent: inform_cinema_name
  examples: |
    - 中影国际影城 is good, please.
    - Give me a 环球国际影城 ticket.
    - 我想选择中影国际影城。
    - 我想去橙天嘉禾影城。
    - 请帮我预订环球国际影城。

- intent: inform_cinema_level
  examples: |
    - IMAX is good, please.
    - Give me a 3D ticket.
    - 我想订 IMAX 影厅。
    - 我想要一个 3D 特惠影厅。
    - 请帮我预订一个至尊双人影厅。
```

```
- intent: inform_seat_number
  examples: |
    - I want to book seat 12
    - Give me the seat 8
    - Number 9,please
    - I'd like to have a seat in centern
    - I want a central position
    - I want a central seat
    - 我想订距离屏幕较远的位置。
    - 我想订靠近过道的位置。
    - 我想订 15 号座位。
    - 我想订两张相邻的座位。

- intent: inform_phone_number
  examples: |
    - My number is ××××××.
    - Call me ××××××, please.
    - Please send it to anything@example.com
    - E-mail is something@example.com
    - 我的电话是××××××。
    - 请短信通知我，我的号码是××××××。
    - 我的邮箱是 something@example.com，请给我发邮件。

- intent: affirm
  examples: |
    - yes
    - y
    - indeed
    - of course
    - that sounds good
    - correct
    - 是的
    - 确实
    - 当然
    - 听起来不错

- intent: deny
  examples: |
    - no
    - n
    - never
    - I don't think so
    - don't like that
    - no way
    - not really
    - 不
```

```
    - 没有
    - 绝不
    - 我不这么认为
    - 不可能

- intent: goodbye
  examples: |
    - good afternoon
    - cu
    - good by
    - cee you later
    - good night
    - bye
    - goodbye
    - have a nice day
    - see you around
    - bye bye
    - see you later
    - 下午见
    - 拜拜
    - 拜
    - 一会儿见
    - 再见

- intent: thanks
  examples: |
    - thanks!
    - thank you!
    - thks
    - 谢谢!
    - 真的太感谢你了，帮了我大忙!
    - 谢谢你帮了我大忙!
    - 你帮了我大忙，谢谢你!
    - 非常感谢!
    - 谢了!
```

9.3.3 设置配置文件

准备好用于 Rasa NLU 训练的数据后，接下来就可以训练 Rasa NLU 的模型，在此之前，需要先在 config.yml 文件中进行相应的设置。具体配置内容如代码 9.2 所示。

代码 9.2 Rasa NLU 配置文件内容

```
language: zh
pipeline:
  - name: JiebaTokenizer
  - name: RegexFeaturizer
```

```
  - name: LexicalSyntacticFeaturizer
  - name: CountVectorsFeaturizer
  - name: CountVectorsFeaturizer
    analyzer: "char_wb"
    min_ngram: 1
    max_ngram: 4
  - name: DIETClassifier
    epochs: 100
  - name: EntitySynonymMapper
  - name: ResponseSelector
    epochs: 100
  - name: FallbackClassifier
    threshold: 0.3
    ambiguity_threshold: 0.1
```

这里对配置文件中的内容进行简单分析，由于电影订票助手需要支持对中文文本进行语义理解，因此参数 language 需要设置为 zh。如果对话系统仅需要支持英文，那么参数 language 需要配置为 en。

对于 pipeline 的配置，为了使电影订票助手可以对中文进行更准确的语义理解，需要使用 JiebaTokenizer。如果对话系统仅需要支持英文，那么这里使用简单的 WhitespaceTokenizer 即可。

完成配置文件 pipeline 的设置后，接下来开始设置电影订票助手的其他模块。

9.3.4　设置系统反馈模板

当 Rasa NLU 对用户的输入进行意图理解后，电影订票助手需要对这些意图进行相应的反馈，每个意图所对应的响应内容都通过模板的方式来配置。模板格式如下：

```
responses:
  意图响应名称:
    - text: |
        意图响应内容
```

对于电影订票助手，我们给每个用户意图均构造了相应的模板语句。该模板是一种预先设置好的话术文本内容，当激活相应的动作 action 后，该文本将被发送给用户。电影订票助手的意图响应模板如代码 9.3 所示。

代码 9.3　意图响应模板

```
responses:
  utter_greet:
    - text: |
      您好！我是您的订票小助手小未，我可以帮您查询近期上映的热门影片，并帮助您选购影片，请问有什么可以帮您的吗？
  utter_request_movie_info:
    - text: |
      小未帮您查询了近期上映的热门影片有《铁甲钢拳》《变形金刚》《阿凡达》《星际穿越》等，您也可浏览豆瓣电影的网站获取更详细的热门电影咨询。
    - text: |
```

```
    您好，今日推荐的电影为好莱坞知名导演迈克尔·贝操刀制作的《变形金刚》。
  utter_order_affirm:
    - text: |
    好的，小未正在为您查询该电影的票务信息，请问您想预订几点的场次？
  utter_book_success:
    - text: |
    恭喜您，电影票已经预订成功，稍后我们会通过短信通知您！
    - text: |
    您好，您预订的 2021 年 3 月 1 日晚上 9：20 的影片《无间道》，已经购票成功，祝您观影愉快！
  utter_book_failed:
    - text: |
    抱歉，该场次的电影票已经售罄，请您选择其他场地重新预订。
  utter_ask_cinema_name:
    - text: |
    请问您想选哪个影院观影？基于您当前的位置，小未推荐如下影院供您选择：中影国际影城、橙天嘉禾
影城、环球国际影城。
  utter_ask_cinema_level:
    - text: |
    请问您想选择哪种影厅观影？该影片当前支持 IMAX 影厅、特惠 3D 影厅、至尊双人影厅、杜比全景声
厅。
  utter_ask_seat_number:
    - text: |
    请问您想选哪个座位观影？小未为您推荐当前最佳的观影位置为（12、14、18）。
  utter_ask_phone_number:
    - text: |
    请您提供一下联系方式，稍后我们会将订单信息及时发送到您的邮箱，请查收。
  utter_default:
    - text: |
    对不起，我没有理解您的话。
  utter_goodbye:
    - text: |
    再见，祝您观影愉快！
  utter_thanks:
    - text: |
    嗯。不用客气，祝您观影愉快！
    - text: |
    很高兴为您服务，祝您观影愉快！
```


9.3.5 设置对话情景数据

当设置好电影订票助手对不同的用户意图的反馈后，接下来需要编辑 stories.yml 文件。这里将 story 数据称为对话情景数据，主要用来规范实际对话场景中用户与电影订票助手之间可能存在的对话流程。例如，当用户发出问候的请求，系统对该问候进行反馈后，接下来用户的输入可能是查询最近上映的影片信息，也可能是直接发出订票的意图。

在设计对话场景时，应该遵循尽量简单的原则，因为复杂的对话情景会使对话过程中出现难以

预料的问题，同时对话场景的设计应尽可能快地帮助用户完成其想达成的任务，如电影订票助手应该快速帮助用户完成订票的任务。

对话情景数据的格式如下：

```
stories:
  - story: 对话情景名称
    steps:该对话场景的情景顺序
      - intent: 用户意图
      - action: 系统反馈
```

在电影订票助手中，我们设计了三种常用的对话情景，一种情景是电影订票助手的核心功能，也就是帮助用户查询电影信息及帮助用户订票的情景；还有一种情景是当用户输入结束对话的信息后，电影订票助手可以对这种情景进行处理；此外，当用户向电影订票助手表达出感谢的信息后，电影订票助手可以对用户表达祝福的信息。对电影订票助手的对话情景数据的设计如代码 9.4 所示。

代码 9.4　对话情景数据

```
stories:
  - story: greet and book movie ticket
    steps:
      - intent: greet
      - action: utter_greet
      - intent: request_today_movie_info
      - action: utter_request_movie_info
      - intent: booking_movie_tickets
      - action: utter_order_affirm
      - intent: inform_movie_time
      - action: movie_form
      - active_loop: movie_form

  - story: bye
    steps:
      - intent: goodbye
      - action: utter_goodbye

  - story: thanks
    steps:
      - intent: thanks
      - action: utter_thanks
```

9.3.6　设置表单与槽位信息

在一个常见的任务导向对话系统中通过对话来获取不同的条件信息，进而完成相应任务，针对这种情况，一般需要通过设置槽位信息（slot）来完成。例如，在电影订票助手中，为了帮助用户订票，电影订票助手需要不断询问用户的要求，如用户想买哪个场次的电影票，用户想去哪家影院，用户想买哪个位置的票等。对于槽位信息的填充，在 Rasa 2.x 版本中，可以方便快捷地通过对表单及槽位信息的设置来实现。

在设计表单时，可以将我们要询问的槽位信息按照格式存储在 forms.yml 中。表单的格式如下：

```
forms:
  表单名称:
    槽位名称:
      - 槽位内容数据类型
```

在电影订票助手中，我们对订票任务所需要满足的信息进行了设置，分别是用户想订的影院名称、影厅类型、座位信息及用户通信信息。当这 4 个槽位信息都填充完整后，电影订票助手会根据用户提供的通信信息，将订票信息发送给用户。

设置好表单后，需要对不同的槽位分别进行设置，规定每个槽位的格式。其槽位的格式如下：

```
slots:
  槽位名称:
    槽位类型信息
    槽位其他信息
```

针对电影订票助手的表单信息及槽位信息的设置如代码 9.5 所示。

代码 9.5　表单信息及槽位信息

```
forms:
  movie_form:
    cinema_name:
      - type: from_text
    cinema_level:
      - type: from_text
    seat_number:
      - type: from_text
    phone_number:
      - type: from_text
slots:
  cinema_name:
    type: unfeaturized
    influence_conversation: false
  cinema_level:
    type: unfeaturized
    influence_conversation: false
  seat_number:
    type: unfeaturized
    influence_conversation: false
  phone_number:
    type: unfeaturized
    influence_conversation: false
```

9.3.7 设置对话规则

完成了前面的工作后，接下来需要设置对话规则，这里可以用来规定一些特定的对话流程。例如，当用户输入感谢的信息后，电影订票助手一定对其进行针对感谢的反馈。除此之外，对话规则还用于设置询问槽位信息的触发条件。在设计对话规则时，我们将其按照格式存储在 rules.yml 中。表单的格式如下：

```
rules:
  - rule: 对话规则名
    steps:该对话规则的内容
```

针对电影订票助手的对话规则的设置如代码 9.6 所示。

代码 9.6 对话规则信息

```
rules:
  - rule: activate movie ticket form
    steps:
      - intent: inform_movie_name
      - action: movie_form
      - active_loop: movie_form

  - rule: submit form
    condition:
    - active_loop: movie_form
    steps:
    - action: movie_form
    - active_loop: null
    - slot_was_set:
    - requested_slot: null
    - action: utter_book_success

  - rule: Say goodbye anytime when user says goodbye
    steps:
     - intent: goodbye
      - action: utter_goodbye

  - rule: Response anytime when user says thanks
    steps:
      - intent: thanks
      - action: utter_thanks
```

9.3.8 设置对话策略

接下来进行 Rasa 最后的配置，即对 Rasa Core 部分的配置。Rasa 2.x 版本对于策略 Policy 的配置非常简单，只需要在 config.yml 中按照如下方式进行配置即可：

```
policies:
  - name: MemoizationPolicy
  - name: RulePolicy
  - name: TEDPolicy
    max_history: 5
    epochs: 100
```

最后，对域文件 domain.yml 进行相应的编辑即可。完整的域文件内容如代码 9.7 所示。

代码 9.7　域文件内容

```
version: '2.0'
session_config:
  session_expiration_time: 60
  carry_over_slots_to_new_session: true
intents:
  - greet
  - request_today_movie_info
  - booking_movie_tickets
  - inform_movie_time
  - inform_cinema_name
  - inform_cinema_level
  - inform_seat_number
  - inform_phone_number
  - affirm
  - deny
  - goodbye
  - thanks
slots:
  cinema_name:
    type: unfeaturized
    influence_conversation: false
  cinema_level:
    type: unfeaturized
    influence_conversation: false
  seat_number:
    type: unfeaturized
    influence_conversation: false
  phone_number:
    type: unfeaturized
    influence_conversation: false
responses:
  utter_greet:
    - text: |
      您好！我是您的订票小助手小未，我可以帮您查询近期上映的热门影片，并帮助您选购影片，请问有什么可以帮您的吗？
  utter_request_movie_info:
    - text: |
      小未帮您查询了近期上映的热门影片有《铁甲钢拳》《变形金刚》《阿凡达》《星际穿越》等，您也可
```

```
以通过点击浏览豆瓣电影的网站获取更详细的热门电影咨询。
    - text: |
      您好，今日推荐的电影为好莱坞知名导演迈克尔·贝操刀制作的《变形金刚》。
  utter_order_affirm:
    - text: |
      好的，小未正在为您查询该电影的票务信息，请问您想预订几点的场次？
  utter_book_success:
    - text: |
      恭喜您，电影票已经预订成功，稍后我们会通过短信通知您！
    - text: |
      您好，您预订的2021年3月1日晚上9：20的影片《无间道》，已经购票成功，祝您观影愉快！
  utter_book_failed:
    - text: |
      抱歉，该场次的电影票已经售罄，请您选择其他场地重新预订。
  utter_ask_cinema_name:
    - text: |
      请问您想选哪个影院观影？基于您当前的位置，小未推荐如下影院供您选择：中影国际影城、橙天嘉禾
影城、环球国际影城。
  utter_ask_cinema_level:
    - text: |
      请问您想选择哪种影厅观影？该影片当前支持IMAX影厅、特惠3D影厅、至尊双人影厅、杜比全景声
厅。
  utter_ask_seat_number:
    - text: |
      请问您想选哪个座位观影？小未为您推荐当前最佳的观影位置为（12、14、18）。
  utter_ask_phone_number:
    - text: |
      请您提供一下联系方式，稍后我们会将订单信息及时发送到您的邮箱，请查收。
  utter_default:
    - text: |
      对不起，我没有理解您的话。
  utter_goodbye:
    - text: |
      再见，祝您观影愉快！
  utter_thanks:
    - text: |
      嗯。不用客气，祝您观影愉快！
    - text: |
      很高兴为您服务，祝您观影愉快！
actions:
  - utter_greet
  - utter_request_movie_info
  - utter_order_affirm
  - utter_book_success
  - utter_book_failed
  - utter_ask_cinema_name
  - utter_ask_cinema_level
```

```
  - utter_ask_seat_number
  - utter_ask_phone_number
  - utter_default
  - utter_goodbye
  - utter_thanks
forms:
  movie_form:
    cinema_name:
      - type: from_text
    cinema_level:
      - type: from_text
    seat_number:
      - type: from_text
    phone_number:
      - type: from_text
```

9.4 电影订票助手系统效果展示

经过前面的设置，接下来开始运行电影订票助手，首先通过如下命令训练 Rasa：

```
rasa train
```

在训练过程中，分别会训练 Rasa NLU 模型和 Rasa Core 模型。训练完成后，会有如下提示：

```
Your Rasa model is trained and saved at 'to-path\rasa_project\models\20210307-
193637.tar.gz'.
```

该信息表示 Rasa 已经成功完成训练，且模型保存在相应的路径中，便于后续调用。接下来将通过以下两种方式来启动电影订票助手。

9.4.1 通过 shell 方式交互

一种方式是通过本地 shell 的方式启动电影订票助手。首先通过如下 shell 命令启动电影订票助手，该方式将在本地启动一个服务，同时可以通过 shell 方式与电影订票助手进行交互。

在 shell 中执行如下命令：

```
rasa shell
```

此时，电影订票助手已经成功启动，我们可以与其进行交互。代码 9.8 显示了一个典型的对话流程示例。

代码 9.8 电影订票助手对话流程

```
2021-03-07 19:17:08 INFO     root  - Rasa server is up and running.
Bot loaded. Type a message and press enter (use '/stop' to exit):
Your input ->  你好
```

```
Building prefix dict from the default dictionary ...
Loading model from cache C:\Users\12261\AppData\Local\Temp\jieba.cache
Loading model cost 0.796 seconds.
Prefix dict has been built successfully.
    您好！我是您的订票小助手小未，我可以帮您查询近期上映的热门影片，并帮助您选购影片，请问有什么可以帮您的吗？
Your input -> 最近有什么好看的电影推荐吗？
    您好，今日推荐的电影为好莱坞知名导演迈克尔·贝操刀制作的《变形金刚》。
Your input -> 我想看变形金刚，可以帮我买票吗？
    好的，小未正在为您查询该电影的票务信息，请问您想预订几点的场次？
Your input -> 我想预订一张晚上八点的电影。
    请问您想选哪个影院观影？基于您当前的位置，小未推荐如下影院供您选择：中影国际影城、 橙天嘉禾影城、环球国际影城。
Your input -> 帮我订中影国际影城。
    请问您想选择哪种影厅观影？该影片当前支持MAX影厅、特惠3D影厅、至尊双人影厅、杜比全景声厅。
Your input -> 帮我选IMAX影厅。
    请问您想选哪个座位进行观影？小未为您推荐当前最佳的观影位置为（12、14、18）。
Your input -> 选18号座位吧！
    请您提供一下联系方式，稍后我们会将订单信息及时发送到您的邮箱，请查收。
Your input -> sample@sample.com
    您好，您预订的2021年3月1日晚上9：20的影片《变形金刚》，已经购票成功，祝您观影愉快！
Your input -> 谢谢，再见！
    再见，祝您观影愉快。
```

9.4.2 通过Rest API方式交互

除了通过上面的shell方式与电影订票助手进行交互外，Rasa还支持通过Rest API的方式来调用服务。要开启该服务，首先需要在Rasa项目中的endpoints.yml中进行如下配置：

```
url: "http://localhost:5055/webhook"
```

然后通过执行如下命令来启动一个Rasa Rest API服务：

```
rasa run --enable-api
```

服务启动后，通过Postman发送一个POST请求，其请求链接及参数设置如下：

```
http://localhost:5005/webhooks/rest/webhook
{
    "sender":"test_user",
    "message":"你好"
}
```

请求发送后，收到的反馈如下：

```
[
    {
        "recipient_id": "test_user",
        "text": "您好！我是您的订票小助手小未，我可以帮您查询近期上映的热门影片，并帮助您选购
```

```
影片，请问有什么可以帮您的吗？"
    }
]
```

使用 Rest API 的交互方式调用电影订票方式的实际效果如图 9.10 所示。

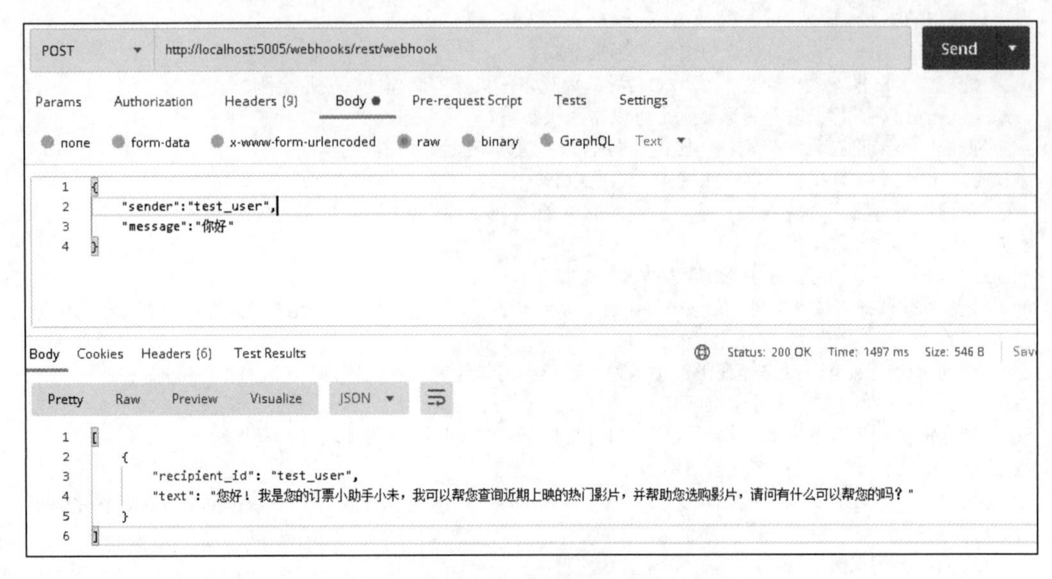

图 9.10　使用 Rest API 与 Rasa 进行交互

该反馈说明电影订票助手已经被调用，通过该方式可以将我们的服务快速嵌入其他项目中，并帮助我们快速部署服务。

第 10 章

基于 UNIT 的智能出行助手

通过第 9 章的学习，我们已经学会如何通过 Rasa 来构建一个聊天机器人。这个聊天机器人可以帮助我们查询当前上映的电影信息，也可以帮助我们完成预订电影票的任务。然而这种通过纯代码或者命令行来构建聊天机器人的方式，对于非开发人员来说具有一定的门槛，那么有没有一种更容易入门的平台可以帮助我们快速搭建一个聊天机器人呢？这种平台可以帮助没有编程经验或者仅具有初级编程能力的普通开发者方便快捷地完成全流程的对话系统的搭建，同时提供图形化的操作，而不需要去理解复杂的代码逻辑呢？

答案是肯定的，在本章将要介绍一个优秀的聊天机器人开发平台——UNIT。我们将通过 UNIT 一步步地搭建一个智能出行助手，在出行时帮助我们完成一些必需的工作。

本章主要涉及的知识点如下：

- 创建聊天机器人的全流程。
- UNIT 框架。
- 搭建基于 UNIT 的智能出行助手。
- 实现预订火车票功能。
- 实现常见出行问题咨询功能。
- 实现对话流程。

10.1 创建聊天机器人

在正式开始创建一个聊天机器人之前，先梳理一下搭建对话系统的主要流程，如果对这个流程依旧比较模糊，可以结合第 9 章的内容简单回顾一下创建聊天机器人的过程。

创建一个聊天机器人的第一步就是要定义其能力，也就是设计好聊天机器人可以解决处理的问题，如第 9 章中的机器人主要应用于购买电影票的场景。接下来需要准备训练数据，这些数据是为了让聊天机器人可以更好地理解用户意图，同时也需要对用户的请求设置相应的话术。这些模板数据也需要预先收集好。数据都设置好以后接下来就是实际搭建对话系统了，通过设置对话过程中的故事线来处理不同的输入情况。最后将聊天机器人部署为可访问的服务，方便其他项目接入。

通过对上面流程的梳理，我们将创建聊天机器人的流程主要分为四个步骤，分别是定义对话系统、搜集数据资源、搭建对话系统并训练调优和系统接入与运营维护。

10.1.1 定义对话系统

当我们准备开始创建一个聊天机器人时，首先需要定义聊天机器人是用来做什么的，很多人在开始准备时，往往野心勃勃，希望自己的聊天机器人具有各种各样的能力，就像电影中的未来机器人一样。如图 10.1 所示为电影《星球大战》中的机器人形象。然而这种思路会使创建机器人的难度提升，推荐使用一种先易后难、从整体到局部的方式来创建，不断细化聊天机器人的能力。

图 10.1 《星球大战》中的机器人

首先需要明确聊天机器人的使用场景边界，也就是聊天机器人可以做什么，不可以做什么。例如，当我们想设计一个帮助用户出行的聊天机器人时，那么该聊天机器人应该具有帮助用户查询出行的天气、预订机票、预订酒店等功能。但是对于帮助用户点餐的功能则需要慎重考虑，因为随着聊天机器人功能的增多，不同功能之间的相互影响会呈指数级增长，同时对聊天机器人的维护难度也将大幅提升。

确定好场景边界后，接下来需要梳理实际业务所需要的数据及知识库。例如，当聊天机器人帮助用户预订机票时，聊天机器人需要查询当天的航班信息；当聊天机器人的任务是帮助用户解答医疗问题时，那么聊天机器人应该了解医疗相关的信息。这些实际业务中涉及的数据需要结合具体的业务进行考虑。

整理好所需要的数据后，就需要编写一个故事脚本。例如，当希望聊天机器人帮我们预订机票时，故事脚本的开始应该是用户向聊天机器人表达“我想预订机票”这样一个意图，然后通过用户与聊天机器人之间一问一答的方式不断推进，最后故事脚本在聊天机器人帮助用户完成预订机票的任务时结束。

为了处理故事脚本中的不同情况，需要对对话流程进行分析抽取，提前设置好不同的规则。例如，在预订机票这一任务中，当用户和聊天机器人说“帮我订一张明天的机票”时，意味着用户先提供了出行的时间信息，那么聊天机器人接下来应该询问出行的目的地。因为大部分情况可以假设当前用户所在的位置为出发地，而出发地可以通过当前系统所在的位置进行定位。如果用户和机器人说“帮我订一张去上海的机票”，则意味着用户先提供了航班的目的地信息，那么聊天机器人接下来应该询问用户的出行时间。

通过以上的操作已经大致定义好了一个聊天机器人的能力及其主要的功能逻辑，接下来将进入具体的实施环节。

10.1.2 搜集数据资源

定义好对话系统后，就需要搜集该对话系统所需的数据资源。数据资源主要包括词典词槽数据、对话样本数据及问答对数据。其中，词典词槽数据是指任务导向对话系统中用于完成任务所需而设置的词典词槽数据。例如，前面介绍的电影订票助手，需要将电影名、电影院名字、影厅类型等数据作为词典词槽数据进行处理。对话样本数据是我们搜集整理的典型应用场景中可能出现的对话示例，如代码 10.1 所示的样本数据。

代码 10.1　对话样本数据示例

```
用户：你好。
电影订票助手：你好。
用户：我想去看电影，请问最近有哪些好看的电影吗？
电影订票助手：你好，最近上映的热门电影有《正义联盟》《又见奈良》《寻龙传说》，请问您想看哪部电影呢？
用户：我想看《正义联盟》，请帮我订票，谢谢。
电影订票助手：好的，正在为您查询该电影的票务信息，请问您想预订几点的场次？
用户：我想订晚上八点左右的。
电影订票助手：请问您想选哪个影院进行观影？基于您当前的位置，为您推荐如下影院供您选择：中影国际影城、 橙天嘉禾影城、环球国际影城。
用户：订中影国际吧！
电影订票助手：请问您想选择哪种影厅进行观影？该影片当前支持 IMAX 影厅、特惠 3D 影厅、至尊双人影厅、杜比全景声厅。
用户：帮我选 IMAX，谢谢。
电影订票助手：请问您想选哪个座位进行观影？小未为您推荐当前最佳的观影位置为（12、14、18）。
用户：10 号，谢谢。
电影订票助手：请您提供一下联系方式，稍后我们会将订单信息及时发送到您的邮箱，请查收。
用户：sample@sample.com。
```

电影订票助手：您好，您预订的 2021 年 3 月 1 日晚上 8：00 的影片《正义联盟》，已经购票成功，祝您观影愉快！
用户：谢谢。
电影订票助手:不客气，请问还有什么要帮您的吗？
用户：没有了，再见。
电影订票助手：再见，祝您观影愉快！

为了使聊天机器人可以更准确地识别用户输入的意图，且更高效地获取到完成用户期望的任务所需要的数据，在数据搜集阶段需要尽可能多地搜集数据。这些数据一方面可以帮助我们训练意图理解的自然语言处理模型，另一方面也可以帮助我们梳理聊天机器人所需要处理的实际场景。通过对对话流程的分析，可以设置相应的规则来处理聊天机器人的对话状态并学习相应的对话策略。

除此以外，一个完整的聊天机器人还应该搜集大量的问答对数据。因为在实际场景中，我们与用户之间往往存在许多一对一问答的场景，这种基于检索的问答系统可以快速并准确地回答用户想要咨询的问题。问答数据的格式往往是一问一答成对出现的。示例如下：

问题：北京有哪些著名的旅游景点呢？
答案：北京的景点主要有天安门、故宫、八达岭长城、颐和园、天坛等。

如何搜集这些数据呢？其实有很多种方法，常用的方法主要有以下三种。

（1）在指定的业务场景中进行提取，或者基于经验来进行整理，这种方法简单高效，但是往往需要有相应知识领域的储备。例如，要做一个银行大堂的客服聊天机器人，那么一个银行大堂经理的经验是最宝贵的。

（2）在对话日志中进行分析，当系统正式上线后，聊天机器人与真实用户之间会产生大量的真实对话数据，这些基于真实场景的对话数据对于搜集整理数据是极其重要的。通过对这些数据的结构化整理及分析可以帮助我们不断优化聊天机器人。

（3）查阅相关数据库，如公开的电影院数据、机票、酒店等数据，可以基于这些开放的数据库进行搜集整理。这些开放数据库不仅数据规模较大且易于获取，但是这些数据往往不可以直接使用，需要进行进一步的清理和整理。

10.1.3 搭建对话系统并训练调优

完成了数据的准备工作后，接下来就是实际完成一个真实的聊天机器人对话系统了，通常有以下两种常见的解决方式。

（1）采用专业的对话系统工程师通过代码的方式搭建相应的对话系统，并对其中的模型算法进行相应的训练、评估、调优。这种方案可以直接通过对代码及模型的不断优化，精细地对聊天机器人进行配置及训练，其不足之处是需要耗费大量的人力和物力。

（2）借用成熟的第三方工具，让具体的业务人员来直接完成聊天机器人的实现。这种方案的优点在于，业务人员不需要了解底层代码的实现逻辑，只需要梳理实际业务场景，通过可视化的操作界面即可完成聊天机器人的设置，方便且快捷。

10.1.4 系统接入与运营维护

聊天机器人开发完成后，接下来需要将其接入实际场景中，遵循“用户在哪里，聊天机器人的服务就接入哪里”的原则，可以通过多种接入方式将聊天机器人服务进行接入。除了常用的网页服务及相关 APP，还可以将我们的聊天机器人根据相应的方式接入微信、微博、京东、小程序等不同的渠道。

聊天机器人系统接入后，接下来便是系统的运营与维护工作，需要随时监控其服务状态，搜集用户反馈及评价数据，对用户数据进行相应的数据分析工作。

10.2 UNIT 介绍

UNIT 的全称为智能对话定制与服务平台（understanding and interaction technology），是百度公司推出的一个对话系统服务平台，如图 10.2 所示。其主要功能是定制对话系统并且为对话系统的上线运行提供相关的服务。

图 10.2 百度 UNIT

10.2.1 UNIT 功能简介

UNIT 是一个建立在百度公司多年的自然语言处理和对话技术积累与大数据的基础上的对话系统平台，它既是一个面向第三方提供的对话系统生成器，也是一个对话系统的搭建工具。

如图 10.3 所示，UNIT 的主要功能就是帮助聊天机器人开发人员快速搭建对话系统，开发者只需要定义好任务场景并提供相应的知识数据即可快速搭建一个聊天机器人。

用户只需定义好当前的对话任务，并设置一定的对话规则，如这里的对话任务是“导航”，对话规则是聊天机器人询问“请问您要去哪里？”。接下来用户需要提供一定的知识，如对于“北京南站”，需要让聊天机器人知道这是一个目的地信息，且“不走高速”是一种偏好信息，如图 10.3（a）所示。最后的展示效果如图 10.3（b）所示。

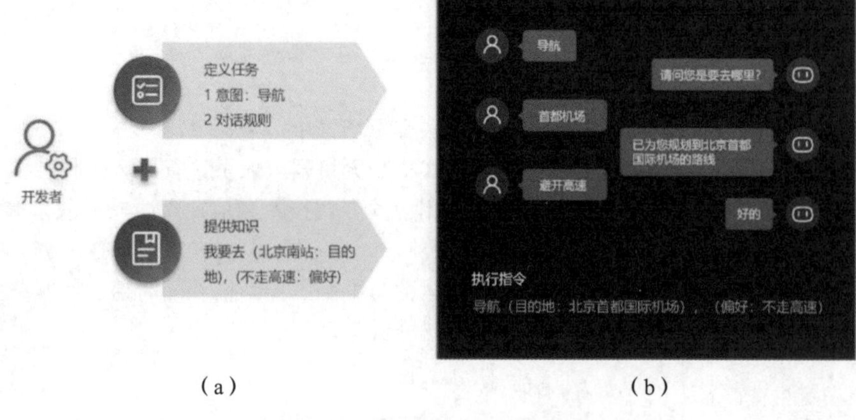

（a）　　　　（b）

图 10.3　UNIT 的主要功能

UNIT 的主要特点是简单易用，通过图形化的简单操作，即可快速搭建一个聊天机器人。同时对于对话状态的管理也更加贴近真人的理解，采用任务流的方式进行对话状态管理，方便业务人员对其进行配置调整。此外，UNIT 基于已有的模型数据，对于用户的意图分析中，用户只需要提供少量的标注数据即可达到很好的意图识别效果。最后 UNIT 自带了许多预置技能，可以方便地给聊天机器人添加问答技能和闲聊技能。

10.2.2　UNIT 核心概念介绍

接下来介绍 UNIT 中经常用到的核心概念。

1．机器人

UNIT 中的机器人是指业务系统中与用户进行对话交互的模块。UNIT 支持开发者创建多个机器人，每个机器人中都可以添加不同的技能，从而让机器人具备不同场景下的对话能力。如图 10.4 所示的小度音箱就是一个机器人，可以为用户提供听音乐、查询天气信息、设定闹钟等多项服务。

图 10.4　小度音箱

2. 技能

UNIT 中的技能是指机器人为用户在特定场景下提供专项服务的内在能力，如小度音箱机器人提供的听音乐服务和查询天气信息服务就是两个技能。

UNIT 为开发者提供的技能主要分为两类：一类是为了方便用户根据实际需求而设置聊天机器人的自定义技能。另一类是 UNIT 为开发者提供的丰富的预置技能。

在自定义技能中，UNIT 支持用户创建基于任务式的对话技能与智能问答对话技能，如图 10.5 所示。其中任务式对话是一种将用户输入的问题请求参数化并解析其意图与词槽信息，以便于后续进行相应的对话管理；而智能问答对话更倾向于信息检索方式，针对用户输入的问题，在知识库库中进行检索，查找其相应答案。图 10.6 展示了任务式对话与问答对话之间的区别。

图 10.5　新建自定义技能

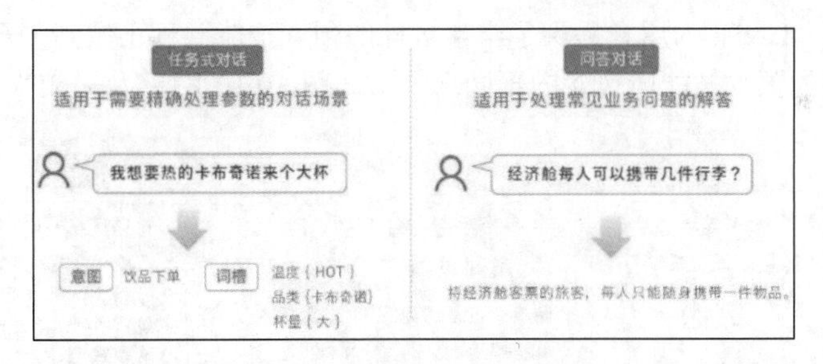

图 10.6　任务式对话与问答对话的区别

对于问答对话技能，UNIT 提供了包括 FAQ 问答技能、对话式文档问答技能、表格问答技能三种类型，如图 10.7 所示。

其中，FQA 问答技能是指用户只需要提供规定格式的问答对数据即可快速训练模型，完成 FQA 问答机器人，在后面的实践中会有详细介绍。

对话式文档技能是指用户提供一段对话式的文档，UNIT 可以通过文本摘要及文档理解的方式训练其问答模型。例如，当用户提供一个介绍太阳的科普文档，经过 UNIT 训练后，当用户提问关于太阳的问题时，机器人可以根据文档中的信息进行回答。

表格问答技能是指用户提供一份表格数据，UNIT 通过该表格数据训练模型后，当用户询问表格中的信息时，机器人可以根据表格的信息进行回答。如图 10.8 所示为表格问答的示例。

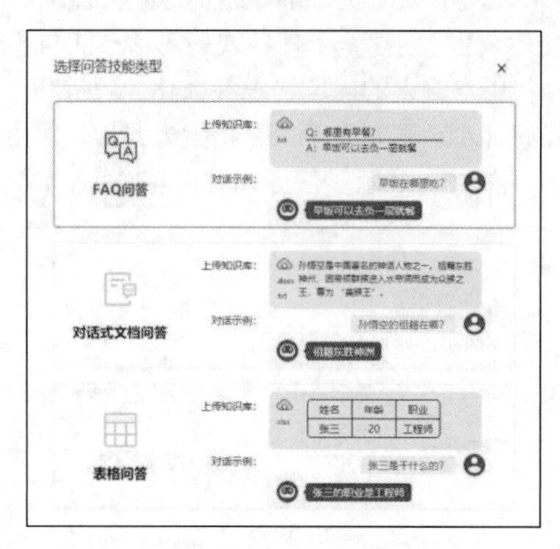

图 10.7　问答对话技能类型

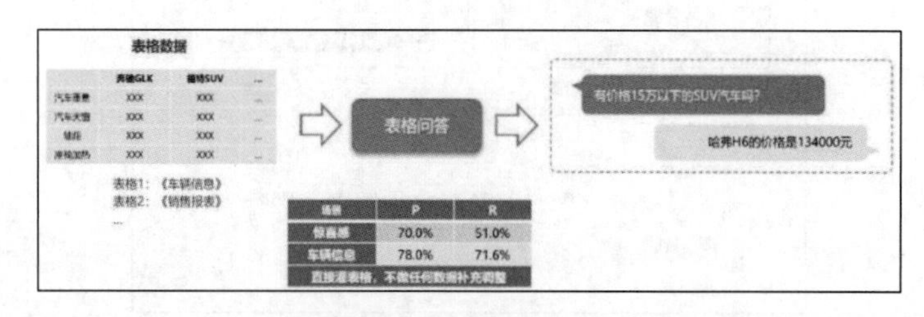

图 10.8　表格问答示例

除了自定义技能，UNIT 为用户提供了丰富多样的预置技能，真正做到了开箱即用。图 10.9 展示了 UNIT 当前支持的预置技能所包含的不同场景，如图 10.10 所示为 UNIT 平台针对各预置技能的实际演示效果。

图 10.9　UNIT 预置技能

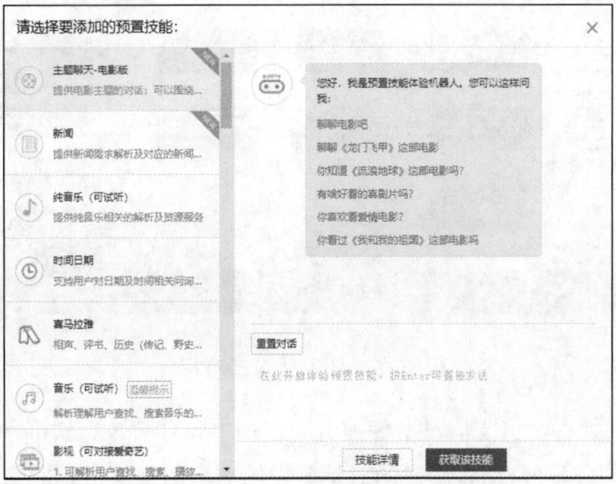

图 10.10 预置技能示例

除了上面介绍的包含任务式对话技能和问答对话技能的自定义技能以及预置技能外，UNIT 还支持复制技能，通过其他开发人员分享的技能分享码，直接复制体验该设置好的技能，这里不再赘述。

那么机器人与技能之间的关系是怎样的呢？机器人对技能可以进行统一调度管理，从而为用户提供多项对话服务。如图 10.11 所示为一个客服机器人与其相关技能之间的关系。在该电信运营场景中，机器人需要具备对话技能、问答技能及预置的闲聊技能，尤其是对话技能更需要识别客服办理意图、查询套餐等意图。

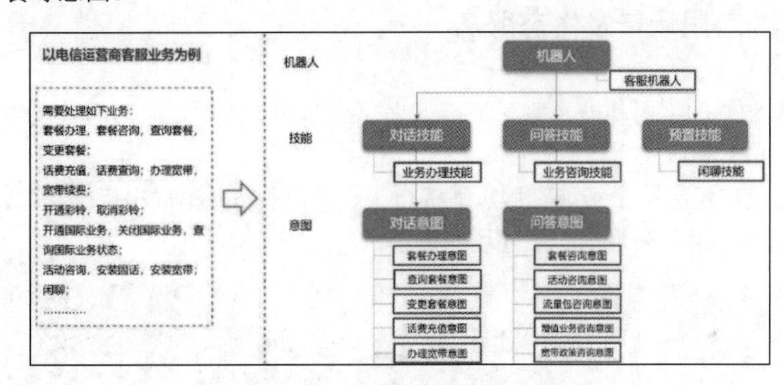

图 10.11 机器人与技能的关系

3. 对话管理

我们都知道任务式对话系统的核心在于对话状态的管理，UNIT 平台中当前支持以下两种对话管理方式。

（1）图形化对话流管理。这种对话管理方式适用于对话流程长、分支多的对话场景。如图 10.12 所示，UNIT 为开发者提供了图形化对话流编辑器，开发者可根据业务需求精准配置每一步对话流程。同时，除了可视化的配置页面外，图形化对话流管理还支持自定义编程，有效支持各种复杂对话场景。当业务需求需要进行多轮对话才能解决时，建议使用这种对话管理方式，我们将在后续的实践中采用这种方式。

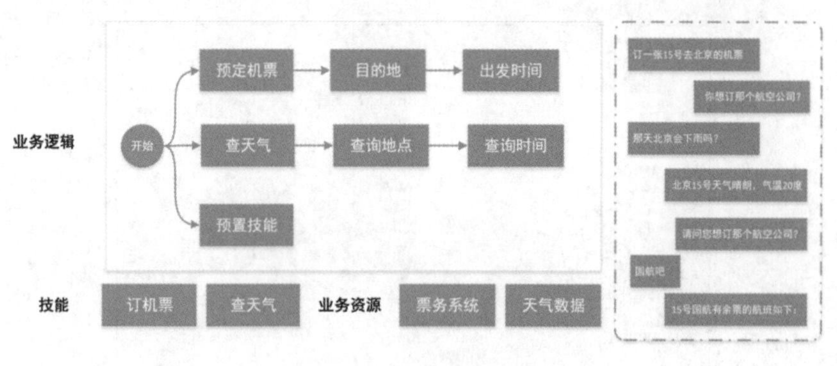

图 10.12 图形化对话流管理

（2）技能分发对话流管理。这种对话管理方式适用于对话流程较短的情况，开发者仅需将技能添加到机器人中，机器人即可自动将用户的对话分发给对应的技能进行回复，也就是依赖不同的技能回复相应用户问题的对话场景。当业务需求仅需一两轮对话就能解决时，这种方式可以为开发者提供更加方便快捷的对话中控服务。

4．对话部署

机器人配置完成之后，UNIT 可以让每个机器人都可以单独接入业务系统。UNIT 为开发者提供了两种接入方式：一种是通过对话服务 API 的方式接入，另一种是提供一键接入微信公众号的方式。这两种方式可以满足当前不同的应用场景需求，极大地方便了用户对对话服务的部署操作。

10.2.3 UNIT 的应用场景及生态服务

前面介绍了 UNIT 的主要功能及概念，接下来介绍 UNIT 的主要应用场景及当前 UNIT 的整个生态服务，如图 10.13 所示。

当前 UNIT 已经广泛应用于智能客服、消费电子、企业服务、车载出行等领域。同时，UNIT 平台也提供了多种服务，用于满足用户不同场景的需求。

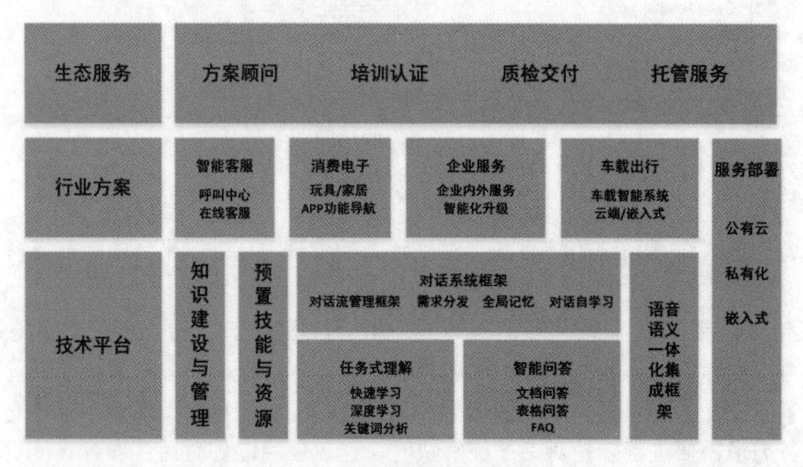

图 10.13 UNIT 生态

10.3 基于UNIT的智能出行助手介绍

通过前面的介绍，大致了解了UNIT可以帮助我们做什么，接下来将使用UNIT完成一个智能出行助手。

在实际生活中，不论是商务出行还是自由旅行，当我们要去一个不熟悉的地方时，往往希望有一个向导或者助手帮助我们安排好出行的行程。例如，在出行前帮我们查询当地的天气信息，用来提醒我们是否需要增添衣物，在出行时帮助我们查询出行的交通路线信息，当到达目的地后，可以帮助我们解决相应的衣、食、住、行等问题。

要实现这样一个智能出行助手，可以按照前面介绍的创建聊天机器人的步骤一步步来完成。

10.3.1 智能出行助手需求分析

智能出行助手所要处理的场景为满足出行服务，出行服务中一般涉及的主要功能如下。

- 查询当天天气信息。
- 查询车次信息。
- 查询车票价格。
- 查询余票信息。
- 预订火车票并确认订单。
- 取消订单。
- 查询酒店信息。
- 预订酒店。
- 查询餐厅信息。
- 预订餐厅。
- 风景介绍等。
- 常见出行问题咨询。

通过对这些功能的分析，我们给智能出行助手添加两个典型的功能，分别是预订车票及常见出行问题咨询，其中预订车票属于任务式对话，在完成任务中需要与用户交互并了解用户要预订的车票信息，如目的地、时间、车次等，而常见出行问题咨询属于问答对话。

10.3.2 前期准备工作

在正式开始前，需要先注册百度账号，打开UNIT的网址，进入UNIT主页，单击“进入UNIT”按钮，即可进入注册界面，按照要求进行注册，即可在百度控制台申请到UNIT功能的ID及相关信息。

接下来，通过单击UNIT首页的“进入UNIT”或者页面右上角的“配置平台”进入“我的机器人”页面，这里新建一个聊天机器人并将其命名为“智能出行助手”，对于对话流配置这里选择

TASKFLOW，也就是图形化对话流管理的方式，对于智能出行助手机器人的面试，可以简单描述为“帮助用户实现智能出行，主要包括火车票预订及常见出行问题咨询服务”，如图 10.14 所示。

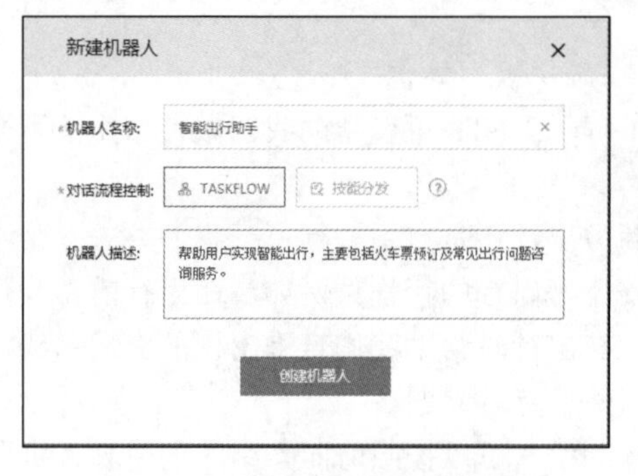

图 10.14　利用 UNIT 创建机器人

创建完成机器人后，单击进入该机器人页面，可以发现当前机器人没有任何技能，如图 10.15 所示。

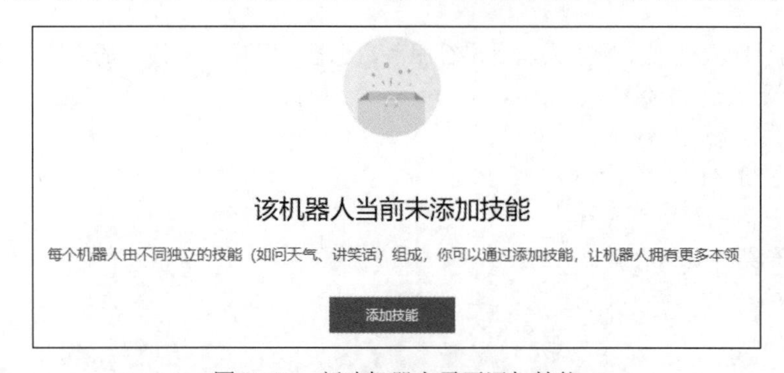

图 10.15　新建机器人需要添加技能

单击进入“我的技能”页面，开始创建所需要的技能，这里主要是通过自定义技能来完成的，通过单击“新建技能”按钮，分别新建“火车票预订”与“常见出行问题咨询”，其中，“火车票预订”技能选用对话技能类型，而“常见出行问题咨询”技能选用问答技能类型中的 FQA 问答。最终新建好的技能情况如图 10.16 所示。

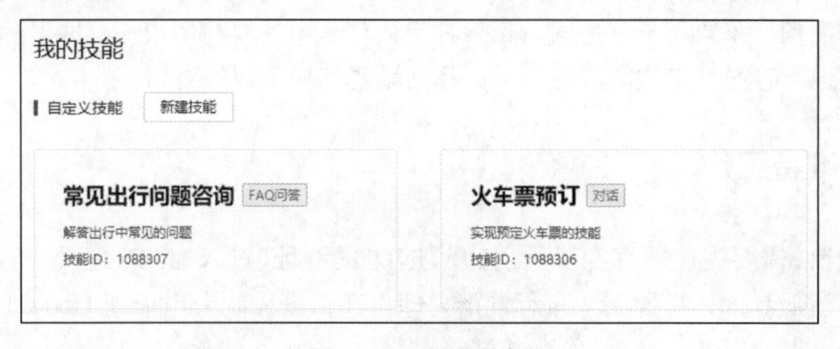

图 10.16　新建技能

创建好技能后，需要分别设置训练这两个技能。接下来详细介绍如何在 UNIT 中实现。

10.4　设置预订火车票技能

首先进入火车票预订技能中，为了让智能出行助手可以理解用户想要预订火车票的意图，首先需要设置意图理解功能，在 UNIT 中通过意图管理模块，单击“新建对话意图”按钮，进入新建意图页面，如图 10.17 所示。

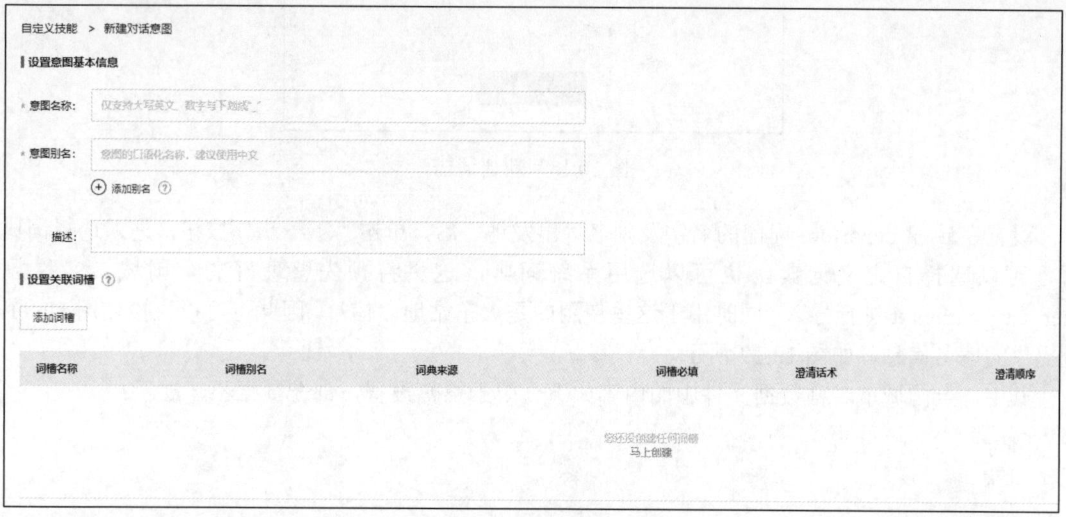

词槽名称	词槽别名	词典来源	词槽必填	澄清话术	澄清顺序

自定义技能 > 新建对话意图

设置意图基本信息

* 意图名称：仅支持大写英文、数字与下划线"_"

* 意图别名：意图的口语化名称，建议使用中文

添加别名

描述：

设置关联词槽

添加词槽

您还没创建任何词槽
马上创建

图 10.17　新建意图

新建意图主要包括设置意图基本信息与设置关联词槽。其中，设置意图基本信息包括设置意图名称与意图别名。注意，意图名称仅支持大写英文、数字与下划线，而在设置意图别名时，为了便于理解，一般推荐使用中文。

10.4.1　创建订票意图及其词槽

这里先设置一个订票的意图：BOOK_TICKET，然后给其设置相应的词槽。词槽是指要完成该意图机器人需要了解的信息。例如，要完成订票意图，机器人需要了解出行的目的地、出发地、出发时间、列车类型、座席类型、车票类型等。接下来将一一演示如何通过 UNIT 来获取并理解这些信息。

1. 设置出发地词槽

首先是设置出发地的词槽 user_departure，单击“添加词槽”按钮，在新建词槽中选择添加方式为“创建新的词槽”，并设置词槽名称与词槽别名，如图 10.18 所示。

注意：

词槽的名称均为以 user_开头的格式，只需要设置相应词槽英文名即可。

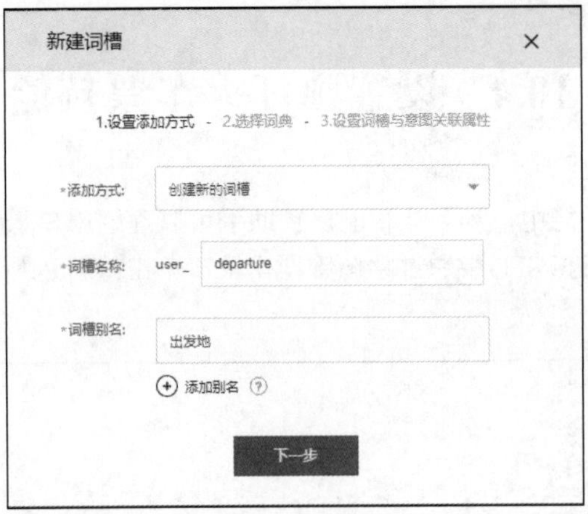

图 10.18　新建词槽

设置完 user_departure 词槽的名字及别名“出发地”后，单击“下一步”按钮，进入选择词典界面，可以选择自定义词典，也可以选用系统词典，这里将预先整理好的全国城市名称数据 user_city_name.txt 进行导入，同时由于这里使用的是火车站地名信息，因此也可以直接使用 UNIT 系统提供的地名信息，如图 10.19 所示。

其中，全国城市名称数据文件中的内容如下。限于篇幅设置，部分数据不予展示：

```
北京
上海
天津
重庆
石家庄
邯郸
张家口
太原
大同
阳泉
晋城
朔州
晋中
忻州
吕梁
临汾
运城
郑州
六安
杭州
韶山
......
```

词典设置完成后，单击“下一步”按钮，在打开的界面中设置词槽与意图关联属性，这里可以将“词槽必填”信息设置为“必填”，同时将“澄清话术”设置为“普通澄清话术”，如图 10.20 所示。

注意：

在结合具体意图进行设置时，如“出发地”信息，一般可以直接采用用户当前位置作为出发地，因此，该词槽也可以设置为“非必填”，需要结合实际场景来设置。

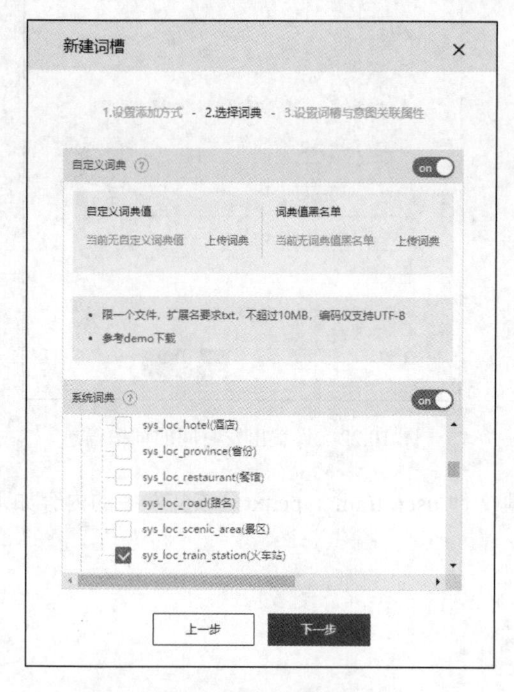

图 10.19　使用系统词典

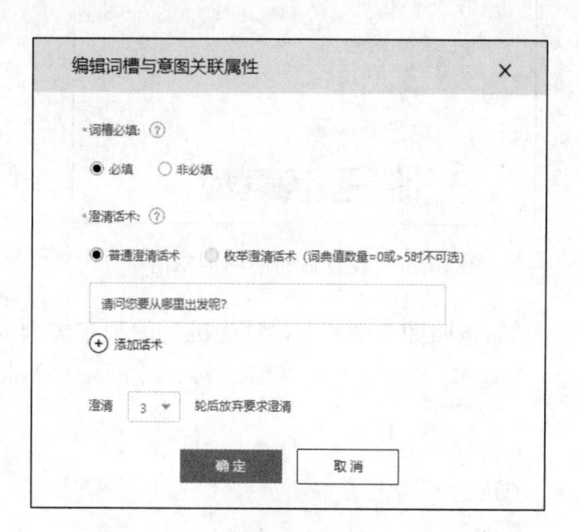

图 10.20　设置词槽与意图关联关系

2. 设置目的地词槽

设置好出发地信息的词槽，接下来需要设置比较重要的“目的地”词槽 user_destination。前面的步骤与上面相同，依然选用自定义的全国城市名称数据 user_city_name.txt，同时在设置词槽与意图关联关系时需要选择“必填”。当系统没有有效解析到该信息时，需要使用澄清话术来询问用户，可以简单设计几条话术，如“请问您的目的地是哪里？”。具体设置如图 10.21 所示。

3. 设置出发时间词槽

当系统知道用户的目的地信息后，需要设置出发时间 user_departure_time 的词槽，这里可以直接通过系统词典的 sys_time 来设置。对于词槽与意图关联关系的设置，设置其词槽的必填方式为“必填”，并设定相应的澄清话术，如图 10.22 所示。

完成上面三个基本词槽的设置后，可以细化用户的需求，如用户希望定哪种类型的车次，如“高铁”还是“动车”等。

4. 设置列车类型词槽

设置列车类型的词槽 user_train_type，这里在选择词典时，对于这种特殊场景，UNIT 系统没有相应词典，需要通过“自定义词典”的方式来上传。可以单击“自定义词典值”选项区域中的“上传词典”链接，如图 10.23 所示。

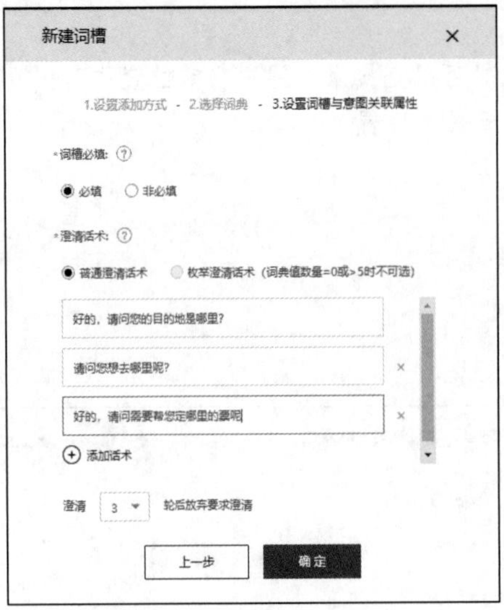

图 10.21　设置目的地的词槽信息

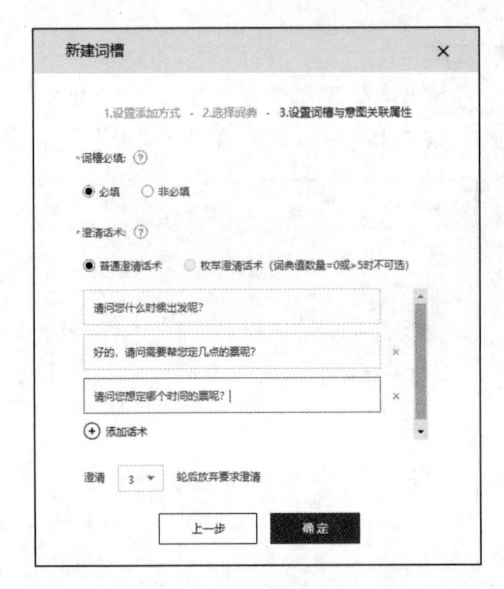

图 10.22　设置出发时间的词槽信息

然后按照图 10.24 上传预先准备的列车类型词典文件 user_train_type.txt，该文件中的内容如下：

```
高铁
动车
城铁
直达
特快
快速列车
临时列车
普快
```

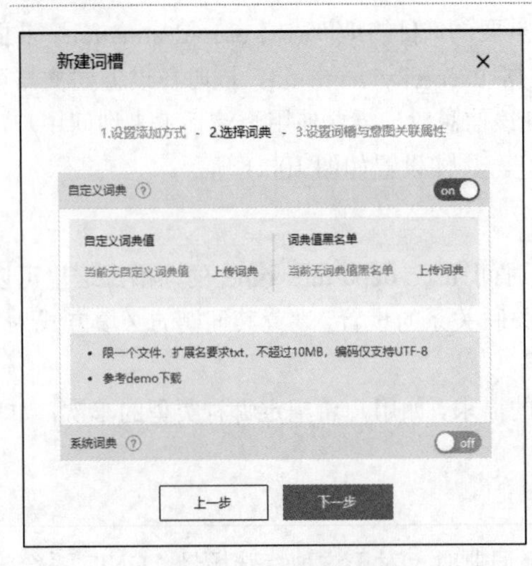

图 10.23　自定义词典

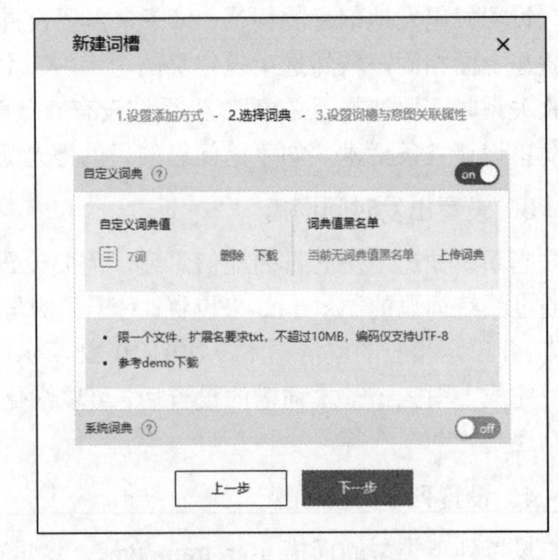

图 10.24　上传词典

上传自定义词典后，需要设置相应的词槽与意图关联关系，如图 10.25 所示。

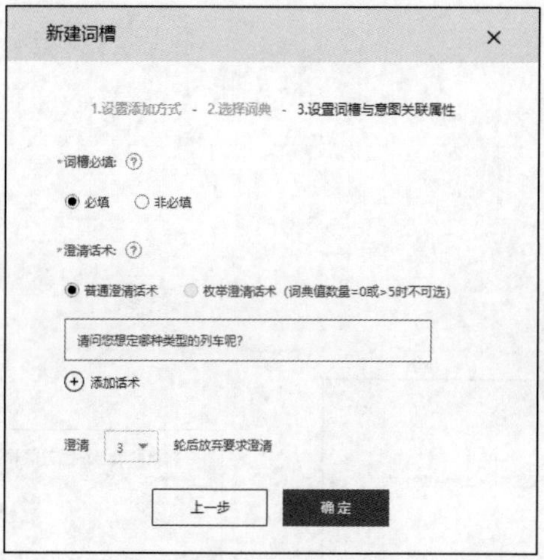

图 10.25　设置列车类型的词槽与意图关联关系

5. 设置座席类型词槽

设置座席类型，询问用户想选择哪种座席类型。可以将座席类型词典文件 user_seat_type.txt 作为自定义词典上传给座席类型词槽 user_seat_type，并设置座席类型的词槽与意图关联关系，如图 10.26 所示。

座席类型词典文件内容如下：

```
无座
#站票
硬座
软座
硬卧
#卧铺
软卧
高级软卧
二等座
一等座
商务座
特等座
```

注意：

对于词典文件的配置，可以通过“#”来表示上一行内容的同义词，如“无座”一般也可以用“站票”来表示。

6. 设置车票种类词槽

设置车票种类，询问用户想选择哪种车票。可以将车票种类词典文件 user_ticket_type.txt 作为自定义词典上传给座席类型词槽 user_ticket_type，并设置车票种类的词槽与意图关联关系，如图 10.27 所示。

车票种类词典文件内容如下：

学生票
免费票
#免票
#残疾人票
#军人票
儿童票
#半价票
成人票
#全价票

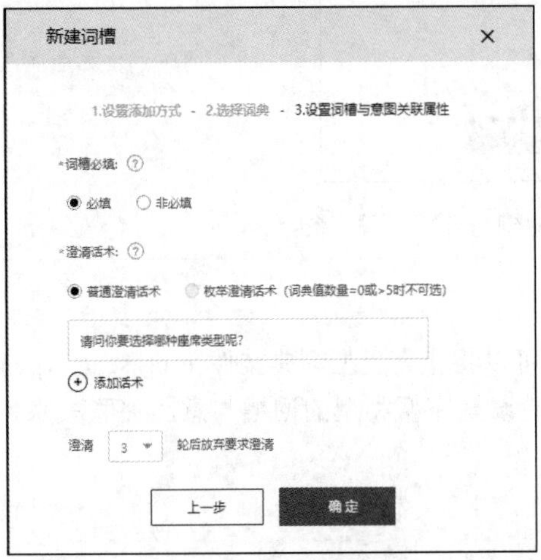

图 10.26　设置座席类型的词槽与意图关联关系

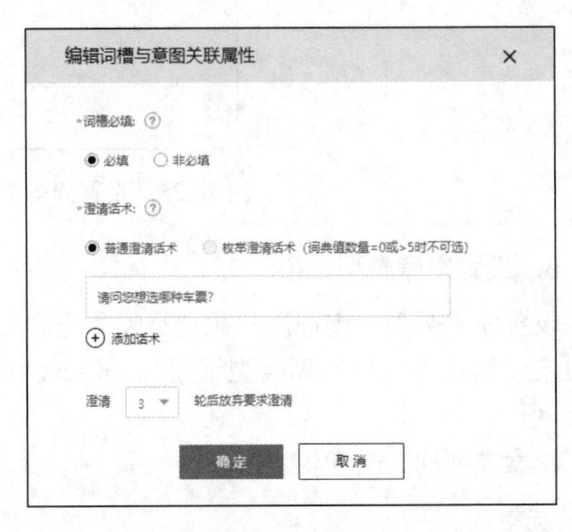

图 10.27　设置车票种类的词槽与意图关联关系

7．设置车票数量词槽

设置车票数量 user_ticket_num，对于车票数量的设置，一般认为用户会订购一张车票，因此需要设置该“词槽必填”选项为“非必填”，并设置车票数量的词槽与意图关联关系，如图 10.28 所示。

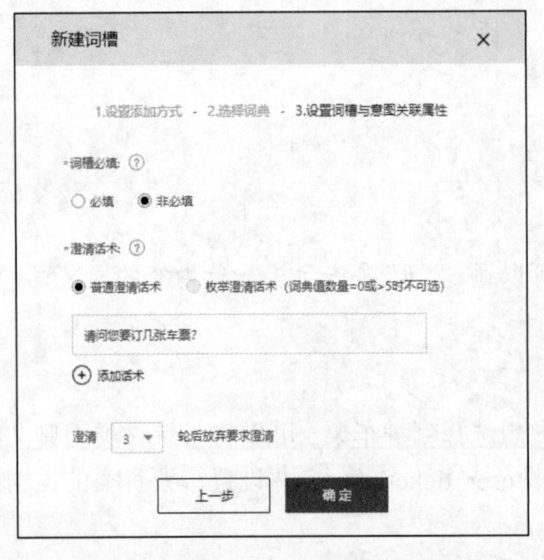

图 10.28　设置车票数量的词槽与意图关联关系

至此，我们已经设置好所需的全部词槽，添加好全部词槽后，可以根据具体业务需求适当调整澄清顺序。至此，订票意图的所需词槽设置全部完成，其格式如图 10.29 所示，其中相应命名配置信息见表 10.1。

设置关联词槽

添加词槽

词槽名称	词槽别名	词典来源	词槽必填	澄清话术	澄清顺序	
user_departure	出发地	自定义词典 / 系统词典	非必填	请问您要从哪里出发呢?	1	上移 下移 ···
user_destination	目的地	自定义词典 / 系统词典	必填	好的，请问您的目的地是哪里?	2	上移 下移 ···
user_departure_time	出发时间	自定义词典 / 系统词典	必填	请问您什么时候出发呢?	3	上移 下移 ···
user_train_type	列车类型	自定义词典	必填	请问您想定哪种类型的列车呢?	4	上移 下移 ···
user_seat_type	坐席类型	自定义词典	必填	请问你要选择哪种坐席类型呢?	5	上移 下移 ···
user_ticket_type	车票种类	自定义词典	必填	请问您想选哪种车票?	6	上移 下移 ···
user_train_num	列车车次	自定义词典 / 系统词典	非必填	请问您想定哪个车次的车票呢?	7	上移 下移 ···

图 10.29　订票意图的词槽设置

表 10.1　BOOK_TICKET 相应词槽设置

词槽	词槽说明	词典来源	是否必填	词槽示例
user_departure	出发地	系统词典	否	北京
user_destination	目的地	系统词典	是	上海
user_departure_time	出发时间	系统词典	是	明天早上
user_train_type	列车类型	自定义词典	是	高铁
user_seat_type	座席类型	自定义词典	是	一等座
user_ticket_type	车票种类	自定义词典	是	儿童票
user_train_num	列车车次	系统词典	否	G620

当所有词槽都添加完毕后，就需要在下方添加答复内容，这里采用“文本内容”，并设置回复内容为“已经为您成功购票，请注意查收您的订票信息。”。接下来单击智能生成触发规则，使当全部词槽均填充后才可以触发该答复内容。设置答复及触发规则如图 10.30 所示。

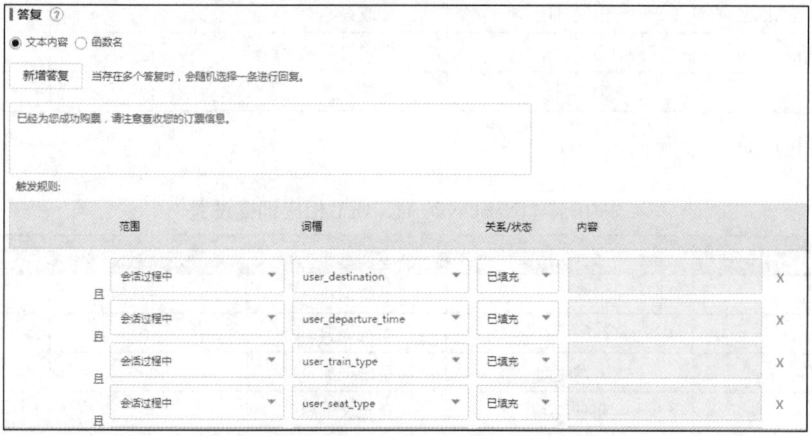

答复

文本内容　函数名

新增答复　当存在多个答复时，会随机选择一条进行回复。

已经为您成功购票，请注意查收您的订票信息。

触发规则：

	范围	词槽	关系/状态	内容	
	会话过程中	user_destination	已填充		X
且	会话过程中	user_departure_time	已填充		X
且	会话过程中	user_train_type	已填充		X
且	会话过程中	user_seat_type	已填充		X
且					

图 10.30　设置答复及触发规则

注意：

在使用 TaskFLow 进行对话流程管理的机器人中，技能内的对话回应默认不生效。因此，后续在机器人中使用该技能时，需要重新设置答复内容。

10.4.2 创建其他意图及其词槽

当订票意图创建完成后，接下来按照相同的方式创建其他意图。在出行场景中，用户往往还存在查询票价、查询出行时间以及退票的行为，因此，我们将在“火车票预订”技能中新增加三种意图，分别是 INQUIRY_PRICE、TIME_CONSUMING、REFUND_TICKET。其中，查询票价意图相应词槽设置见表 10.2。

表 10.2 INQUIRY_PRICE 相应词槽设置

词槽	词槽说明	词典来源	是否必填	词槽示例
user_departure	出发地	系统词典	否	北京
user_destination	目的地	系统词典	是	上海
user_departure_time	出发时间	系统词典	是	明天早上
user_train_type	列车类型	自定义词典	是	高铁
user_seat_type	座席类型	自定义词典	是	一等座
user_ticket_type	车票种类	自定义词典	是	儿童票
user_train_num	列车车次	系统词典	否	G620

查询出行时间相应词槽设置见表 10.3。

表 10.3 TIME_CONSUMING 相应词槽设置

词槽	词槽说明	词典来源	是否必填	词槽示例
user_departure	出发地	系统词典	否	北京
user_destination	目的地	系统词典	是	上海
user_departure_time	出发时间	系统词典	是	明天早上
user_train_type	列车类型	自定义词典	是	高铁
user_train_num	列车车次	系统词典	否	G620

退票意图相应词槽设置见表 10.4。

表 10.4 REFUND_TICKET 相应词槽设置

词槽	词槽说明	词典来源	是否必填	词槽示例
user_departure	出发地	系统词典	否	北京
user_destination	目的地	系统词典	是	上海
user_departure_time	出发时间	系统词典	是	明天早上
user_train_type	列车类型	自定义词典	是	高铁
user_train_num	列车车次	系统词典	否	G620

在设置其他意图的词槽时，由于与订票意图中已有的词槽名相同，在添加词槽时可以直接复用已存在词槽的相关设置，如图 10.31 所示。

新建词槽
1.设置添加方式 - 2.选择词典 - 3.设置词槽与意图关联属性
*添加方式: 复用已有词槽
*词槽名称: user_departure
下一步

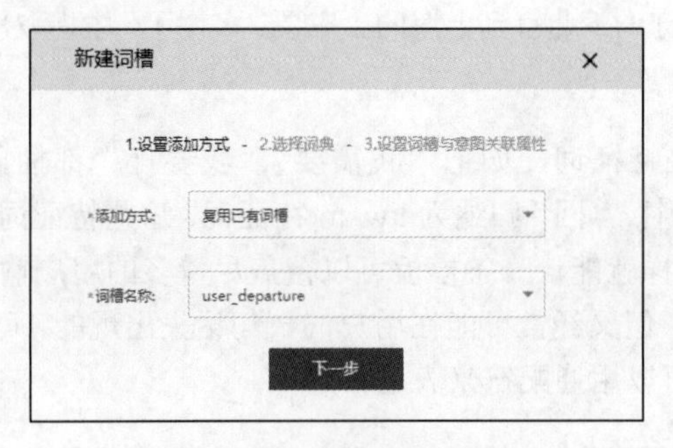

图 10.31　复用已有词槽

意图的词槽添加完成后，可以通过训练数据的词槽管理页面对词槽进行查看及管理，同时可以手动添加自定义的词典值，如图 10.32 所示。

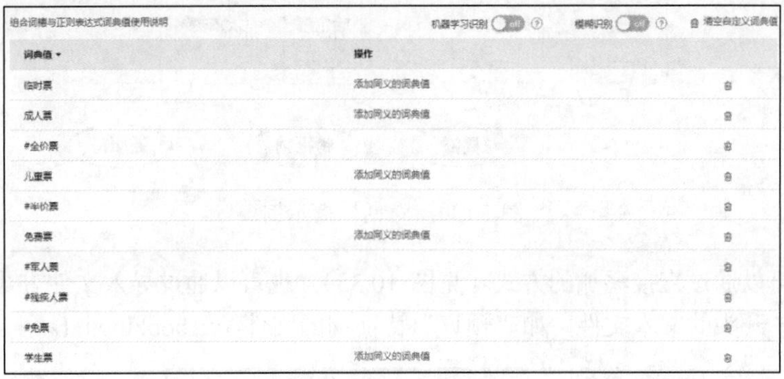

组合词槽与正则表达式词典值使用说明
机器学习识别
模糊识别
清空自定义词典值
词典值
操作
临时票
添加同义的词典值
成人票
添加同义的词典值
#全价票
儿童票
添加同义的词典值
#半价票
免费票
添加同义的词典值
#军人票
#残疾人票
#免票
学生票
添加同义的词典值

图 10.32　词槽管理

全部意图及相应词槽设置完成后如图 10.33 所示。

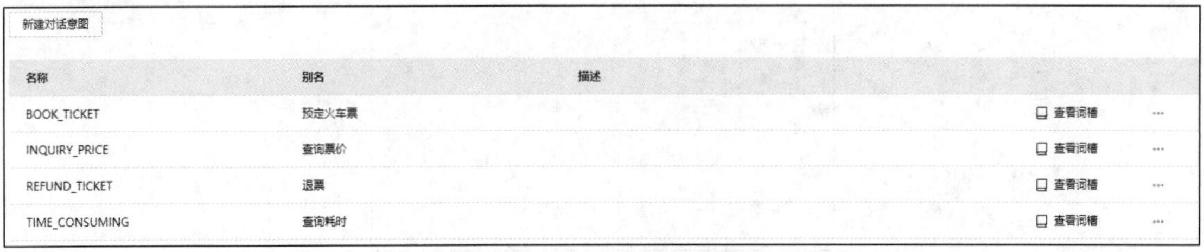

新建对话意图
名称
别名
描述
BOOK_TICKET
预定火车票
查看词槽
INQUIRY_PRICE
查询票价
查看词槽
REFUND_TICKET
退票
查看词槽
TIME_CONSUMING
查询耗时
查看词槽

图 10.33　全部意图的词槽

10.4.3　设置对话模板

意图创建完成后，接下来需要给技能添加训练数据。通过对训练数据的学习，机器人可以学会从用户输入的文本中理解其意图与词槽识别。

首先是配置对话模板。对话模板是用户常用的语言表述规则，通过不同的用法，可以实现对不同形态的用户文本输入进行解析。通过设置对话模板可以让机器人更加准确地理解用户的意图。如图 10.34 所示，可以从语句“订一下北京到上海的火车票，多谢了”中提取出订票意图相关的词槽表达。

1．设置特征词

这里需要先总结出一些特征词，如把“我需要”“我要订”都抽象为表达预订车票的特征词 kw_booking，把“到”“去”“往”“回”归纳为 kw_to 特征词，这些特征词需要在新建模板前设置好，并添加尽量多的词典值，这样就能让一条模板可以覆盖尽量多的用户输入。对于那些既不能归纳为词槽，也不能归纳为特征词，但又经常可能在用户的一句话里出现的，可以用通配符来表达。例如，这句话里的“多谢了”，就可以用通配符来表达。

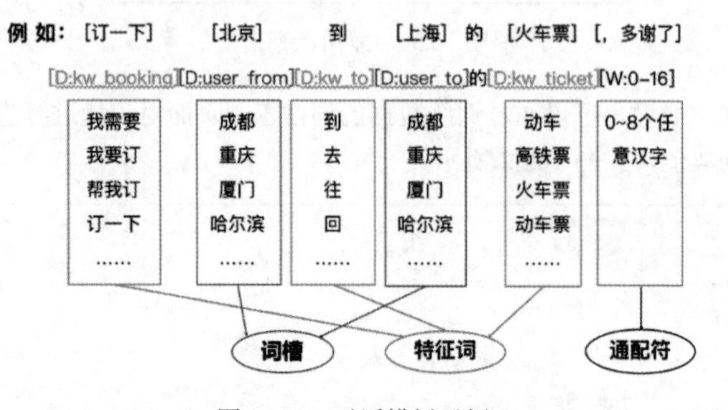

图 10.34 对话模板示例

导入特征词可以通过直接添加的方式（见图 10.35），也可以通过导入文件方式，导入的文件的命名格式为以 kw_开头的文本文件，如“预订”特征词的文件 kw_booking.txt。

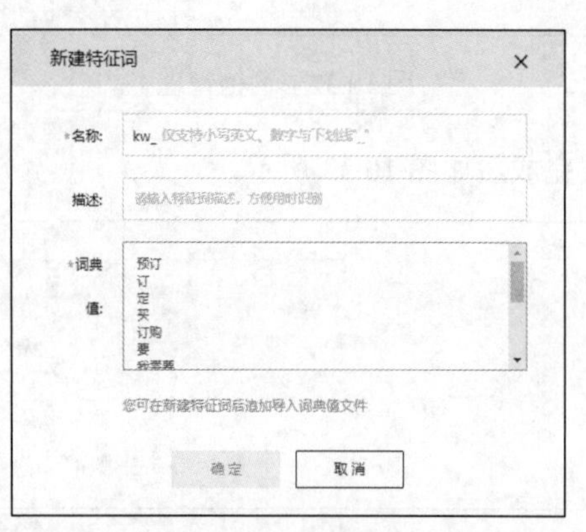

图 10.35 新建特征词

首先需要设置订票意图相关的特征词，其中 kw_booking.txt 文件中的特征词如下：

```
预订
订
定
```

```
买
订购
要
我需要
我要订
帮我订
订一下
定一下
我要定
帮我定
坐火车
购
```

kw_to.txt 文件中的特征词如下：

```
到
去
往
回
至
```

kw_ticket.txt 文件中的特征词如下：

```
票
火车票
高铁
高铁票
动车
动车票
城际
城际火车票
城际高铁票
直达
直达火车票
直达列车
直达火车
特快
特快火车票
特快票
快车
快车票
临时
临时火车票
普通火车票
儿童票
学生票
车票
```

kw_want.txt 文件中的特征词如下：

```
我想
想要
我要
帮我
帮忙
请问
麻烦
帮我
给我
有没有
有吗
```

同理，需要设置其他意图的特征词，如退票意图中涉及的特征词在 kw_cancel.txt 文件中，如下所示：

```
取消
退票
退
票退掉
退掉
不要
不去
不想
```

查询耗时意图的特征词在 kw_consuming.txt 文件中，如下所示：

```
多久
什么时候
时间
时刻表
日子
日期
哪一天
多长
几点
啥时候
什么时间
耗时
多少时间
```

查询票价意图的特征词在 kw_price.txt 文件中，如下所示：

```
多少钱
价钱
价格
费用
票价
贵
便宜
```

花钱
钞票
钱
金币
价值

设置完成的全部特征词示例如图 10.36 所示。

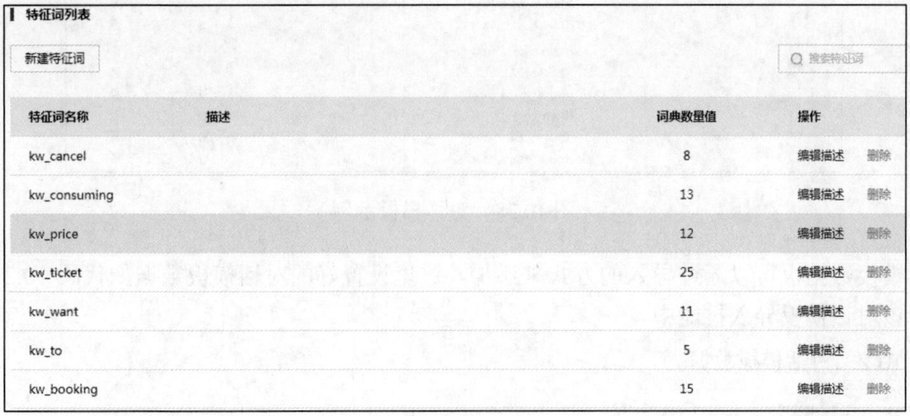

特征词列表

新建特征词　　搜索特征词

特征词名称	描述	词典数量值	操作
kw_cancel		8	编辑描述　删除
kw_consuming		13	编辑描述　删除
kw_price		12	编辑描述　删除
kw_ticket		25	编辑描述　删除
kw_want		11	编辑描述　删除
kw_to		5	编辑描述　删除
kw_booking		15	编辑描述　删除

图 10.36　特征词示例

2. 设置对话模板

设置好特征词后，开始添加对话模板。首先选择当前配置的意图名，然后将词槽信息与特征词进行组合，将其作为模板片段进行拼接。例如，对于用户可能的输入“我想订从北京去上海的高铁一等座票”，那么该模板设置如图 10.37 所示。其中对于模板片段中“是否匹配”的设置可以将出发地及目的地的片段均设置为“是”，这样对于其他没有提供相应信息的输入也可以进行识别。而对于其中顺序的设置需要保证其出发地的顺序要优先于目的地。

意图	描述	模板内容	模板片段顺序	必须匹配
BOOK_TICKET		[D:kw_want][D:kw_booking]	0	是

选择意图：BOOK_TICKET
模板片段：必须匹配 是　模板片段 [D:kw_want][D:kw_booking]　顺序 0
新增一行
插入词槽：user_departure　user_departure_time　user_destination　user_seat_type　user_ticket_num　user_ticket_type　user_train_type
插入特征词：新建特征词　kw_cancel　kw_consuming　kw_price　kw_ticket　kw_want　kw_to　kw_booking
阈值：0.7

图 10.37　设置对话模板

类似地，可以添加多个对话模板，最终结果如图 10.38 所示。

意图 ▾	描述	模板内容	模板片段顺序	必须匹配
BOOK_TICKET		[D:kw_want][D:kw_booking]	0	是
BOOK_TICKET		[D:user_train_type]	0	否
		[D:user_departure]	0	是
		[D:kw_to]	0	是
		[D:user_destination]	0	是
BOOK_TICKET		[D:user_departure_time]	0	是
		[D:kw_booking]	0	是
		[D:user_train_num]	0	是
		[D:user_ticket_type]	0	是
		[D:user_seat_type]	0	是
BOOK_TICKET		[D:user_departure_time]	0	否
		[D:kw_booking]	0	是
		[D:user_departure]	0	是
		[D:kw_to]	0	否
		[D:user_destination]	0	是
		[D:user_train_type]	0	否

图 10.38　对话模板示例

对话模板数据也可以通过导入的方式来添加，这里设置好的对话模板数据如代码 10.2 所示，可以直接将该对话模板导入技能中。

代码 10.2　对话模板数据

```
 REFUND_TICKET   0.7
[D:kw_cancel]#@##0#@##1#@@##[D:user_train_type]#@##0#@##1#@@##[D:user_seat_type]
#@##0#@##1#@@##[D:user_departure_time]#@##0#@##1#@@##[D:user_destination]#@##0#@
##1#@@##[D:kw_want]#@##0#@##1 1
 REFUND_TICKET   0.7
[D:kw_want]#@##0#@##1#@@##[D:kw_cancel]#@##0#@##1#@@##[D:user_departure_time]#@#
#0#@##1#@@##[D:user_train_type]#@##0#@##1 1
 TIME_CONSUMING  0.7
[D:kw_consuming]#@##0#@##1#@@##[D:user_train_type]#@##0#@##1#@@##[D:user_departure]
#@##0#@##1#@@##[D:kw_to]#@##0#@##1#@@##[D:user_destination]#@##0#@##1  1
 TIME_CONSUMING  0.7
[D:user_departure_time]#@##0#@##1#@@##[D:user_train_type]#@##0#@##1#@@##[D:kw_
consuming]#@##0#@##1#@@##[D:user_departure]#@##0#@##1#@@##[D:kw_to]#@##0#@##1#@@
##[D:user_destination]#@##0#@##1 1
 INQUIRY_PRICE   0.7
[D:user_train_type]#@##0#@##0#@@##[D:kw_price]#@##0#@##1#@@##[D:user_departure]#
@##0#@##1#@@##[D:kw_to]#@##0#@##1#@@##[D:user_destination]#@##0#@##1   1
 INQUIRY_PRICE   0.7
[D:user_seat_type]#@##0#@##0#@@##[D:kw_price]#@##0#@##0#@@##[D:user_ticket_type]
#@##0#@##0#@@##[D:user_departure]#@##0#@##1#@@##[D:kw_to]#@##0#@##1#@@##[D:user_
destination]#@##0#@##1    1
 BOOK_TICKET     0.7
[D:user_train_type]#@##0#@##0#@@##[D:user_departure]#@##0#@##1#@@##[D:kw_to]#@##
0#@##1#@@##[D:user_destination]#@##0#@##1 1
 BOOK_TICKET     0.7
[D:user_departure_time]#@##0#@##1#@@##[D:kw_booking]#@##0#@##1#@@##[D:user_train
_num]#@##0#@##1#@@##[D:user_ticket_type]#@##0#@##1#@@##[D:user_seat_type]#@##0#@
##1  1
```

```
 BOOK_TICKET     0.7
[D:user_departure_time]#@##0#@##0#@@##[D:kw_booking]#@##0#@##1#@@##[D:user_
departure]#@##0#@##1#@@##[D:kw_to]#@##0#@##0#@@##[D:user_destination]#@##0#@##1#
@@##[D:user_train_type]#@##0#@##01
 BOOK_TICKET     0.7
[D:kw_booking]#@##0#@##0#@@##[D:user_train_num]#@##0#@##1#@@##[D:user_ticket_type]
#@##0#@##0   1
 BOOK_TICKET     0.7
[D:kw_want]#@##0#@##0#@@##[D:kw_booking]#@##0#@##0#@@##[D:user_departure_time]#@
##0#@##1#@@##[D:user_departure]#@##0#@##1#@@##[D:kw_to]#@##0#@##0#@@##[D:user_
destination]#@##0#@##1#@@##[D:user_seat_type]#@##0#@##0#@@##[D:user_ticket_type]
#@##0#@##0#@@##[D:user_train_type]#@##0#@##0  1
 BOOK_TICKET     0.7
[D:kw_booking]#@##0#@##0#@@##[D:user_train_type]#@##0#@##0#@@##[D:user_seat_type]
#@##0#@##0#@@##[D:user_departure]#@##1#@##1#@@##[D:kw_to]#@##2#@##1#@@##[D:user_
destination]#@##3#@##1   1
 BOOK_TICKET     0.7
[D:kw_want]#@##0#@##0#@@##[D:kw_booking]#@##0#@##0#@@##[D:kw_to]#@##0#@##0#@@##
[D:user_destination]#@##0#@##1#@@##[D:user_train_type]#@##0#@##0   1
```

10.4.4 标注对话样本集

配置好对话模板后，需要实际构建一些对话样本并进行标注，以便于训练机器人。

标注时，首先输入对话样本并进行添加，然后选定该文本的意图，并对对话样本进行标注，如对于文本"我想订北京到上海周五晚上的高铁"，那么对于其中"北京"可以标注为 user_departure 出发地的词槽，对于"上海"可以标注为 user_destination 目的地的词槽，"周五晚上"可以标注为 user_departure_time 出发时间的词槽。

按照这样的标注规则，可以继续添加样本集，最终结果如图 10.39 所示。

☐	BOOK_TICKET	我 要 [D:user_departure_time:后天早晨] 从 [D:user_departure:武汉] 去 [D:user_destination:郑州] 的 [D:user_train_type:动车]	已标注
☐	BOOK_TICKET	我 要 从 [D:user_departure:深圳] 到 [D:user_destination:长沙] 的 [D:user_seat_type:硬座] 票 ， [D:user_departure_time:明早] 的	已标注
☐	BOOK_TICKET	我 要 去 [D:user_destination:北京] 的 [D:user_train_type:直达] [D:user_seat_type:卧铺] ， 2张	已标注
☐	BOOK_TICKET	我 要 从 [D:user_departure:上海] 到 [D:user_destination:苏州] 的 [D:user_train_type:高铁票] ， 现在 的	已标注
☐	BOOK_TICKET	我 要 从 [D:user_departure:常州] 到 [D:user_destination:南京] 的 [D:user_train_type:高铁票] ， [D:user_departure_time:明天中午] 出发	已标注
☐	BOOK_TICKET	我 要 从 [D:user_departure:常州] 回 [D:user_destination:北京] 的 [D:user_train_type:高铁票]	已标注
☐	BOOK_TICKET	我 要 [D:user_departure_time:今晚] 从 [D:user_departure:北京] 到 [D:user_destination:常州] 的 [D:user_train_type:高铁票]	已标注
☐	BOOK_TICKET	我 要 从 [D:user_departure:廊坊] 到 [D:user_destination:上海] 的 [D:user_seat_type:卧铺]	已标注

图 10.39 对话样本标注示例

全部标注数据如代码 10.3 所示。

代码 10.3 对话样本标注数据

```
我要后天早晨从武汉去郑州的动车    BOOK_TICKET user_departure_time:后天早晨
user_departure:武汉  user_destination:郑州 user_train_type:动车 cfmd
我要从深圳到长沙的硬座票，明早的 BOOK_TICKET user_departure:深圳  user_destination:
长沙 user_seat_type:硬座  user_departure_time:明早 cfmd
我要去北京的直达卧铺，2 张   BOOK_TICKET user_destination:北京    user_train_type:直
达  user_seat_type:卧铺  cfmd
我要从上海到苏州的高铁票，现在的 BOOK_TICKET user_departure:上海  user_destination:
苏州 user_train_type:高铁票   cfmd
我要从常州到南京的高铁票，明天中午出发 BOOK_TICKET user_departure:常州
user_destination:南京     user_train_type:高铁票user_departure_time:明天中午   cfmd
我要从常州回北京的高铁票     BOOK_TICKET user_departure:常州  user_destination:北京
user_train_type:高铁票    cfmd
我要今晚从北京到常州的高铁票 BOOK_TICKET user_departure_time:今晚 user_departure:北京
user_destination:常州     user_train_type:高铁票
我要从廊坊到上海的卧铺 BOOK_TICKET user_departure:廊坊   user_destination:上海
user_seat_type:卧铺  cfmd
我要天津到廊坊的动车票 BOOK_TICKET user_departure:天津   user_destination:廊坊
user_train_type:动车票    cfmd
我要周日早晨从天津回北京的动车票 BOOK_TICKET user_departure_time:周日早晨
user_departure:天津  user_destination:北京 user_train_type:动车票    cfmd
我要 22 号从北京到上海的高铁票    BOOK_TICKET user_departure_time:22 号
user_departure:北京  user_destination:上海 user_train_type:高铁票    cfmd
我要下个月 3 号从北京去济南的火车票    BOOK_TICKET user_departure_time:下个月 3 号
user_departure:北京  user_destination:济南 user_train_type:火车票    cfmd
我要从这周三哈尔滨回北京的卧铺票 BOOK_TICKET user_departure_time:这周三
user_departure:哈尔滨 user_destination:北京 user_seat_type:卧铺票 cfmd
我要去乌鲁木齐的火车票，卧铺，月底的  BOOK_TICKET user_destination:乌鲁木齐
user_train_type:火车票    user_seat_type:卧铺  user_departure_time:月底 cfmd
我要买到郑州的动车票   BOOK_TICKET user_destination:郑州 user_train_type:动车票
cfmd
我要买高铁票 BOOK_TICKET user_train_type:高铁 cfmd
我要北京去天津周六中午的城际高铁 BOOK_TICKET cfmd
我要北京回南京的高铁票，3 张，28 号中午 BOOK_TICKET user_departure:北京
user_destination:南京 user_train_type:高铁票   user_departure_time:28 号中午 cfmd
我要 29 号从杭州回南京的动车票，最好中午出发的   BOOK_TICKET user_departure_time:29 号
user_departure:杭州  user_destination:南京 user_train_type:动车票
user_departure_time:中午 cfmd
我要 3 张去杭州的动车票，明早出发的    BOOK_TICKET user_destination:杭州
user_train_type:动车票    user_departure_time:明早 cfmd
我要周六早晨去杭州的动车票，要一等座  BOOK_TICKET user_departure_time:周六早晨
user_destination:杭州 user_train_type:动车票    user_ticket_type:一等座   cfmd
我要去杭州的动车票，明早的  BOOK_TICKET user_destination:杭州 user_train_type:动车票
user_departure_time:明早 cfmd
我要去常州的高铁票，一等座  BOOK_TICKET user_destination:常州 user_train_type:高铁票
user_ticket_type:一等座   cfmd
我要去苏州的动车票 BOOK_TICKET user_destination:苏州 user_train_type:动车票    cfmd
```

```
我要从广州到长沙的卧铺，月底的	BOOK_TICKET user_departure:广州	user_destination:长沙 user_seat_type:卧铺	user_departure_time:月底 cfmd
我要 31 号从淮安回北京的卧铺 BOOK_TICKET user_departure_time:31 号 user_departure:淮安 user_destination:北京 user_seat_type:卧铺	cfmd
我要去长春的动车票 BOOK_TICKET user_destination:长春 user_train_type:动车 cfmd
我要明晚去呼和浩特的直达卧铺 BOOK_TICKET user_departure_time:明晚 user_destination:呼和浩特	user_train_type:直达 user_seat_type:卧铺	cfmd
我要去西安的高铁票，明早的	BOOK_TICKET user_destination:西安 user_train_type:高铁票 user_departure_time:明早 cfmd
我要去南京的高铁票，30 号早晨的	BOOK_TICKET user_destination:南京 user_train_type:高铁票 user_departure_time:30 号早晨 cfmd
我要 5 月 1 日从北京去南京的 Z61 卧铺	BOOK_TICKET user_departure_time:5 月 1 日 user_departure:北京	user_destination:南京 user_train_type:Z61	user_seat_type:卧铺 cfmd
我要 6 月 30 日 T215 北京到淮安的卧铺	BOOK_TICKET user_departure_time:6 月 30 日 user_train_type:T215 user_departure:北京	user_destination:淮安 user_seat_type:卧铺 cfmd
我要 G81 明晚从北京到上海的火车票 BOOK_TICKET user_train_num:G81	user_departure:北京 user_destination:上海 user_train_type:火车票	cfmd
请给我出 3 张今晚去上海的卧铺票	BOOK_TICKET user_departure_time:今晚 user_destination:上海 user_seat_type:卧铺	cfmd
你好我回北京的高铁票，今晚的 BOOK_TICKET user_destination:北京 user_train_type:高铁票 user_departure_time:今晚 cfmd
你好，我要去济南的动车	BOOK_TICKET user_destination:济南 user_train_type:动车 cfmd
我要去青岛的动车，周五晚上的 BOOK_TICKET user_destination:青岛 user_train_type:动车 user_departure_time:周五晚上	cfmd
给我定去哈尔滨的动车	BOOK_TICKET user_destination:哈尔滨	user_train_type:动车 cfmd
买去秦皇岛的动车，明晚的	BOOK_TICKET user_destination:秦皇岛	user_train_type:动车	user_departure_time:明晚 cfmd
买去天津的动车 BOOK_TICKET user_destination:天津 user_train_type:动车 cfmd
买去石家庄的动车	BOOK_TICKET user_destination:石家庄	user_train_type:动车 cfmd
买成都到北京的卧铺 BOOK_TICKET user_departure:成都	user_destination:北京 user_seat_type:卧铺	cfmd
买南京到上海的高铁票	BOOK_TICKET user_departure:南京	user_destination:上海 user_train_type:高铁 cfmd
买周五晚上北京到武汉的卧铺	BOOK_TICKET user_departure_time:周五晚上 user_departure:北京	user_destination:武汉 user_seat_type:卧铺	cfmd
我要明天上午从北京去上海的高铁票	BOOK_TICKET user_departure_time:明天上午 user_departure:北京	user_destination:上海 user_seat_type:高铁	cfmd
买去天津的火车票，今晚的	BOOK_TICKET user_destination:天津 user_train_type:火车 user_departure_time:今晚 cfmd
我要去南京的高铁票，明天上午的	BOOK_TICKET user_destination:南京 user_train_type:高铁	user_departure_time:明天上午	cfmd
要后天下午上海回北京的高铁票 BOOK_TICKET user_departure_time:后天下午 user_departure:上海	user_destination:北京 user_train_type:高铁	cfmd
订北京到上海的高铁票，明天上午的	BOOK_TICKET	user_departure:北京	user_destination:上海
```

```
user_train_type:高铁 user_departure_time:明天上午   cfmd
我要周五北京去天津的动车    BOOK_TICKET user_departure_time:周五 user_departure:北京 user_destination:天津 user_train_type:动车
买北京到南京明晚的高铁票    BOOK_TICKET user_departure:北京   user_destination:南京 user_departure_time:明晚 user_train_type:高铁 cfmd
北京到上海周五晚上的火车    BOOK_TICKET user_departure:北京   user_destination:上海 cfmd
我想订北京到上海周五晚上的高铁    BOOK_TICKET user_departure:北京   user_destination:上海 user_departure_time:周五晚上   user_train_type:高铁 cfmd
北京到上海周五晚上的火车    BOOK_TICKET user_departure:北京   user_destination:上海 user_departure_time:周五晚上   cfmd
```

10.4.5　技能训练

当训练数据全部标注完成后，接下来便是技能训练。可以单击“训练并部署到研发环境”按钮，在模型训练数据中选择标注的样本数据，然后开始训练模型，并将其部署在研发环境中，如图 10.40 所示。

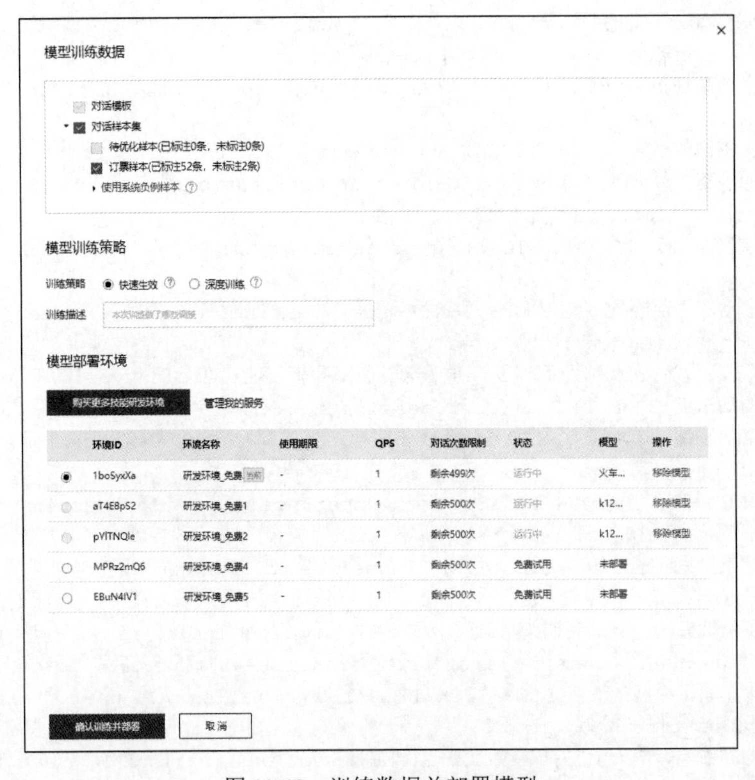

图 10.40　训练数据并部署模型

模型训练完成后，会自动将该模型部署在研发环境中。可以实际体验一下当前的技能，当输入“我想订北京到上海周五晚上的高铁”时，其回复结果如图 10.41 所示。

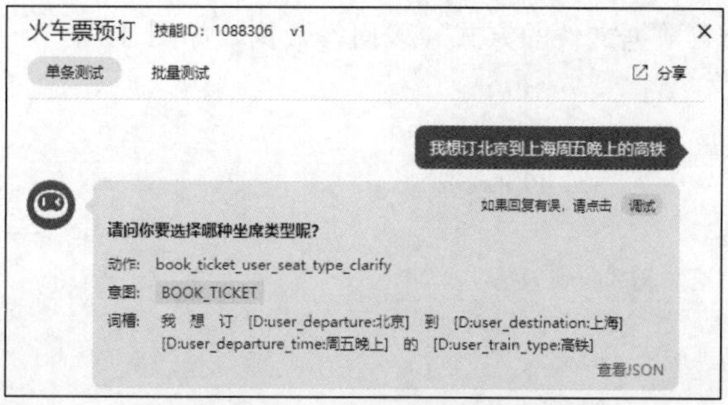

图 10.41　模型训练及部署

10.5　设置常见出行问题咨询技能

完成火车票预订的技能设置后，就需要设置常见出行问题咨询技能，这里采用问答技能来实现。

10.5.1　准备问答数据

首先需要准备问答数据，UNIT 支持两种方式，分别是手动添加问答对及导入数据文件的方式。其中，添加问答对的方式如图 10.42 所示。对于每个标注问题，可以同时给其设置相似问题，同样对于每个问题可以设置多个答案。这里我们问答的数据来源于 12306 官网的常见问题模块。

图 10.42　添加问答数据

同样地，可以通过导入数据文件的方式导入问答数据，如图 10.43 所示。其中问答数据的格式如下：

```
#每条问答数据的标识符
[@faq]
#问题文本描述
@question : 火车票退票怎么收费？
#相似问题文本描述
@question : 退票收费吗？
#答案文本描述
@answer : 开车前 15 天（不含）以上
```

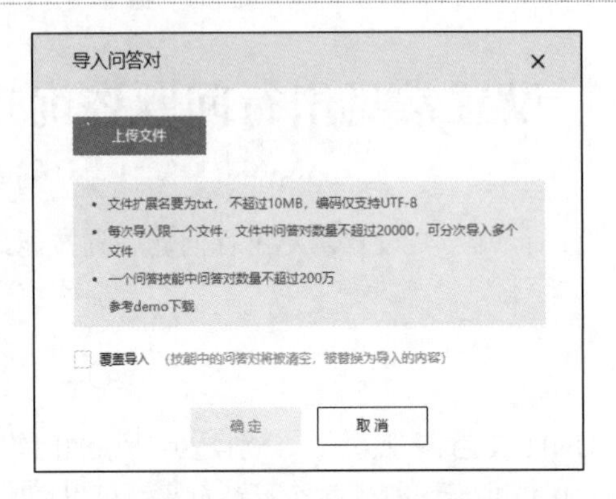

图 10.43　导入问答数据文件

问答数据导入成功后如图 10.44 所示。

图 10.44　问答数据示例

具体问答数据如代码 10.4 所示。

代码 10.4　问答数据

```
[@faq]
@question : 火车票退票怎么收费？
@question : 退票收费吗？
@question : 退票收不收费？
```

@answer ：开车前 15 天（不含）以上退票的，不收取退票费；票面乘车站开车时间前 48 小时以上的按票价 5%计，24 小时以上、不足 48 小时的按票价 10%计，不足 24 小时的按票价 20%计。开车前 48 小时至 15 天期间内，改签或变更到站至距开车 15 天以上的其他列车，又在距开车 15 天前退票的，仍核收 5%的退票费。办理车票改签或“变更到站”时，新车票票价低于原车票的，退还差额，对差额部分核收退票费并执行现行退票费标准。

[@faq]
@question ：退票收费时，给什么报销凭证？
@question ：退票有报销凭证吗？
@answer ：车站售票窗口收取退票费时，出具退票（费）报销凭证。依据国家发票管理有关规定，旅客可用来报销

[@faq]
@question ：如何办理退票？
@answer ：旅客要求退票时，请在票面载明的开车时间前到车站办理，退还全部票价，核收退票费。特殊情况经购票地车站或票面乘车站站长同意的，可在开车后 2 小时内办理。团体旅客请不晚于开车前 48 小时。原票使用现金购票的，应退票款退还现金。原票在铁路售票窗口使用银行卡购票或者在 12306.cn 网站使用在线支付工具购票的，按发卡银行或在线支付工具相关规定，应退票款在规定时间退回原购票时所使用的银行卡或在线支付工具。旅客开始旅行后不能退票。但如因伤、病不能继续旅行时，凭列车开具的客运记录，可退还已收票价与已乘区间票价差额，核收退票费；已乘区间不足起码里程时，按起码里程计算；同行人同样办理。退还带有“行”字戳迹的车票时，请先办理行李变更。开车后改签的车票不退。站台票售出不退。必要时，铁路运输企业可以临时调整退票办法，请咨询当地车站或关注车站公告。

[@faq]
@question ：办理退票时，需提供什么证件？
@answer ：（1）乘车人本人办理的，请提供车票和购票时所使用的本人有效身份证件原件；无法出示本人有效身份证件原件的，请到车站铁路公安制证口办理乘坐旅客列车临时身份证明后，办理退票。（2）代乘车人办理的，请提供车票和购票时所使用的乘车人有效身份证件原件；没有购票时所使用的乘车人有效身份证件原件的，请提供车票及代办人本人的有效身份证件原件和购票时所使用的乘车人有效身份证件复印件。

[@faq]
@question ：如何办理退票？
@answer ：旅客要求退票时，请在票面载明的开车时间前到车站办理，退还全部票价，核收退票费。特殊情况经购票地车站或票面乘车站站长同意的，可在开车后 2 小时内办理。团体旅客请不晚于开车前 48 小时。原票使用现金购票的，应退票款退还现金。原票在铁路售票窗口使用银行卡购票或者在 12306.cn 网站使用在线支付工具购票的，按发卡银行或在线支付工具相关规定，应退票款在规定时间退回原购票时所使用的银行卡或在线支付工具。旅客开始旅行后不能退票。但如因伤、病不能继续旅行时，凭列车开具的客运记录，可退还已收票价与已乘区间票价差额，核收退票费；已乘区间不足起码里程时，按起码里程计算；同行人同样办理。退还带有“行”字戳迹的车票时，请先办理行李变更。开车后改签的车票不退。站台票售出不退。必要时，铁路运输企业可以临时调整退票办法，请咨询当地车站或关注车站公告。

[@faq]
@question ：车票有哪些种类？
@answer ：目前，铁路部门发售有电子客票和纸质车票。（1）电子客票：铁路电子客票是以电子数据形式体现的铁路旅客运输合同的凭证。旅客可通过 www.12306.cn 网站（含铁路 12306 手机 APP，下同）、实施铁路电子客票车站的售票窗口、自动售票机和铁路客票销售代理点（以下简称铁路代售点）购买铁路指定范围内的铁路电子客票旅客应当妥善保管铁路电子客票信息及购票时所使用的有效身份证件，须持购票时所使用的有效身份证件进出站、乘车。（2）纸质车票：主要包括红色底纹的计算机软纸车票；浅蓝色底纹的计算机磁介质车票；列车移动补票机出具的车补票；代用票、区段票、客运运价杂费收据等。

```
[@faq]
@question ：什么是直达票？
@answer ：直达票是指从票面发站至到站有明确车次和席位且不需中转的车票。直达票当日当次有效，中途下车失效。

[@faq]
@question ：什么是异地票、联程票和往返票？
@answer ： 在有运输能力的情况下，旅客可以购买带有席位号的异地票、联程票和往返票。通俗来讲，异地票是指在一个车站购买发站为不同城市的另一个车站的车票。如果从乘车站至目的站没有直接到达的列车时，旅客购买从乘车站到换乘站的车票时，可以同时购买从换乘站至目的站的联程票。往返票是指从乘车站同时购买往程（从乘车站去往目的站）和返程（从目的站返回乘车站）车票。

[@faq]
@question ：去哪里可以购买车票？
@answer ：请到铁路运输企业或其销售代理人的售票处购买火车票。目前，铁路部门提供以下方式：（1）铁路售票窗口，是指铁路车站售票处和铁路客票代售点。(2)铁路车站或指定场所设置的自动售票机。(3)www.12306.cn网站和手机客户端。（4）电话订票。在已经开通电话订票业务的地区，旅客可以先通过电话预订车票，再按规定时间到指定地点支付。（5）在开通铁路乘车卡（如铁路 e 卡通、中铁银通卡、广深铁路牡丹信用卡等）的线路上，旅客可以在申购卡后，持卡进站、乘车。www.12306.cn 是中国铁路客户服务中心官方网站，如通过其他网站办理客票业务出现问题，铁路部门将不予受理。

[@faq]
@question ：如何购买优待（惠）车票？
@answer ：购买儿童票、学生票、残疾军人（含伤残人民警察）优待票、残疾人专用票额车票时，要符合规定的优惠（待）条件，并请提供相关凭证（证明）。

[@faq]
@question ：车票有效期是如何规定的？
@answer ：旅客购票后，请按票面载明的乘车日期、车次乘车。直达票当日当次有效，中途上（下）车未乘区间失效。

[@faq]
@question ：如何购买优待（惠）车票？
@answer ：购买儿童票、学生票、残疾军人（含伤残人民警察）优待票、残疾人专用票额车票时，要符合规定的优惠（待）条件，并请提供相关凭证（证明）。

[@faq]
@question ：为什么有“硬卧代硬座”“软卧代软座”“卧代二等座”车票？
@answer ：为充分发挥铁路运输能力，满足旅客出行需求，部分列车的软、硬卧代作软座（二等座）、硬座使用。

[@faq]
@question ：什么是中铁银通卡？
@answer ： 中铁银通卡是由中铁银通支付有限公司发行的双介质预付卡，可在指定线路上直接刷卡检票乘车，也可以作为普通银行卡用于购票付款。更多信息，请拨打中铁银通公司客户服务热线：4008-368-368。
```

```
[@faq]
@question ：什么是广深铁路牡丹信用卡？
@answer ：广深铁路牡丹信用卡是广深铁路股份公司与中国工商银行联合推出的双介质信用卡，可以在广深线直接刷卡检票乘坐动车组列车，也可以作为普通信用卡使用。

[@faq]
@question ：如何购买站台票？
@answer ：到站台上接送旅客的人员，请购买站台票。部分车站不发售站台票；是否发售站台票，由站长决定。请关注车站公告。
```

10.5.2 训练问答技能

问答数据准备完成后，即可开始训练模型。可以单击技能训练中的“训练并部署到研发环境”按钮，待训练完成并且模型在研发环境中处于“运行中”状态即可测试该技能。该技能的效果展示如图 10.45 所示。

经过测试发现，该技能对于提出的问题可以响应正确的答案。

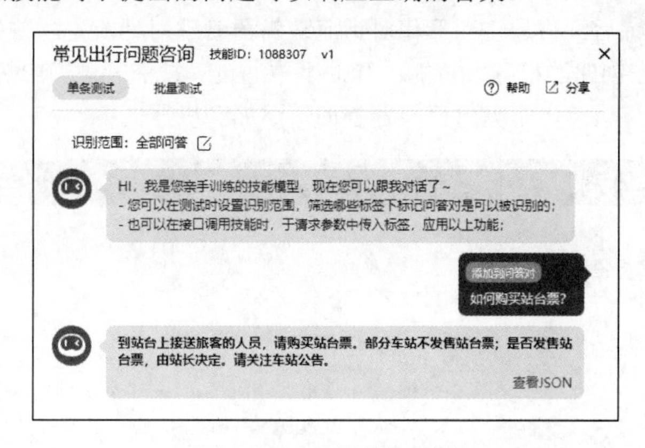

图 10.45 问答技能示例

10.6 设置对话流程

在聊天机器人对话系统中，想要配置一个灵活好用的多轮对话流程，往往需要投入大量的时间和人力。而一个图形可视化的对话流编辑器可以大大提高对话系统配置的效率，并明显提升多轮对话的对话效果，可以极大地帮助开发者降低开发成本。

UNIT 提供了基于聊天机器人的图形化对话流编辑器 TASKFLOW，并内置了包含打断恢复在内的多项能力，开发者只需简单的几步拖曳，即可配置出一个强大的对话流程。

在图形化对话流编辑器中对对话的管理是通过连线和节点来完成的，如图 10.46 所示。其中连线的作用是配置触发条件，当用户输入的话术满足连线所配置的触发条件时，对话流程就会进入连线所连接的节点中。而节点是用于配置聊天机器人的执行动作的，在图形化对话流编辑器中提供了多种节点类型，包括对话答复、肯定否定的判断、词槽收集、资源调用、变量控制及自定义等节点。当流程进入节点，就会执行节点所配置的相应动作。

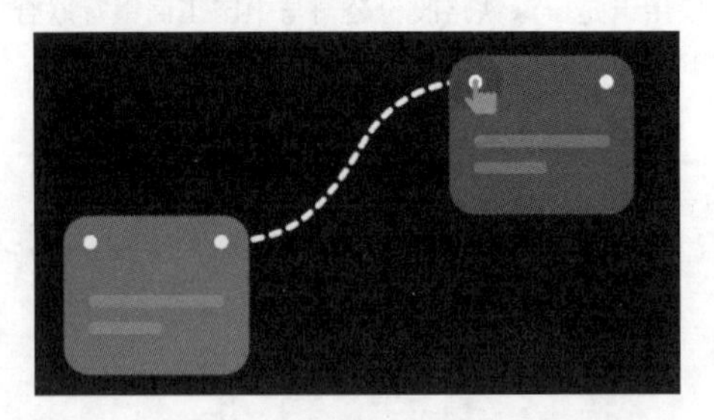

图 10.46　图形化对话流编辑器中的连线与节点

通过添加连线与节点，开发者可以精准把控每一步的对话流程，从而实现复杂场景下的对话过程。这主要表现在用户可以在图形化对话流编辑器中通过任意拖曳来移动并调整节点位置，方便其对对话流程进行调整。同时通过连接线连接不同的卡片，对于每个卡片可以进入详情配置页面对其进行更精细的配置。

完成技能的全部训练后，将通过图形化对话流编辑器管理对话流程。首先将技能添加到机器人中，如图 10.47 所示。在创建的机器人智能出行助手中通过“技能管理”中的“添加技能”，将前面创建的技能“火车票预订”及“常见出行问题咨询”添加到机器人中。

图 10.47　给 UNIT 机器人添加技能

10.6.1　创建词槽收集节点

进入对话流程页面，当前页面中只有一个开始的节点和左侧的节点列表，可以单击左边的任意节点并将其拖曳到空白区域。这里选择拖曳一个词槽收集节点并将这两个节点通过连线连接起来，如图 10.48 所示。

先配置一个主流程，主流程即根据用户输入的全部订票意图所需的词槽信息，最终完成预订火车票的任务。首先双击连线对其进行设置，将“节点名称”修改为 BOOKING，然后单击“添加规则”按钮，对其进行具体设置，如图 10.49 所示。

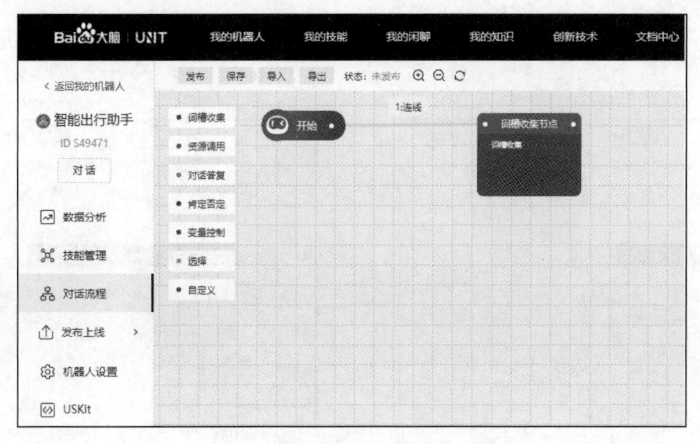

图 10.48 新建对话流程节点

注意：

在内容中的值需要与技能中的意图名保持一致，否则无法正常进入对话流程。

收集词槽信息。可以先收集用户的出发地信息。首先双击词槽收集节点，为了便于查看及后期维护，将该节点名称修改为“收集出发地信息”，然后词槽选择 user_departure，并设置询问话术为“好的，请问您要从哪里出发呢？”。对于询问次数可以使用默认的次数，询问次数是指当系统询问该词槽时，如果系统对用户输入的信息无法理解，没有获取到词槽信息，那么系统的最大询问次数，到这里一个对话节点便设置好了，如图 10.50 所示。

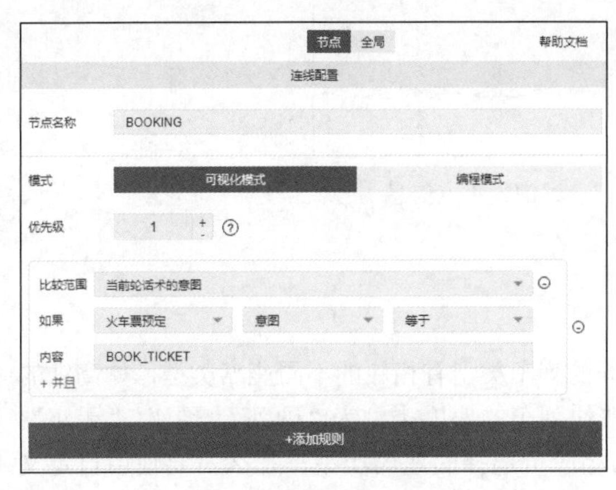

图 10.49 设置连线内容

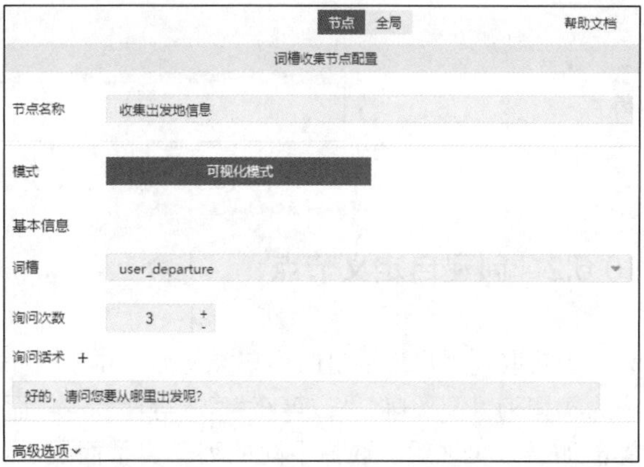

图 10.50 配置出发地信息词槽收集点信息

获取到用户的出发地信息后，优先询问用户出行的目的地，使用同样的方法配置目的地信息，其话术设置内容为“好的，请问您的目的地是哪里呢？”，如图 10.51 所示。

获取到用户的目的地信息后，就需要询问用户的出行时间。我们使用同样的方法来配置出发时间信息词槽，其话术设置内容为“好的，请问您打算什么时候出发呢？”，如图 10.52 所示。

当获取到用户出行的时间后，进一步获取用户更精细化的信息，这里先询问用户想乘坐的列车类型。使用同样的方法配置列车类型信息，其话术设置内容为“请问您想预订哪种列车类型呢？

当前有高铁、动车、城铁、直达、特快、快速列车、临时列车及普快列车供您选择。”，如图 10.53 所示。

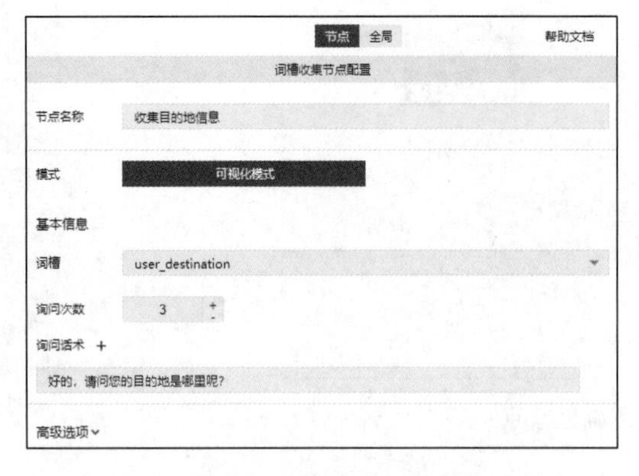

图 10.51　配置目的地信息词槽收集点信息

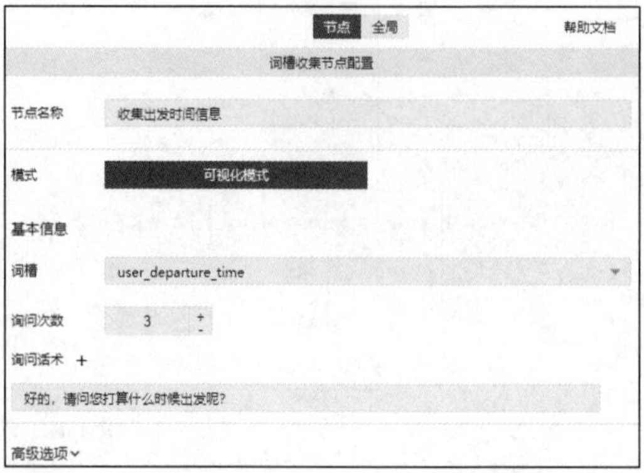

图 10.52　配置出发时间信息词槽收集点信息

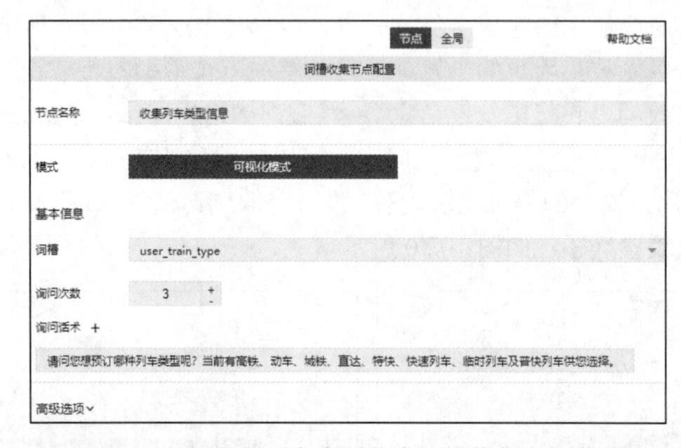

图 10.53　配置列车类型信息词槽收集点信息

10.6.2　创建自定义节点

当获取到用户想乘坐的列车类型后，由于对不同的列车类型有相应的不同座席类型，如高铁的座席类型为“商务座”“一等座”“二等座”等，而普快列车的座席类型为“硬卧”“硬座”“无座”等，如果想实现对于选择不同的列车类型而展示其相应可选择的座席类型，那么需要使用自定义节点。

在列车类型信息节点后拖曳一个自定义节点，由于这个节点的主要功能是帮助我们组装相应的话术，因此将其命名为“组装话术”，然后在编程模式下完成代码 10.5。

注意：

UNIT 考虑到业务的复杂需求，TaskFlow 提供了节点编程机制，编程语言为 Python，目前支持 2.7.3 及以上版本，其中对于中文的编码推荐使用 Unicode。

代码 10.5　自定义节点

```
def process():
    # 设置列车类型与座席类型的对应关系
    train_type_to_seat_type = {
        u'高铁':[u'特等座',u'商务座',u'一等座',u'二等座'],
        u'动车':[u'特等座',u'商务座',u'一等座',u'二等座'],
        u'城铁':[u'商务座',u'一等座',u'二等座'],
        u'直达':[u'高级软卧',u'软卧',u'硬卧',u'硬座'u'无座'],
        u'特快':[u'高级软卧',u'软卧',u'硬卧',u'硬座'u'无座'],
        u'快速列车':[u'高级软卧',u'软卧',u'硬卧',u'硬座'u'无座'],
        u'临时列车':[u'软卧',u'硬卧',u'硬座'u'无座'],
        u'普快':[u'硬卧',u'硬座'u'无座']
    }
    #获取列车类型信息
    slot_name = 'user_train_type'
    #如果在上一轮对话中获取到列车信息
    if svc_slots.has_slots(slot_name):
        #对词槽信息做归一化
        user_train_type = svc_slots[slot_name][0].normalized_word
        #对于当前获取到的不同列车信息组装不同的话术答复
        svc_vars['train_type_reply'] = u'好的，%s 有%s'%(user_train_type,u'、
'.join(train_type_to_seat_type[user_train_type]))
```

在上面的自定义节点中，我们使用 svc_slots 来接收上一个节点列车信息的结果。对于不同的列车类型，通过查询 train_type_to_seat_type 中存储的信息，获取其相应的座席信息，最终将重新组装的话术保存在全局变量 train_type_reply 中。

注意：

自定义节点的方法名为固定的 process()方法，同时最终的结果不需要使用关键字 return 进行返回。

在添加自定义节点后，接下来需要询问用户想选择的座席类型。这里使用上面的方法继续拖曳一个词槽收集节点，使用同样的方法进行配置，其话术设置内容为“{$train_type_reply}，请问您要选哪种座席类型呢？”，如图 10.54 所示。

注意：

这里采用{$train_type_reply}，可以直接获取在自定义节点中的结果。

在获取用户选择的座席类型信息后，接下来需要询问用户所需要的车票类型信息，确定用户所有预订车票的类型。这里使用上面的方法继续拖曳一个词槽收集节点，使用同样的方法进行配置，其话术设置内容为“好的，请问您想预订哪种车票类型呢？当前有成人票，如果您是学生、老人及儿童可以选择半价票，现役军人及残疾人可以选择免费票。”，如图 10.55 所示。

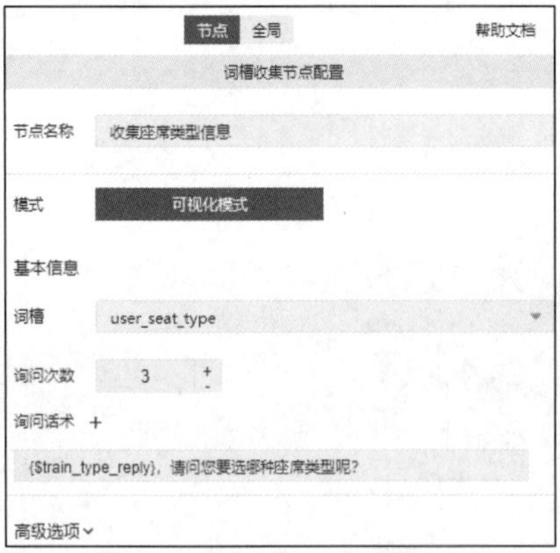

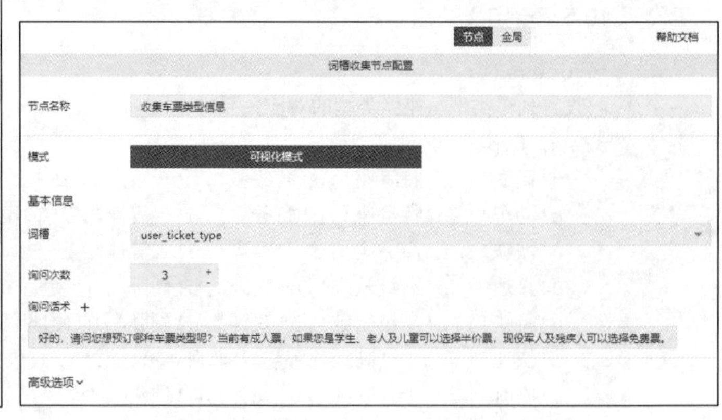

图 10.54　配置座席类型信息词槽收集点信息

图 10.55　配置车票类型信息词槽收集点信息

10.6.3　创建变量控制节点

当获取到用户想预订车票的类型后，一般需要进一步确定用户车票预订的数量。在实际预订车票的场景中，用户大部分情况下所选择的车票数量为一张，那么可以将车票数量默认设置为 1，这样在用户没有特定说明车票数量的情况下，机器人会将车票数量的词槽进行自动填充。这样的好处是减少对用户进行信息询问的次数，使用较少轮次的交互即可完成目标任务。

这里使用变量控制节点来设置车票数量的词槽，首先在车票类型的词槽收集节点后拖曳一个变量控制节点，将节点名称设置为“设置默认车票数量”，并在“新增词槽值”选项组中将 user_ticket_num 的默认值设置为 1。具体配置信息如图 10.56 所示。

配置好车票数量词槽后，需要将车票类型信息收集节点与车票数量信息收集节点之间的联系进行设置，使只有在用户没有对该词槽进行设置的情况下，才会使用该节点对其进行默认设置。我们将“比较信息”设置为“词槽信息（上下轮）”，将条件设置为当 user_ticket_num 为“未填充”的状态时，进入该节点。具体配置信息如图 10.57 所示。

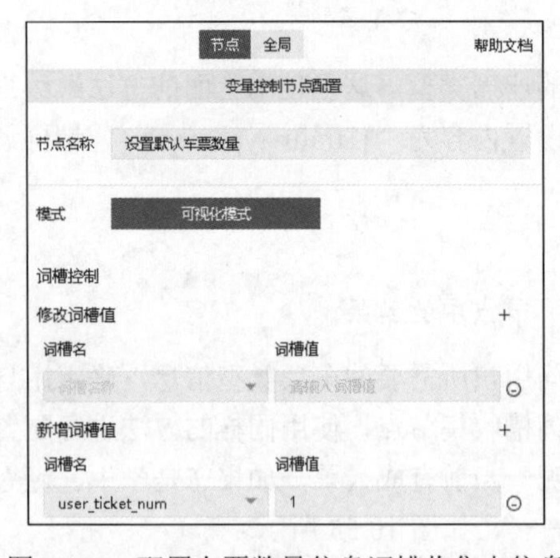

图 10.56　配置车票数量信息词槽收集点信息

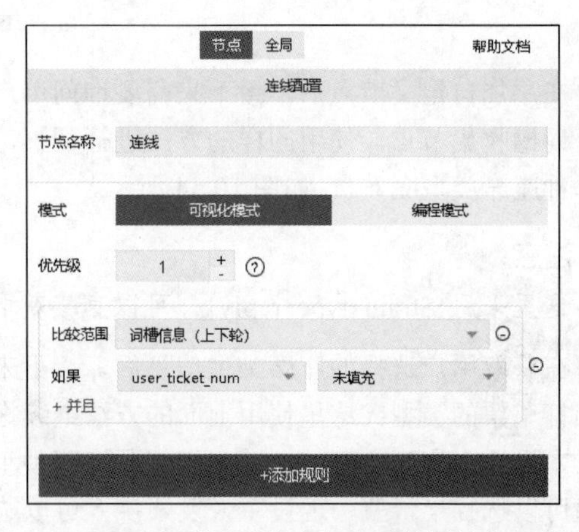

图 10.57　配置车票类型节点与车票数量节点间的连线

10.6.4 创建肯定否定节点

当获取到全部词槽信息后，一般需要将前面收集到的信息展示给用户进行最终确认。这样做的好处是防止前期用户错误的输入信息导致机器人最终执行了错误的动作，使用户可以对错误的词槽信息进行更正，同时还可以提高机器人完成任务的效率。

这里使用肯定否定节点来展示用户已经输入的词槽信息，同时让用户确认该信息是否正确。首先在车票类型的词槽收集节点后拖曳一个肯定否定节点，将节点名称设置为“确认订单信息”，并将“询问话术”设置为“好的，您当前预订了从{@user_departure.normal}到{@user_destination.normal}的{@user_train_type.normal}{@user_seat_type.normal}{@user_ticket_type.normal}，出行时间为{@user_departure_time.normal}，请核对信息是否正确。”

注意：

在节点中可以使用{@词槽名.normal}来获取相应词槽值。

然后将“获取肯否结果”选项的“赋值给变量”设置为confirm_result，这样用户关于词槽信息的确认信息如“是”“正确”“否”等关键词将会保存在变量confirm_result中。具体配置信息如图10.58所示。

当设置好肯定否定节点后，需要将车票数量信息设置节点直接连接到该节点上，而车票类型信息收集节点与该节点的连接需要单独进行设置，需要将“比较范围”设置为“词槽信息（上下轮）”，当user_ticket_num为“已填充”状态时，将直接进入该节点。具体设置如图10.59所示。

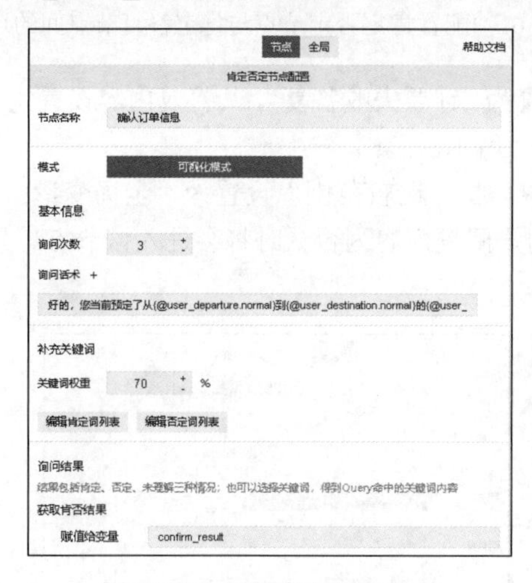

图10.58 配置肯定否定节点

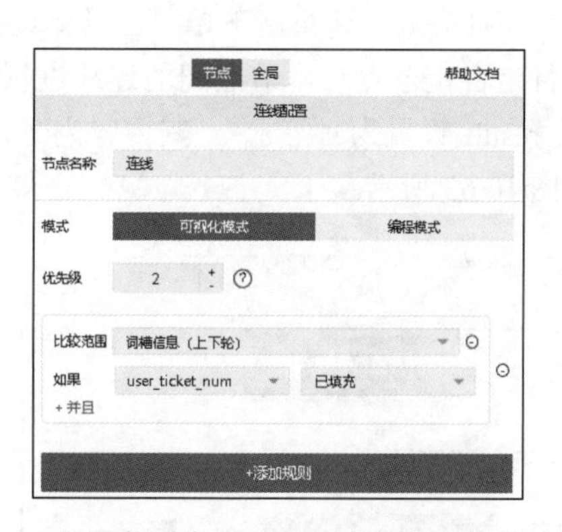

图10.59 配置车票类型节点与肯定否定节点间的连线

10.6.5 创建对话答复节点

当用户对上一个节点作出回复后，机器人即可执行相应的动作来完成任务，并将任务完成情况反馈给用户，这里将不做实际的操作（如读写数据库、发送订票请求等），而是直接通过一个对话答复节点将信息反馈给用户。读者可以根据实际需要，利用 UNIT 完成具体的任务，在此不再赘述。

这里采用对话答复节点来完成，用户对于上一个节点的回复可以分为两类，分别是肯定回复和否定回复。如果是肯定回复的情况，那么表示本次订票任务成功完成；如果是否定回复的情况，那么表示本次订票任务失败。因此，在上一个节点后面拖曳两个对话答复节点。

对于肯定的对话答复节点，将节点名称设置为“订票成功答复”，其答复内容设置为“好的，您的车票已经购买成功，请及时查收订单信息，祝您出行顺利。”。具体设置如图 10.60 所示。

同时，也需要将肯定否定节点与本节点间的连线进行设置，具体设置如图 10.61 所示，其中“比较范围”设置为“全局变量”，将 confirm_result 设置为“等于”，其内容为 yes，这样当用户回复内容为确认时将会进入该节点。

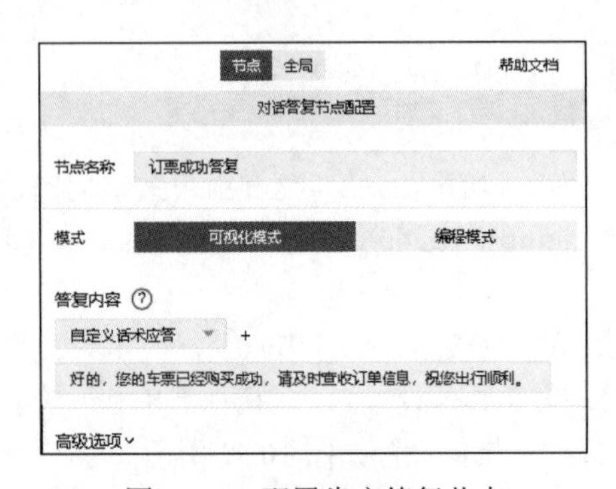

图 10.60　配置肯定答复节点

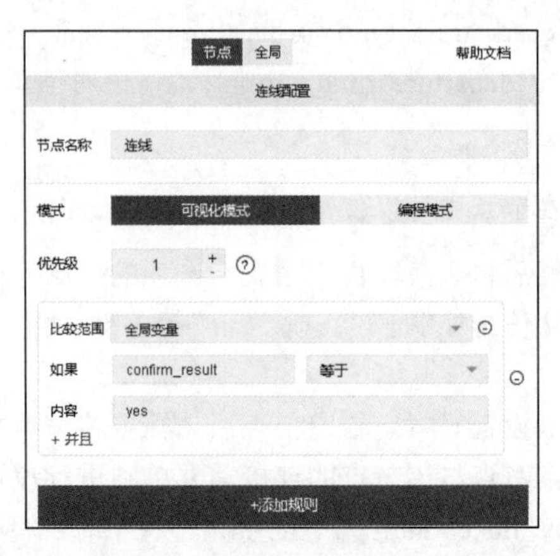

图 10.61　配置肯定否定节点与肯定答复节点间的连线

同样地，对于否定的对话答复节点，将节点名称设置为“订票失败答复”，其答复内容设置为“抱歉，车票预订失败，请重新下单。”。具体设置如图 10.62 所示。

将肯定否定节点与本节点间的连线进行设置，其中，将“比较范围”设置为“全局变量”，将 confirm_result 设置为“等于”，其内容为 no，这样当用户回复内容为否认时将会进入该节点。具体设置如图 10.63 所示。

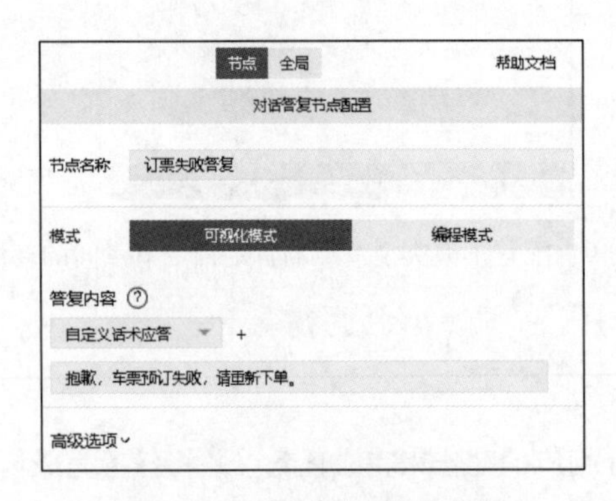

图 10.62　配置否定答复节点

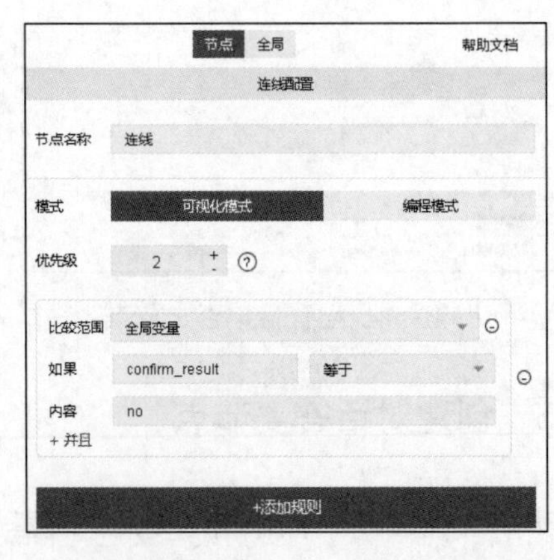

图 10.63　配置肯定否定节点与否定答复节点间的连线

为了让机器人在对话过程中可以同时回答一些常见的出行问题，可以在上面的基础上加入一个常见出行问题咨询的问答技能，具体设置如图 10.64 所示。

首先将节点名称设置为“问答答复”，“答复内容”设置为“使用技能应答”，将其选项设置为“常见出行问题咨询”技能。

为了使用户在使用常见出行问答咨询技能后可以恢复到原对话流程，需要将问答技能“高级选项”中的“当前节点是否支持恢复到原流程”选项设置为“是”。

然后将该节点连接到“开始”节点，其连线设置如图 10.65 所示。其中，将“比较范围”设置为“当前轮话术的意图”，在“常见出行问题咨询”右侧的下拉列表框中选择“问答对 ID”，条件为“不为空”。

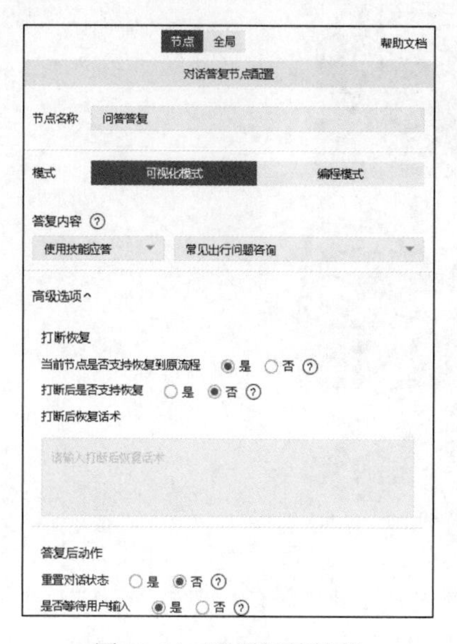

图 10.64 配置问答技能

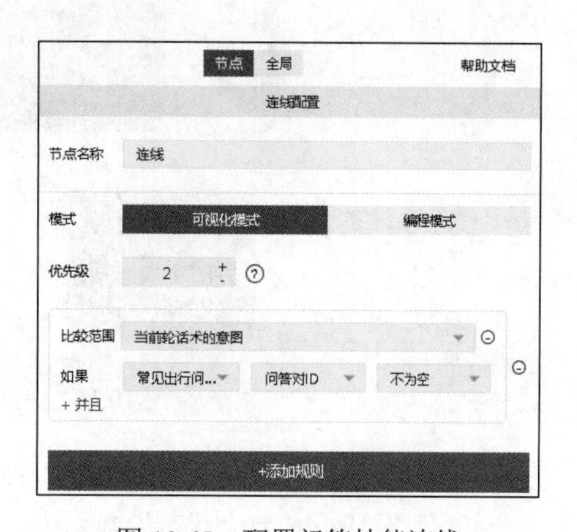

图 10.65 配置问答技能连线

10.6.6 设置对话流程

当全部节点均设置完成后，对话流程即全部设置完成，如图 10.66 所示。

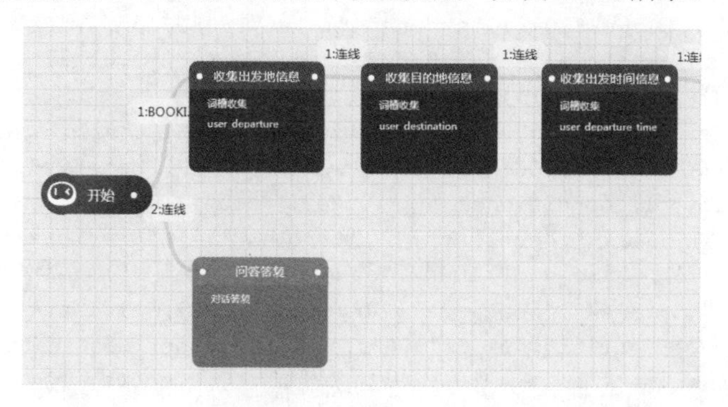

图 10.66 完整对话流程

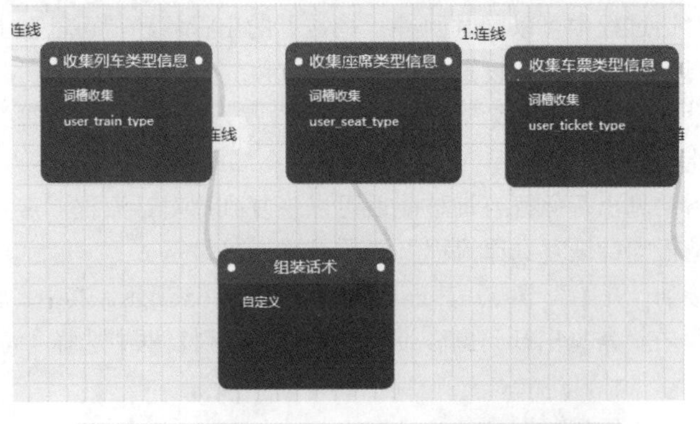

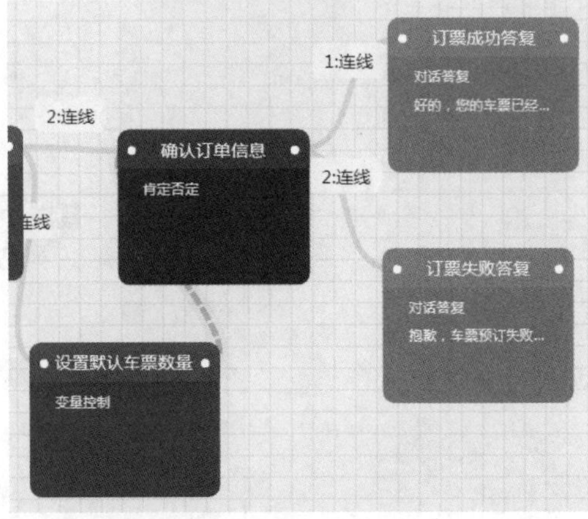

图 10.66　完整对话流程（续）

设置完对话流程后，接下来单击“保存”按钮，将该对话流程进行保存，然后单击“发布”按钮，将其发布到研发环境，当“状态”显示为“运行中”时，即可以进行对话测试。

该对话流程同样可以导出为 json 格式的文件，并通过导入 json 文件的方式来创建完成的对话流程。以上对话流程导出结果如代码 10.6 所示。

代码 10.6　对话流程

```
[{"node_id":10000,"node_name":"收集出发地信息","node_type":"slot_filling","code":
"","abscissa":41.645848630701,"ordinate":-106.18983819553,"filling_mode":
"sequential","slots":[{"slot_name":"user_departure","slot_alias":"出发地",
"say_list":["好的，请问您要从哪里出发呢？"],"recover_say_list":[],"say_mode":
"sequential","forced_filling":false,"clarify_times":3}],"recoverable":true},{"node
_id":10001,"node_name":"BOOKING","node_type":"link","code":"","abscissa":0,"ordi
nate":0,"priority":1,"conditions":[[{"range":["slu","1088306","intent"],"target":
"intent","mode":"equals","content":"BOOK_TICKET"}]],"previous_node":-1,
"next_node":10000},{"node_id":10002,"node_name":"收集目的地信息","node_type":
"slot_filling","code":"","abscissa":208.61664920831,"ordinate":-105.24299464825,
"filling_mode":"sequential","slots":[{"slot_name":"user_destination","slot_alias":
"目的地","say_list":["好的，请问您的目的地是哪里呢？"],"recover_say_list":[],
"say_mode":"sequential","forced_filling":true,"clarify_times":3}],"recoverable":
```

```
true},{"node_id":10003,"node_name":"连线","node_type":"link","code":"",
"abscissa":0,"ordinate":0,"priority":1,"conditions":[[{"range":["dialog","",""],
"target":"user_departure","mode":"filled","content":""}]],"previous_node":10000,
"next_node":10002},{"node_id":10004,"node_name":"收集出发时间信息","node_type":
"slot_filling","code":"","abscissa":383.03511118231,"ordinate":-105.35638238982,
"filling_mode":"sequential","slots":[{"slot_name":"user_departure_time","slot_
alias":"出发时间","say_list":["好的，请问您打算什么时候出发呢？"],"recover_say_list":[],
"say_mode":"sequential","forced_filling":true,"clarify_times":3}],"recoverable":
true},{"node_id":10005,"node_name":"连线","node_type":"link","code":"",
"abscissa" :0,"ordinate":0,"priority":1,"conditions":[],"previous_node":10002,
"next_node":10004},{"node_id":10006,"node_name":"收集列车类型信息","node_type":
"slot_filling","code":"","abscissa":546.6958504219,"ordinate":-102.63251965719,
"filling_mode":"sequential","slots":[{"slot_name":"user_train_type","slot_alias":
"列车类型","say_list":["请问您想预订哪种列车类型呢？当前有高铁、动车、城铁、直达、特快、快速
列车、临时列车及普快列车供您选择。"],"recover_say_list":[],"say_mode":"sequential",
"forced_filling":true,"clarify_times":3}],"recoverable":true},{"node_id":10007,
"node_name":"收集座席类型信息","node_type":"slot_filling","code":"","abscissa":
734.00371874791,"ordinate":-101.53786226948,"filling_mode":"sequential","slots":
[{"slot_name":"user_seat_type","slot_alias":"座席类型","say_list":["{$train_type_
reply}，请问您要选哪种座席类型呢？"],"recover_say_list":[],"say_mode":"sequential",
"forced_filling":true,"clarify_times":3}],"recoverable":true},{"node_id":10008,"
node_name":"连线","node_type":"link","code":"","abscissa":0,"ordinate":0,
"priority":1,"conditions":[],"previous_node":10004,"next_node":10006},{"node_id":
10010,"node_name":"收集车票类型信息","node_type":"slot_filling","code":"",
"abscissa":899.37938983938,"ordinate":-98.921332895459,"filling_mode":
"sequential","slots":[{"slot_name":"user_ticket_type","slot_alias":"车票种类
","say_list":["好的，请问您想预订哪种车票类型呢？当前有成人票，如果您是学生、老人及儿童可以选
择半价票，现役军人及残疾人可以选择免费票。"],"recover_say_list":[],"say_mode":
"sequential","forced_filling":true,"clarify_times":3}],"recoverable":true},{"node
_id":10012,"node_name":"连线","node_type":"link","code":"","abscissa":0,
"ordinate":0,"priority":1,"conditions":[],"previous_node":10007,"next_node":10010},
{"node_id":10014,"node_name":"组装话术","node_type":"none","code":"def
process():\n\t# 设置列车类型与座席类型的对应关系\n\ttrain_type_to_seat_type =
{\n\t\tu'高铁':[u'特等座',u'商务座',u'一等座',u'二等座'],\n\t\tu'动车':[u'特等座',u'商
务座',u'一等座',u'二等座'],\n\t\tu'城铁':[u'商务座',u'一等座',u'二等座'],\n\t\tu'直达':
[u'高级软卧',u'软卧',u'硬卧',u'硬座'u'无座'],\n\t\tu'特快':[u'高级软卧',u'软卧',u'硬卧', u'硬
座'u'无座'],\n\t\tu'快速列车':[u'高级软卧',u'软卧',u'硬卧',u'硬座'u'无座'],\n\t\tu'临时
列车':[u'软卧',u'硬卧',u'硬座'u'无座'],\n\t\tu'普快':[u'硬卧',u'硬座'u'无座']\n\t}\n\t
#获取列车类型信息\n\tslot_name = 'user_train_type'\n\t#如果在上一轮对话中获取到列车信息
\n\tif svc_slots.has_slots(slot_name):\n\t\t#对词槽信息做归一化
\n\t\tuser_train_type = svc_slots[slot_name][0].normalized_word\n\t\t#对于当前获取
到的不同列车信息组装不同的话术答复\n\t\tsvc_vars['train_type_reply'] = u'好的，%s
有%s'%(user_train_type,u'、'.join(train_type_to_seat_type[user_train_type]))\t",
"abscissa":682.59652434156,"ordinate":50.167285102861,"process":[]},{"node_id":
10015,"node_name":"连线","node_type":"link","code":"","abscissa":0,"ordinate":0,
"priority":1,"conditions":[],"previous_node":10006,"next_node":10014},{"node_id":
10016,"node_name":"连线","node_type":"link","code":"","abscissa":0,"ordinate":0,
```

"priority":1,"conditions":[],"previous_node":10014,"next_node":10007},{"node_id":
10019,"node_name":"问答答复","node_type":"reply","code":"","abscissa": 45.858868556996,
"ordinate":77.896984475658,"process":[{"action_option":"relay","say_list":[],"re
lay_skill_id":"1088307"}],"wait_for_input":true,"recoverable":false,"recover_to_
interrupted":true,"recover_say_list":[],"session_reset":false},{"node_id":10020,
"node_name":"连线","node_type":"link","code":"","abscissa":0, "ordinate":0,
"priority":2,"conditions":[[{"range":["slu","1088307","intent"],"target":"qid",
"mode":"not_empty","content":""}]],"previous_node":-1, "next_node": 10019},
{"node_id":10021,"node_name":"设置默认车票数量", "node_type":"control", "code":"",
"abscissa":1034.5348720653,"ordinate": 46.873639059446,"process":[{"control_type":
"add_slot","control_param":"user_ticket _num","assign_type":"string",
"assign_value":"1"}]},{"node_id":10022,"node_name": "连线","node_type":"link",
"code":"","abscissa":0,"ordinate":0,"priority":1, "conditions":[[{"range":
["dialog","",""],"target":"user_ticket_num","mode":"unfilled","content":""}]],"p
revious_node":10010,"next_node":10021},{"node_id":10023,"node_name": "确认订单信息",
"node_type":"yes_no","code":"","abscissa": 1097.1922785341,"ordinate":-95.893182871888,
"process":[{"inquiry_times":3, "say_mode":"random","say_list":["好的，您当前预订了
从{@user_departure.normal}到{@user_destination.normal}的{@user_train_type.normal}
{@user_seat_type.normal} {@user_ticket_type.normal}，出行时间为{@user_departure_
time.normal}，请核对信息是否正确。"],"recover_say_list":[],"match_threshold":70,
"yes_dict":[],"no_dict":[], "continue_wander":true,"result_var": "confirm
_result","match_words":""}],"recoverable":true},{"node_id":10025,"node_name":"订
票成功答复","node_type":"reply", "code":"","abscissa":1283.1874101028,"ordinate":-
171.32917258847,"process": [{"action_option":"custom","say_list":["好的，您的车票已
经购买成功，请及时查收订单信息，祝您出行顺利。"],"relay_skill_id":""}],"wait_for_ input":
true,"recoverable":true, "recover_to_interrupted":true,"recover_say_list":[],
"session_reset":false},{"node_id":10026,"node_name":"连线","node_type":"link",
"code":"","abscissa":0, "ordinate":0,"priority":1,"conditions":[[{"range":
["contexts","",""],"target":"confirm_result","mode":"equals","content":"yes"}]],
"previous_node":10023,"next_node":10025},{"node_id":10027,"node_name":"连线
","node_type": "link","code":"", "abscissa":0,"ordinate":0,"priority":2,
"conditions":[[{"range":["dialog","",""],"target":"user_ticket_num","mode":"filled",
"content":""}]],"previous_node":10010,"next_node":10023},{"node_id":10028,"node_
name":"连线","node_ type":"link", "code":"","abscissa":0,"ordinate":0,"priority":1,
"conditions":[],"previous_node":10021,"next_node":10023},{"node_id":10029,"node_
name":"订票失败答复","node_type": "reply","code":"","abscissa":1279.0064117753,
"ordinate":-16.054999834341,"process": [{"action_option":"custom","say_list":["抱
歉，车票预订失败，请重新下单。"],"relay _skill_id":""}],"wait_for_input":true,
"recoverable":true, "recover_to_interrupted": true,"recover_say_list":[],"session
_reset":false},{"node_id":10030,"node_name":"连线","node_type":"link","code":"",
"abscissa":0, "ordinate":0,"priority":2, "conditions":[[{"range":["contexts","",
""],"target":"confirm_result","mode":"equals","content":"no"}]],"previous_node":
10023,"next_node":10029},{"node_id":-9999,"node_name":"失败","node_type":"reply",
"code":"", "abscissa":0, "ordinate":0, "process":[{"action_option":"custom", "say
_list":["我不知道该怎么答复您"], "relay_skill _id":""}],"wait_for_input":true,
"recoverable":false, "recover_to_interrupted": false,"recover_say_list":[],
"session_reset":false},{"node_id":-1,"node_name":"前置","node_type":"none",
"code":"def process():\n\t# TODO\ n\tpass","abscissa":0,"ordinate":0,"process":[]}]

10.7　智能出行助手效果展示

下面使用已经发布到研发环境的智能出行助手进行效果展示，可以直接通过对话窗口、访问机器人对话 API 接口进行对话测试。

10.7.1　对话窗口测试

本节将使用对话窗口测试一个完整的对话流程，具体测试过程如图 10.67 所示。

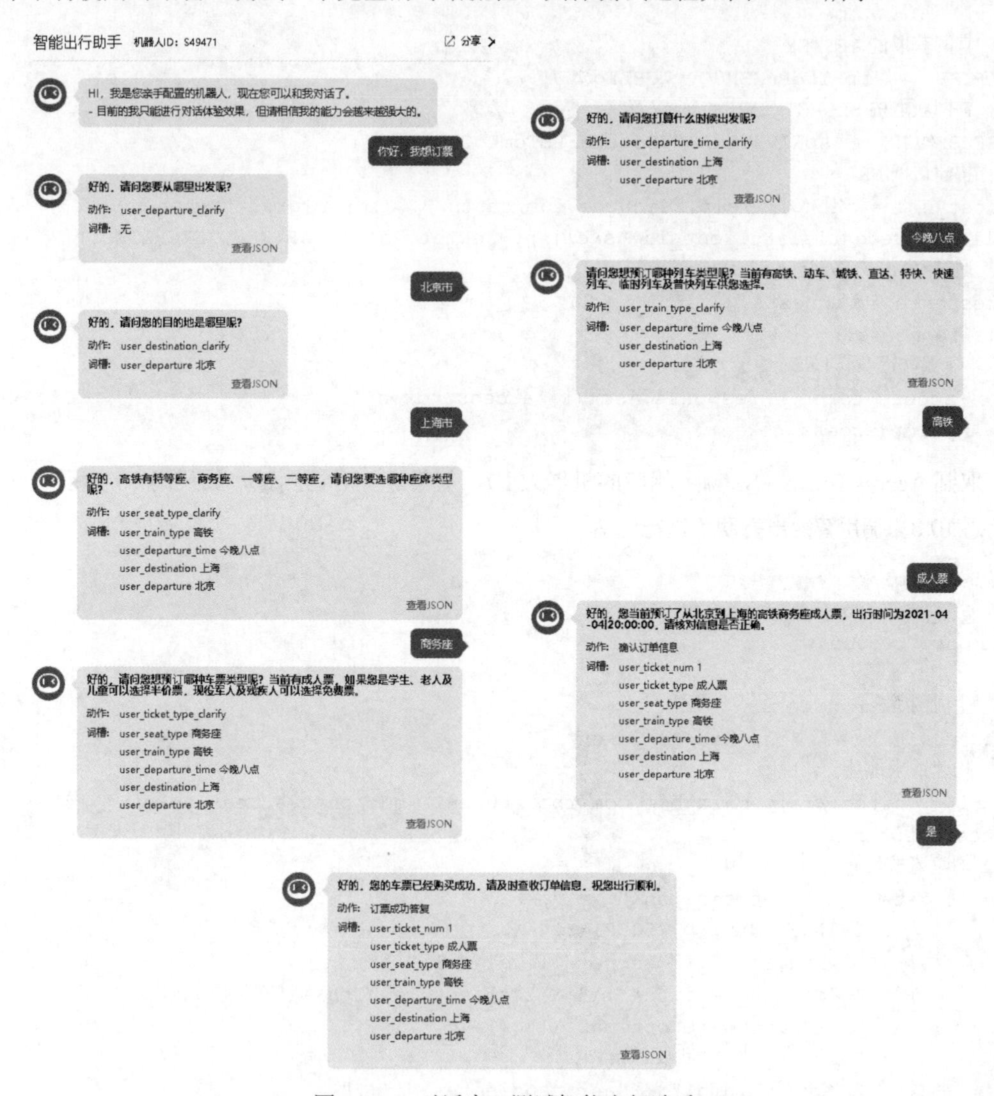

图 10.67　对话窗口测试智能出行助手

10.7.2 访问机器人对话 API 接口测试

除了通过对话窗口的方式直接进行测试外，还可以通过访问机器人对话 API 接口的方式来进行测试。首先通过在百度开发平台创建及查看相应的 API Key 与 Secret Key，当前推荐的方式是先根据 API Key 与 Secret Key 生成 Access Token。其中生成 Access Token 的方法如代码 10.7 所示。

代码 10.7 生成 Access Token

```
#!/usr/bin/env python
# _*_ coding:utf-8 _*_
import requests

# 官网获取的 APIKEY
APIKEY = 'sp9Y5dPn3BH8QvvWGBLFgQVU'
# 官网获取的 SECRETKEY
SECRETKEY = 'ApK1v3YExBGCVSsezhHrPETdmIoCGWGV'
# 构建访问 URL
host_url = 'https://aip.baidubce.com/oauth/2.0/token?grant_type=
client_credentials&client_id=%s&client_secret=%s' % (APIKEY, SECRETKEY)
# 通过 GET 方式发送 requests 请求
response = requests.get(host_url)
if response:
    # 解析返回的 access_token
    access_token = response.json()['access_token']
    print(access_token)
```

获取到 Access Token 后，调用相应的机器人 ID，与其进行对话测试，如代码 10.8 所示。

代码 10.8 调用智能出行助手进行对话

```
#!/usr/bin/env python
# _*_ coding:utf-8 _*_
import requests

# 生成的 Access Token
access_token = Your Access Token
# 构建请求地址
url = 'https://aip.baidubce.com/rpc/2.0/unit/bot/chat?access_token=' +
access_token
# 构建请求数据
post_data = "{\"bot_session\":\"\"," \
            "\"log_id\":\"7758521\"," \
            "\"request\":{\"bernard_level\":1," \
            "\"client_session\":\"{\\\"client_results\\\":\\\"\\\"," \
            "\\\"candidate_options\\\":[]}\"," \
            "\"query\":\"我要订票\"," \
            "\"query_info\":{\"asr_candidates\":[]," \
```

```
        "\"source\":\"KEYBOARD\",\"type\":\"TEXT\"}," \
        "\"updates\":\"\",\"user_id\":\"88888\"}," \
        "\"bot_id\":\"1088306\",\"version\":\"2.0\"}".encode('utf-8')
# 构建 header 信息
headers = {'content-type': 'application/x-www-form-urlencoded'}
# 通过 POST 方式发送请求
response = requests.post(url, data=post_data, headers=headers)
if response:
    # 解析对话内容
    res = response.json()["result"]["response"]["action_list"][0]['say']
    print('智能出行助手：', res)
```

返回结果如下：

```
智能出行助手： 请问您要从哪里出发呢？
```

此外，还可以将机器人接入微信公众号，通过公众号对机器人进行快速测试，在此不再赘述，感兴趣的读者可以通过官方提供的文档进行接入测试。

第 11 章

快速搭建一个“夸夸”闲聊机器人

通过前面的学习，我们已经学习了常见的聊天机器人类型及原理并实际动手完成了相应的聊天机器人。

本章将学习聊天机器人中的最后一种常见类型，也就是闲聊机器人，并通过实际的代码示例展示闲聊机器人两种常见的实现思路，分别是检索式闲聊机器人与生成式闲聊机器人。

本章主要涉及的知识点如下：

- 闲聊机器人介绍。
- 检索式闲聊机器人的原理及实现。
- 生成式闲聊机器人的原理及实现。

11.1 闲聊机器人介绍

11.1.1 什么是闲聊机器人

闲聊是指交互双方在没有明确的交互目的情况下，不局限于特定的领域所进行的交互行为。闲聊机器人是指具有闲聊功能的聊天机器人，主要用来满足抚慰用户情感、满足用户的情感倾诉与宣泄及用户娱乐的需求。在日常生活中遇见的聊天机器人一般都属于闲聊机器人。如图 11.1 所示为一个典型的闲聊对话场景。

注意：

下文统一用闲聊机器人来代指具有闲聊功能的聊天机器人。

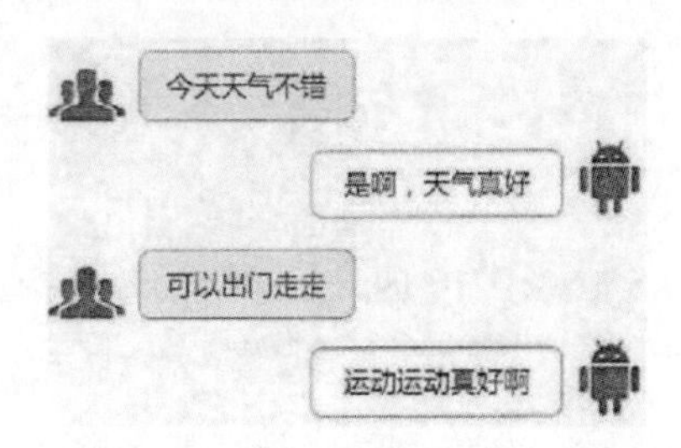

图 11.1　典型的闲聊对话场景

11.1.2 闲聊机器人的应用

当前市面上许多成熟的聊天机器人产品都集成了闲聊功能，这些具有闲聊功能的机器人广泛应用于社交媒体、儿童陪伴、游戏娱乐、教育医疗等场景。如图 11.2 所示的儿童故事机可以陪伴儿童，具有给孩子讲笑话、讲故事、玩成语接龙等闲聊功能。如图 11.3 所示的银行客服机器人也可以与客户进行闲聊对话，并完成一些常见问题的咨询服务。

图 11.2　儿童故事机

图 11.3　银行客服机器人

11.1.3 闲聊机器人的实现方式

闲聊机器人的实现方式主要有三种，分别是基于规则的方式（rule-based）、基于检索式的方式（retrieval-based）以及基于生成式的方式（generative-based）。

其中，最简单的方式就是基于规则的方式，这种方法需要预先设置不同的响应规则来处理不同的用户输入。例如，可以设置这样的规则：当用户输入“你好”的问候语时，那么闲聊机器人同样返回“你好”。这样当我们检测到用户输入后，通过对用户输入的文本进行分析，即可选择相应的规则进行处理，并给予预先设置的回复内容。

基于规则的方式虽然方法简单，但是效果明显且对话结果可控，一般可以通过正则表达式及泛化的关键字来进行实现。代码 11.1 为预先设置了一些简单的规则来处理用户的输入。

代码 11.1 基于规则的闲聊机器人

```
#!/usr/bin/env python
# _*_ coding:utf-8 _*_
import random

# 设置打招呼的对话回复规则
greeting_request = ['你好', '您好', '早上好', '早安', '早', '中午好', '晚上好', '哈喽',
'嗨', '哈啰', 'hello', 'helo', 'Hello', '你好呀', 'Hi', 'hi', 'halo', 'nihao',
'ninhao', 'Halo', 'Hey', 'hey']
greeting_response = ['你好！', '您好！', '哈喽！', '嗨！', 'Hello！', 'Hi！', 'Hey！']
# 设置询问闲聊机器人信息的回复规则
bot_info_request = ['你是？', '你是谁？', '你叫什么？', '你叫什么名字？', '你是谁呀？']
bot_info_response = ['我是闲聊机器人小未。']
# 设置询问闲聊机器人年龄的回复规则
bot_age_request = ['你多大了？', '你几岁了？', '你几岁？', '你多大？']
bot_age_response = ['我一岁了！', '我今年一岁啦。']
# 设置询问闲聊机器人技能的回复规则
bot_skill_request = ['你有什么技能？', '你会做什么？', '你会什么？', '你能干什么？', '你
有什么能力？', '你可以做什么？', '你会做什么？', '你可以干什么？', '你有什么本事？', '你是干
啥的？', '你是干什么的？', '你能干啥？']
bot_skill_response = ['我可以陪你聊天啊，给你讲故事，讲笑话。']
# 设置询问闲聊机器人性别的规则
bot_gender_request = ['你是男生吗？', '你是女生吗？', '你是男的吗？', '你是男生还是女
生？', '你是女的吗？', '你是男是女？', '你是男的？', '你是女的？' ]
bot_gender_response = ['我是女生！']
# 设置夸奖闲聊机器人可爱的回复规则
cute_request = ['你真可爱！', '你好可爱呀！', '你好可爱！', '你有点可爱！']
cute_response = ['谢谢，你也很可爱！']
# 设置喜欢闲聊机器人的回复规则
like_request = ['我喜欢你！', '我好喜欢你呀！', '我好喜欢你！', '我很喜欢你！']
like_response = ['谢谢你的喜欢！']
# 设置天气信息的回复规则
weather_request = ['今天天气真好。', '今天天气怎么样？']
```

```
weather_response = ['今天天气很不错，一起出门玩耍吧。']
# 设置闲聊信息的回复规则
chat_request = ['哈哈', '嘿嘿', '哈哈哈']
chat_response = ['很高兴认识你！']
# 设置离开的回复规则
bye_request = ['再见', '拜拜', 'bye']
bye_response = ['再见！']

def get_rule_chat_ans(user_input):
    '''
    针对不同的用户输入，返回相应的系统响应内容
    :param user_input:
    :return:
    '''
    if user_input in greeting_request:
        sys_response = random.choice(greeting_response)
    elif user_input in bot_info_request:
        sys_response = random.choice(bot_info_response)
    elif user_input in bot_age_request:
        sys_response = random.choice(bot_age_response)
    elif user_input in bot_skill_request:
        sys_response = random.choice(bot_skill_response)
    elif user_input in bot_gender_request:
        sys_response = random.choice(bot_gender_response)
    elif user_input in cute_request:
        sys_response = random.choice(cute_response)
    elif user_input in like_request:
        sys_response = random.choice(like_response)
    elif user_input in weather_request:
        sys_response = random.choice(weather_response)
    elif user_input in chat_request:
        sys_response = random.choice(chat_response)
    elif user_input in bye_request:
        sys_response = random.choice(bye_response)
    else:
        # 设置默认回复
        sys_response = '对不起，我没听懂，可以重说一遍吗？'
    return sys_response


def main():
    # 聊天是否结束的标志位
    is_continue = True
    # 闲聊机器人引导语
    print('你好呀！我是可以陪你聊天的机器人小未，快来和我聊天吧！')
    while is_continue:
        try:
```

```
            # 接收用户输入文本
            user_input = input()
            # 设置聊天机器人停止条件
            if user_input == 'exit':
                is_continue = False
            else:
                # 返回基于规则的聊天机器人响应内容
                sys_response = get_rule_chat_ans(user_input)
                print('小未：', sys_response)
        # 程序中断
        except (KeyboardInterrupt, EOFError, SystemExit):
            break


if __name__ == '__main__':
    main()
```

简单测试一下这个基于规则的闲聊机器人，聊天效果如下：

```
小未：你好呀！我是可以陪你聊天的机器人小未，快来和我聊天吧！
用户：你好！
小未：Hi！
用户：你是谁？
小未：我是闲聊机器人小未。
用户：你会做什么？
小未：我可以陪你聊天啊，给你讲故事，讲笑话。
用户：你几岁了？
小未：我一岁了！
用户：今天天气真好。
小未：今天天气很不错，一起出门玩耍吧。
用户：你真可爱！
小未：谢谢，你也很可爱！
用户：哈哈哈！
小未：很高兴认识你！
用户：再见！
小未：再见！
exit
```

从上面基于规则的方式来实现的闲聊机器人可以看出，要想达到一个较好的聊天效果，需要预先设置足够多的规则。与任务导向对话系统和问答系统不同，为了使闲聊机器人可以处理不同的用户输入，闲聊机器人一般需要在开放领域（Open-Domain）与用户进行交互，使设置对话规则更加复杂，需要耗费大量的人力、物力。

除了基于规则的方式，当前工业界常用的方式是基于检索的方式来实现闲聊机器人，以及近年来随着深度学习的发展而兴起的基于生成的方式来实现的闲聊机器人。

11.2 检索式“夸夸”机器人

当今社会，每个人都有各种各样的压力。为了缓解压力催生了许多产品，前段时间爆火的“夸夸群”就属于这种产品。在夸夸群里，无论你说什么，心情再差、遇到的事情再丧，都能得到一票人众星捧月般的夸奖。各种不着边际的求夸，加上各种搞笑的吹捧，使夸夸群在职场和高校中迅速流行起来，让人们深陷夸夸现场无法自拔。如图 11.4 所示就是一个“夸夸”机器人的示例。

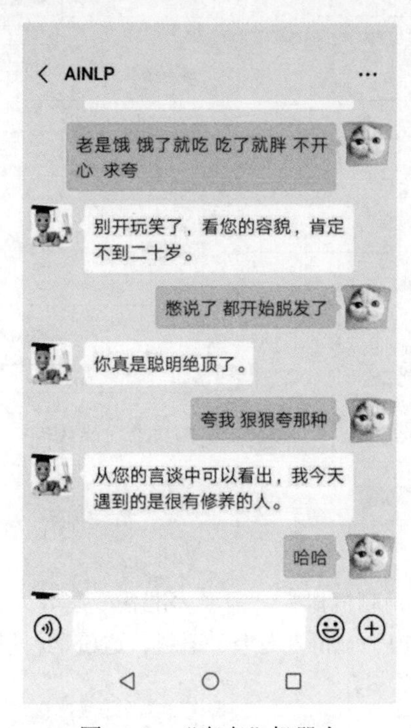

图 11.4 “夸夸”机器人

那么是否可以设计一个闲聊机器人专门用来夸人呢？本章将采用基于检索的方式来实现一个“夸夸”机器人。

11.2.1 检索式闲聊机器人的原理

基于检索的方式来实现的闲聊机器人主要采用文本匹配的思路，一般结合排序筛选的方法来完成。这种方式类似于搜索引擎，首先要构建一个问题与答案相匹配的语料库，然后将用户输入的问题与语料库中的问题进行一一比较，选择一个与用户输入问题最相近的问题并将其相应的答案返回给用户。

在实际项目实践中，闲聊机器人所需的语料库都相对很大，语料数据至少有上万条，如果直接采用向量化后再计算相似度的方式，那么闲聊机器人的响应速度会很慢。因此，一般先使用非语义检索的方式，如搜索引擎、编辑距离、Jaccard 距离等，从中快速筛选出与用户输入问题文本相关的问题文本，也就是先进行“粗排序”选取候选集或 top$N$ 的过程，然后对候选集中的问题文本进行进一步的语义级别的比较，以及对候选答案进行一定的分析筛选，也称为“精排序”的过程，最终将结果返回给用户。如图 11.5 所示为一个典型的检索式的闲聊机器人结构图。

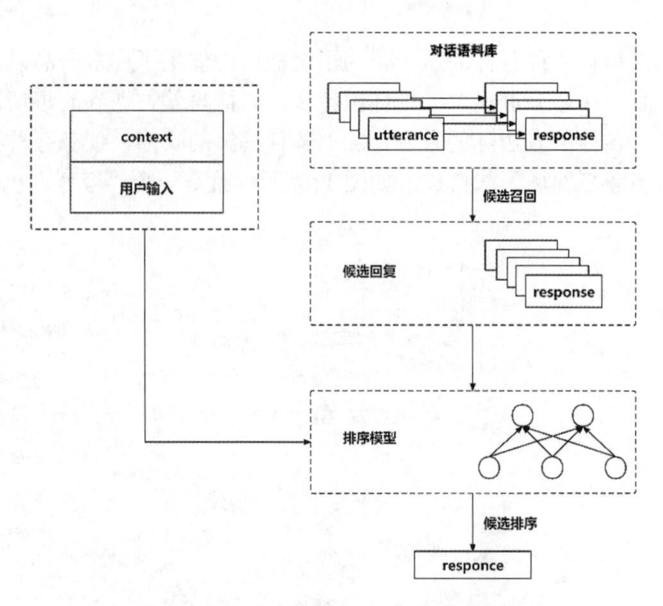

图 11.5　检索式闲聊机器人结构图

11.2.2　数据准备

为了实现一个“夸夸”式的闲聊机器人，需要先准备一些夸人的语料数据。这里我们从豆瓣网的“相互表扬小组”中爬取并整理了一份“夸夸”语料，这份语料以问答对的形式存储了约 20 万对夸赞的数据，数据格式为：

```
Q: 问题文本内容
A: 答案文本内容
```

其中部分数据如下：

```
Q: 开学以来很少熬夜了，坚持早起！是不是很棒？
A: 楼主真厉害呀！早睡早起身体好！
Q: 我一天能吃四顿！
A: 不错不错，说明身体蛮好的啊。
Q: 科研好难，发不出好文章，压力好大，要崩溃。
A: 能收到 negative 评价很有用啊，我以前在上网上大学的时候，大部分老师都给我的作业比较好的评价，但我唯一感觉到学到东西的时候是接受了 negative 的评价。
```

由于这些数据在整理的过程中，同一个帖子存在多个回帖，因此问答对数据中存在较多问题相同的情况。我们对该数据进行进一步整理，去除相同问题的问答对整理为同一个问题对应多个不同答案的情况，这样大大减少待比较的问题个数，同时在返回答案时，可以随机选取该问题的某一个答案进行返回，提升返回答案的多样性。

经过处理的语料数据，共获取到约两万条数据，其中每条数据中以标志位“<######>” 分隔问题与回复内容，在回复内容中以标志位“<$$$$$$>”分隔各回复内容。其中部分数据如下：

看我拍的南京的春天<######>太太太太会拍照了，不当摄影师可惜了<$$$$$$>哈哈哈，你的拍照技术真好啊！<$$$$$$>景色和人都好美啊！
终于把《霍乱时期的爱情》看完了，求夸。<######>你好厉害，这本书躺在我的书单里很久了😂。在这个浮躁的世界里，还可以静下心来看一部大部头名著，楼主一定是个文艺有气质精致的小姐姐<$$$$$$>你太厉害了！我实在是记不住人名，光开头就看了好几遍……然后，主人公就对不上号了……像你这么聪明又文艺的人，不多啦！棒棒哒！ <$$$$$$>这本书超好看！
你可真棒！ <$$$$$$>你好厉害啊，我看了快四年，到现在也只完成了一半。<$$$$$$>哇塞！这都是些什么神仙小哥哥小姐姐，太开心了

11.2.3 系统实现

当“夸夸”数据处理好之后，接下来开始实现“夸夸”机器人。首先定义一个“夸夸”机器人类，在类的初始化过程中，将“夸夸”语料数据导入，便于后续使用。然后“夸夸”机器人类提供一个方法 retrivl_question()，该方法根据用户输入的问题在“夸夸”语料数据中进行检索相似的问题及其答案。

代码 11.2 为基于检索式的“夸夸”机器人的代码实现。

代码 11.2 基于检索式的“夸夸”机器人

```
#!/usr/bin/env python
# _*_ coding:utf-8 _*_
import random
from similarity import SimilarityModel


class KuaKuaBot():
    # 定义“夸夸”机器人类
    def __init__(self):
        # 读取“夸夸”语料数据
        self.qa_dict = {}
        self.q_list = []
        # 打开“夸夸”语料数据路径
        with open('./../kuakua_corpus/douban_kuakua_topic.txt', 'r', encoding=
'utf8') as in_file:
            for line in in_file.readlines():
                # 根据标志位切分问题与答案数据
                que = line.split('<######>')[0].strip()
                ans_list = []
                for ans in line.split('<######>')[-1].split('<$$$$$$>'):
                    if len(ans) > 2:
                        ans_list.append(ans)
                # 存储问题及答案数据
                if len(que) > 5:
```

```
                self.q_list.append(que)
                self.qa_dict[que] = ans_list
        # 初始化文本相似度计算类
        self.ssim = SimilarityModel()

    def retrivl_question(self, question_str):
        """
        检索与输入问句最相似的问句的回复
        :param question_str:
        :return:
        """
        # 声明找到的最相似的问题
        most_sim_questions = ''
        # 声明最大相似度的值
        max_similarity = 0
        # 遍历“夸夸”话题语料的问题
        for curr in self.q_list:
            # 计算用户输入问句与“夸夸”语料问题的相似度，采用 TF-IDF 计算相似度
            curr_similarity = self.ssim.ssim(question_str, curr, 'idf')
            # 更新并保存最相似的问题
            if curr_similarity > max_similarity:
                max_similarity = curr_similarity
                most_sim_questions = curr
        # 返回最相似问题相应的答案
        return self.qa_dict[most_sim_questions]


if __name__ == '__main__':
    # 实例化“夸夸”机器人类对象
    kuakua_bot = KuaKuaBot()
    # 聊天是否结束的标志位
    is_continue = True
    # 闲聊机器人引导语
    print('有什么不开心的事吗，快来让我夸夸你吧！')
    while True:
        try:
            # 接收用户输入文本
            user_input = input('用户：')
            # 设置聊天机器人停止条件
            if user_input == 'exit':
                is_continue = False
            else:
                # 返回基于规则的聊天机器人响应内容
                answer_list = kuakua_bot.retrivl_question(user_input)
                response = random.choice(answer_list)
                print('夸夸机器人：', response)
        # 程序中断
```

```
        except (KeyboardInterrupt, EOFError, SystemExit):
            break
```

在代码 11.2 实现中，为了实现与“夸夸”机器人与用户之间的交互，我们设置了一个变量 is_continue，当用户输入 exit 时对话结束，或者用户通过按 Ctrl+C 组合键等方式来中断对话程序。

在对“夸夸”语料进行检索时，我们通过文本相似度计算类 SimilarityModel 提供的方法来计算用户输入文本与语料文本的相似度。其中 SimilarityModel 类是我们自己实现的类，该类提供了 4 种不同的相似度计算方法，分别是 Word2vec、TF-IDF、BM25、Jaccard，其中，Word2vec、TF-IDF 将文本表征为向量后通过余弦相似度来计算文本的相似度，而 BM25、Jaccard 是典型的基于字符的文本相似度计算方法。

以上这些相似度计算方法的原理在第 3 章中已经介绍过，在此不再赘述。

相似度计算类的具体实现如代码 11.3 所示。

代码 11.3　相似度计算类

```
#!/usr/bin/env python
# _*_ coding:utf-8 _*_
from __future__ import absolute_import
import jieba
import time
from scipy import spatial
from utils.load_data import *

# 词向量文件路径
file_voc = './data/voc.txt'
# TF-IDF 文件路径
file_idf = './data/idf.txt'
# 未登录词文件路径
file_userdict = './data/medfw.txt'


class SimilarityModel(object):
    # 定义相似度计算类
    def __init__(self):
        t1 = time.time()
        # 导入词向量文件
        self.voc = load_voc(file_voc)
        # 显示 Word2vec 词向量导入所需实践
        print("Loading  word2vec vector cost %.3f seconds...\n" % (time.time() - t1))
        t1 = time.time()
        # 导入 TF-IDF 文件
        self.idf = load_idf(file_idf)
        # 显示 TF-IDF 向量导入所需实践
        print("Loading  tf-idf data cost %.3f seconds...\n" % (time.time() - t1))
        # jieba 分词导入用户自定义词
        jieba.load_userdict(file_userdict)
```

```
    def M_cosine(self, s1, s2):
        '''
        通过词向量计算句子间的余弦相似度
        :param s1:
        :param s2:
        :return:
        '''
        # 分词
        s1_list = jieba.lcut(s1)
        s2_list = jieba.lcut(s2)
        # 计算句子向量
        v1 = np.array([self.voc[s] for s in s1_list if s in self.voc])
        v2 = np.array([self.voc[s] for s in s2_list if s in self.voc])
        v1 = v1.sum(axis=0)
        v2 = v2.sum(axis=0)
        # 计算余弦相似度
        sim = 1 - spatial.distance.cosine(v1, v2)
        return sim

    def M_idf(self, s1, s2):
        '''
        通过 TF-IDF 计算句子间的相似度
        :param s1:
        :param s2:
        :return:
        '''
        v1, v2 = [], []
        # 分词
        s1_list = jieba.lcut(s1)
        s2_list = jieba.lcut(s2)
        # 向量拼接
        for s in s1_list:
            idf_v = self.idf.get(s, 1)
            if s in self.voc:
                v1.append(1.0 * idf_v * self.voc[s])

        for s in s2_list:
            idf_v = self.idf.get(s, 1)
            if s in self.voc:
                v2.append(1.0 * idf_v * self.voc[s])

        v1 = np.array(v1).sum(axis=0)
        v2 = np.array(v2).sum(axis=0)
        # 计算 TF-IDF 向量的余弦相似度
        sim = 1 - spatial.distance.cosine(v1, v2)
        return sim
    def M_bm25(self, s1, s2, s_avg=10, k1=2.0, b=0.75):
```

```
        '''
        通过 BM25 计算句子间的相似度
        :param s1:
        :param s2:
        :param s_avg:
        :param k1:
        :param b:
        :return:
        '''
        bm25 = 0
        # 分词
        s1_list = jieba.lcut(s1)
        for w in s1_list:
            idf_s = self.idf.get(w, 1)
            bm25_ra = s2.count(w) * (k1 + 1)
            bm25_rb = s2.count(w) + k1 * (1 - b + b * len(s2) / s_avg)
            bm25 += idf_s * (bm25_ra / bm25_rb)
        return bm25

    def M_jaccard(self, s1, s2):
        '''
        通过 Jaccard 计算句子间的相似度
        :param s1:
        :param s2:
        :return:
        '''
        s1 = jieba.lcut(s1)
        s2 = jieba.lcut(s2)
        s1 = set(s1)
        s2 = set(s2)
        # 计算交集与并集
        ret1 = s1.intersection(s2)
        ret2 = s1.union(s2)
        jaccard = 1.0 * len(ret1) / len(ret2)
        return jaccard

    def ssim(self, s1, s2, model='cosine'):
        # 根据不同的设置选择不同的相似度计算方法
        if model == 'idf':
            f_ssim = self.M_idf
        elif model == 'bm25':
            f_ssim = self.M_bm25
        elif model == 'jaccard':
            f_ssim = self.M_jaccard
        else:
            f_ssim = self.M_cosine
        sim = f_ssim(s1, s2)
```

```
        return sim


if __name__ == '__main__':
    sm = SimilarityModel()
    ssim = sm.ssim
```

11.2.4 效果展示

下面开始运行代码，展示一下“夸夸”机器人。具体效果如下：

```
“夸夸”机器人：有什么不开心的事吗，快来让我夸夸你吧！

用户：考试没考好，心里难受
“夸夸”机器人：哈哈，我高数从大一补考到大四，最后也过了！<br/>后来想想，自己给自己压力太大了。<br/>如果真那么重要，那就找老师详谈：我会努力的，但请老师给我机会！<br/>没关系的，跟你灿烂的人生相比，补考只是个小插曲啦<br/>好好加油！

用户：今天一个人过生日，求安慰
“夸夸”机器人： 生日快乐！新的一年一定会事事顺利哒！

用户：今天感觉好累啊
“夸夸”机器人： 辛苦啦！坚持下来的你是最棒的！好好休息休息吧，吃顿好的，给优秀的自己一份奖励！
```

检索式机器人除了上面直接使用匹配算法的方式来实现外，当前常用的做法还有通过对用户输入的文本进行解析分类，然后进行匹配。如图 11.6 所示，对于用户的输入，可以进行进一步的分析，如识别其中的实体信息，对问题中的意图进行分类，同时抽取其中的语法关系，对其中的指代词进行指代消解，以及情感分析等工作。

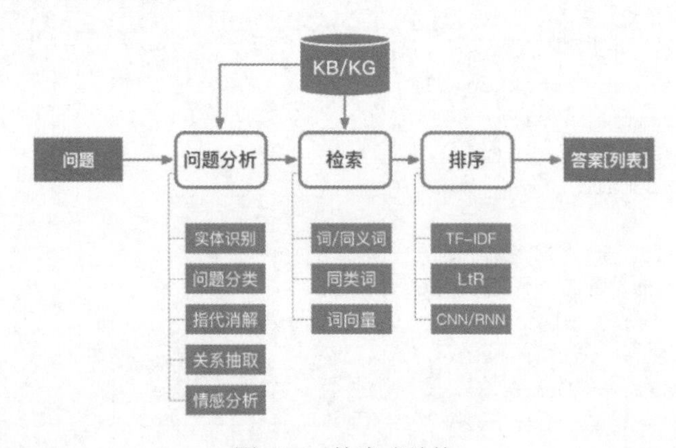

图 11.6　检索式结构

在检索阶段，除了上面介绍的通过将用户输入的语句表征为向量后计算其余弦相似度，以及基于距离的方式来计算其相似度，还可以比较同义词等方式。同样在排序阶段，可以使用神经网络对其进行更精细的排序操作。

随着深度学习的兴起，基于神经网络的语言模型对文本的潜在语义有了更深层次的理解，这种对输入文本先进行理解分类，再按照预设类别回复的方式已经取得了很好的效果。常用的方式包括对用户问题与题库中问题进行比较以及对用户问题与答案之间进行匹配，一般匹配过程会采用孪生网络结构，如图 11.7 所示。

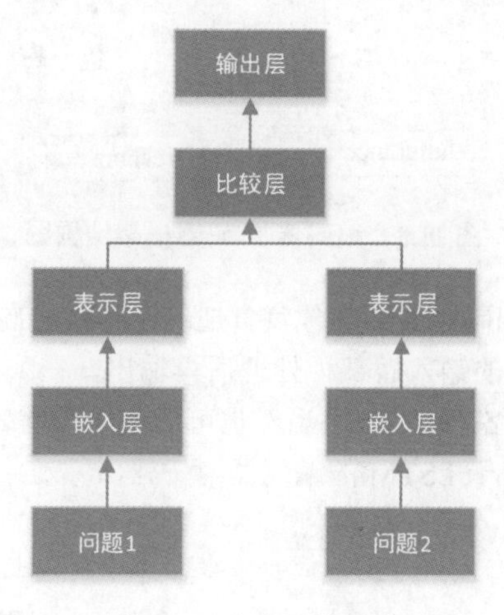

图 11.7　孪生网络结构

11.3　生成式“夸夸”机器人

在前面基于规则的闲聊机器人和基于检索的闲聊机器人的实现过程，都需要事先维护一个“对话库”，这个“对话库”决定了对于用户不同的输入，机器人应该如何回复用户。这种思路在比较封闭的场景或者某些特定场景下可以取得不错的效果。然而在真实的场景中，用户的输入五花八门，前面的思路显然无法满足实际的需求，如何才能真正实现开放场景下的闲聊呢？

随着深度学习的发展，研究人员提出了基于生成式的闲聊机器人。这种闲聊机器人在接收到用户输入的语句后，通过预先训练好的模型，自动生成一句话作为给用户的回答。它的优点是对于用户的任意话题均可以生成相应的回复，缺点是其回复内容结果并不可控，生成的回答质量较低，如可能存在语句不通顺以及存在语法错误等明显的错误。

11.3.1　生成式闲聊机器人的原理

生成式闲聊机器人采用的是一种编码器-解码器（encoder-deconder）的框架，或者也称为序列到序列模型（sequence to sequence），这种端到端的深度学习模型非常简单且容易扩展。如图 11.8 所示为编码器-解码器框架的结构图。这种框架最初应用于机器翻译、文本摘要、语法分析等任务中，如在机器翻译任务中，模型输入的句子为原语言（如英语句子），而模型输出的句子可以为目标语言（如德语的句子）；而在文本摘要任务中，模型输入的句子为一段待分析文本，而模型输出的句子为该文本的摘要语句信息。

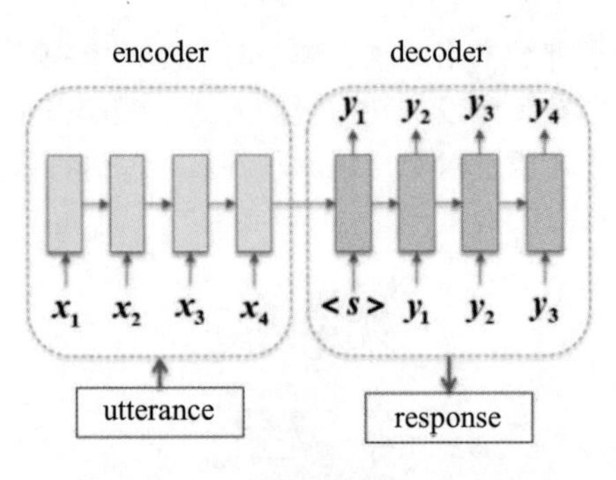

图 11.8 编码器-解码器框架结构图

编码器-解码器框架中作为编码器的那部分负责把句子转换成向量空间中的隐含表示，而解码器的作用是将神经网络记忆与当前的输入做某种处理后再输出。在编码器与解码器中一般使用循环神经网络（RNN）或者长短记忆网络（LSTM），当然也可以使用当前效果最好的 Transformer 来最为特征提取工作。如图 11.9 所示为基于 LSTM 的编码器-解码器框架。

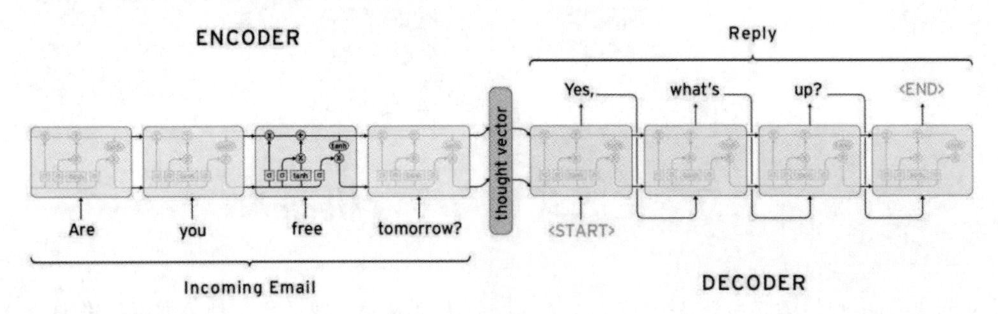

图 11.9 基于 LSTM 的 encoder-decoder

在训练生成式模型时，可以将闲聊对话语料中的一部分作为模型的输入，而将对话语料的另一部分作为模型的输出来训练。接下来将重点介绍 UniLM 模型，该模型将作为后续要完成的“夸夸”机器人的核心模型。

当然也可以使用其他序列到序列模型（sequence to sequence）来实现生成式模型，感兴趣的读者可以阅读相关文档进行实现。

11.3.2 UniLM 模型

UniLM（unified language model pre-training for natural language understanding and generation）是微软研究院发布的自然语言理解与生成的统一预训练语言模型，主要用来解决自然语言理解任务及自然语言生成任务。

预训练模型一般使用大量文本数据，通过上下文来预测单词的方法，从而学习到文本上下文的文本表示，并且可以进行微调以适应后续任务。目前，预训练的语言模型（pre-training language model）已经大幅提高了各种自然语言处理任务的水平。典型的预训练模型（如 ELMo 模型）在模型训练时分别学习两个单向语言（unidirectional LM）模型，即前向语言模型是从左到右读取文本进行编码，而后向语言模型从右到左读取文本进行编码；而 GPT 模型使用 Transformer 作为编码解码器从左到右逐字地预测文本序列；BERT 模型在这两种模型的基础上，吸取了各自的优点，使用一个双向的 Transformer 编码器通过被遮掩字的上下文来预测该遮掩字。关于预训练模型及 BERT 模型的详细介绍这里不再赘述，感兴趣的读者可以查阅相关资料。如图 11.10 所示为这 3 种预训练模型的结构图。

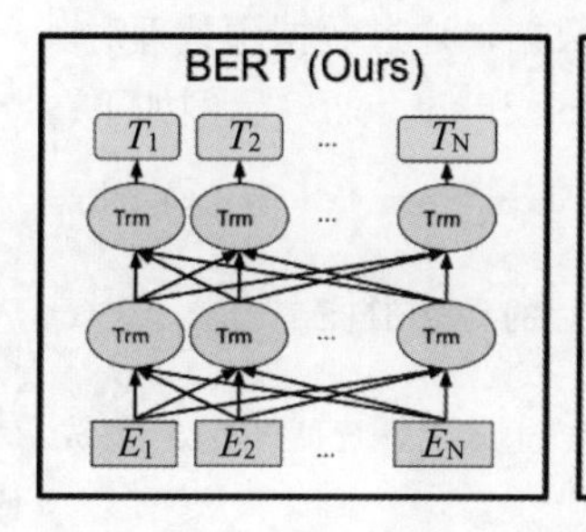

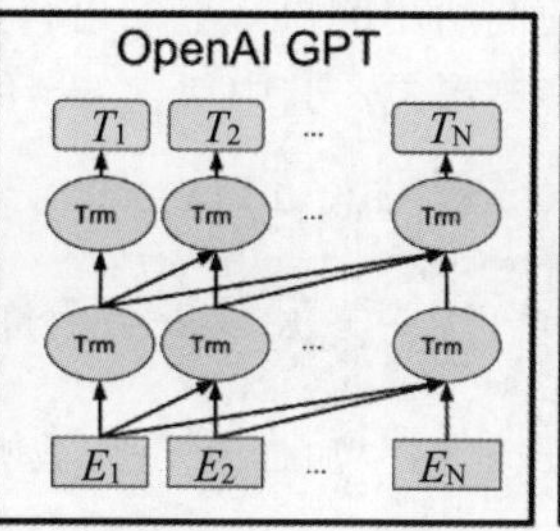

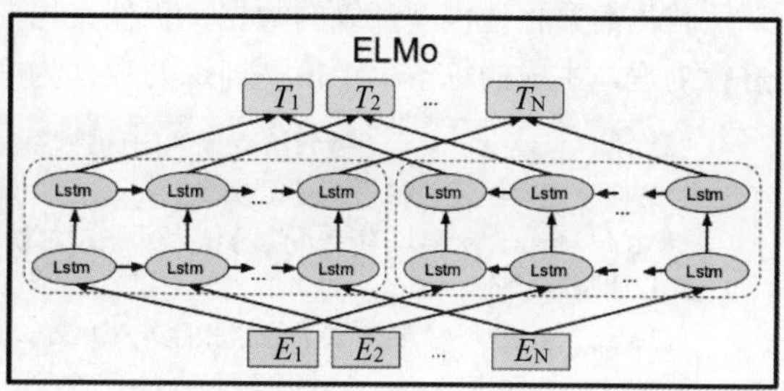

图 11.10　预训练模型 BERT、GPT、ELMo 结构图

尽管 BERT 模型在自然语言理解任务上取得了很好的效果，但是由于它的双向性使它很难应用于自然语言生成任务。而 UniLM 模型在 BERT 模型的基础上进行了改进，使其既可以应用于自然语言理解（NLU）任务，又可以应用于自然语言生成（NLG）任务。

UniLM 模型的框架与 BERT 模型一致，也是由一个多层 Transformer 堆叠构成，且在模型的输入部分均采用了 Token Embedding、Position Embedding、Segment Embedding。如图 11.11 所示为 UniLM 模型结构图。

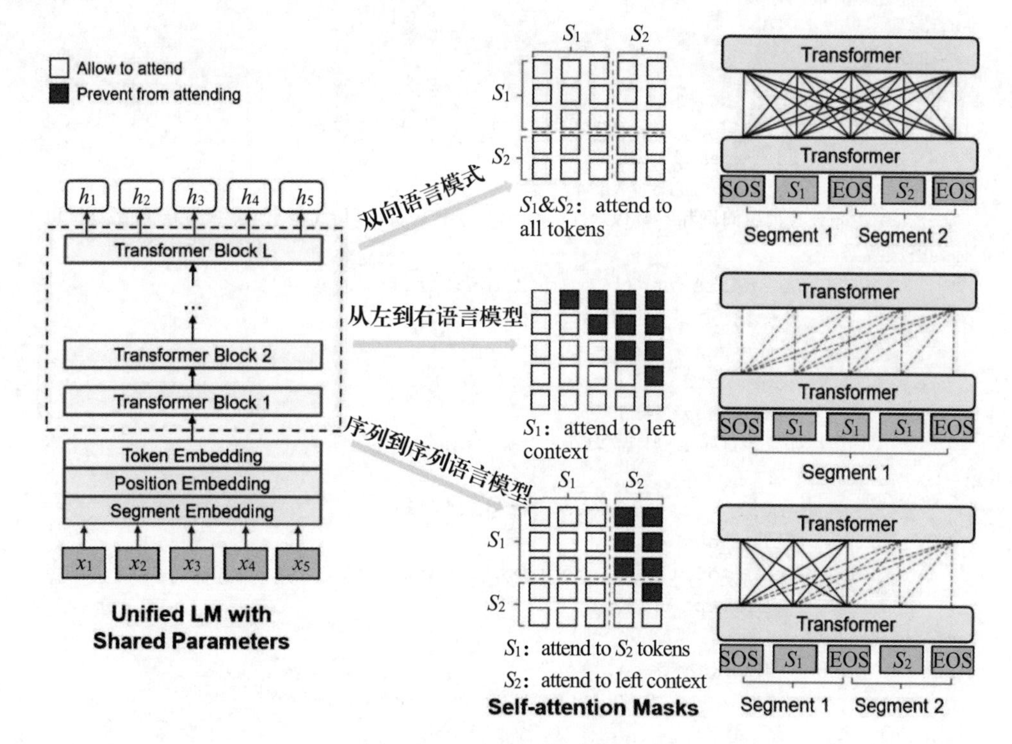

图 11.11　UniLM 模型结构图

11.3.3 数据准备

经过上面的学习，我们已经了解了生成式闲聊机器人的原理及 UniLM 模型的基本原理，接下来将继续实现一个“夸夸”机器人。

首先需要构造模型训练的数据，仍然采用前面所用的“夸夸”语料数据，通过数据预处理对其进行处理，生成的每条用于模型训练的数据为字典形式，其中包含 src_text 和 tgt_text，示例如下：

```
{'src_text': '今天做六级真题的阅读理解 10 道题只错了 1 道，求夸', 'tgt_text': '哇！你好厉害呀！你一定六级轻轻松松就过了'}
{'src_text': '还有十天就考试，紧张得都快吐了', 'tgt_text': '可以的要相信自己都辛苦了这么久！调整好状态！gogogo！'}
{'src_text': '要考试了好紧张啊', 'tgt_text': '加油(ง•̀_•́)ง 我明天也要考，祝我们都取得好成绩吖！'}
```

其中，代码 11.4 用于数据预处理。

代码 11.4 数据预处理

```
#!/usr/bin/env python
# _*_ coding:utf-8 _*_


def process_data(data_path):
    # 当前处理的数据行数
    line_num = 0
    # 保存数据
    data = []
    with open(data_path, 'r', encoding='utf-8') as f:
        for line in f.readlines():
            line = line.strip('\n')
            # 夸夸数据中问题和答案以“Q”和“A”进行区分，以“Q”开头的行为问题数据，以“A”开头的行为答案数据
            if line.startswith('Q') or line.startswith('A'):
                # 如果该行是 Q 则作为 src_text 保存
                if line_num % 2 == 0:
                    curr_src = line.split('\t')[1]
                    line_num += 1
                # 如果该行是 A 则作为 tgt_text 保存
                else:
                    curr_tar = line.split('\t')[1]
                    line_num += 1
                    curr_dict = {'src_text': curr_src, 'tgt_text': curr_tar}
                    data.append(curr_dict)
    # 数据存储路径
    result_path = "kuakua_data.json"
    with open(result_path, "a", encoding='utf-8') as ff:
        for curr in data:
            ff.write(str(curr) + '\n')
```

```
if __name__ == '__main__':
    data_path = './../../kuakua_corpus/douban_kuakua_qa.txt'
    process_data(data_path)
```

11.3.4 模型微调

准备好训练数据后，接下来从网上下载已经预训练好的 UniLM 模型，由于微软研究院还没有开源中文的预训练模型，因此，需要下载云发布的中文 unilm_base 模型，下载地址为 https://github.com/YunwenTechnology/Unilm。

本章项目采用的深度学习框架为 PyTorch，因此，直接下载 PyTorch 版本的模型文件即可。

注意：

本项目中 PyTorch 的版本为 1.4，Transformers 的版本为 3.0.2，请读者尽量使用与本书环境相同的版本。

下载好的 UniLM 模型包含 3 部分数据，分别是 pytorch_model.bin、vocab.txt 和 config.json，将这些模型文件保存在 unilm 文件夹中，然后使用训练数据对模型进行训练及微调（fine-tuning）。其中，代码 11.5 用于模型训练。

代码 11.5　模型训练

```
#!/usr/bin/env python
# _*_ coding:utf-8 _*_
import os
import logging
import glob
import math
import json
import argparse
import random
from pathlib import Path
from tqdm import tqdm, trange
import numpy as np
import torch
from torch.utils.data import RandomSampler
from torch.utils.data.distributed import DistributedSampler
import torch.distributed as dist
from tokenization_unilm import UnilmTokenizer, WhitespaceTokenizer
from modeling_unilm import UnilmForSeq2Seq, UnilmConfig
from transformers import AdamW, get_linear_schedule_with_warmup

try:
    from torch.utils.tensorboard import SummaryWriter
except ImportError:
```

```
from tensorboardX import SummaryWriter
import utils_seq2seq

ALL_MODELS = sum((tuple(conf.pretrained_config_archive_map.keys())
                  for conf in (UnilmConfig,)), ())
MODEL_CLASSES = {
    'unilm': (UnilmConfig, UnilmForSeq2Seq, UnilmTokenizer)
}
logging.basicConfig(format='%(asctime)s - %(levelname)s - %(name)s -  %(message)s',
                    datefmt='%m/%d/%Y %H:%M:%S',
                    level=logging.INFO)
logger = logging.getLogger(__name__)


def _get_max_epoch_model(output_dir):
    fn_model_list = glob.glob(os.path.join(output_dir, "model.*.bin"))
    fn_optim_list = glob.glob(os.path.join(output_dir, "optim.*.bin"))
    if (not fn_model_list) or (not fn_optim_list):
        return None
    both_set = set([int(Path(fn).stem.split('.')[-1]) for fn in fn_model_list]
                   ) & set([int(Path(fn).stem.split('.')[-1]) for fn in fn_optim_list])
    if both_set:
        return max(both_set)
    else:
        return None


def main():
    parser = argparse.ArgumentParser()
    tb_writer = SummaryWriter()
    # 解析参数
    parser.add_argument("--data_dir", default=None, type=str, required=True,
                        help="The input data dir. Should contain the .tsv files (or
other data files) for the task.")
    parser.add_argument("--src_file", default=None, type=str,
                        help="The input data file name.")
    parser.add_argument("--model_type", default=None, type=str, required=True,
                        help="Model type selected in the list: " + ", ".join(MODEL_
CLASSES.keys()))
    parser.add_argument("--model_name_or_path", default=None, type=str, required=True,
                        help="Path to pre-trained model or shortcut name selected
in the list: " + ", ".join(ALL_MODELS))
    parser.add_argument("--output_dir", default=None, type=str, required=True,
                        help="The output directory where the model predictions and
checkpoints will be written.")
    parser.add_argument("--log_dir", default='', type=str,
                        help="The output directory where the log will be written.")
```

```
    parser.add_argument("--model_recover_path", default=None, type=str,
                        help="The file of fine-tuned pretraining model.")
    parser.add_argument("--optim_recover_path", default=None, type=str,
                        help="The file of pretraining optimizer.")
    parser.add_argument("--config_name", default="", type=str,
                        help="Pretrained config name or path if not the same as
model_name")
    parser.add_argument("--tokenizer_name", default="", type=str,
                        help="Pretrained tokenizer name or path if not the same as
model_name")
    parser.add_argument("--max_seq_length", default=128, type=int,
                        help="The maximum total input sequence length after
WordPiece tokenization. \n"
                             "Sequences longer than this will be truncated, and
sequences shorter \n"
                             "than this will be padded.")
    parser.add_argument('--max_position_embeddings', type=int, default=None,
                        help="max position embeddings")
    parser.add_argument("--do_train", action='store_true',
                        help="Whether to run training.")
    parser.add_argument("--do_eval", action='store_true',
                        help="Whether to run eval on the dev set.")
    parser.add_argument("--do_lower_case", action='store_true',
                        help="Set this flag if you are using an uncased model.")
    parser.add_argument("--train_batch_size", default=32, type=int,
                        help="Total batch size for training.")
    parser.add_argument("--eval_batch_size", default=64, type=int,
                        help="Total batch size for eval.")
    parser.add_argument("--learning_rate", default=5e-5, type=float,
                        help="The initial learning rate for Adam.")
    parser.add_argument("--label_smoothing", default=0, type=float,
                        help="The initial learning rate for Adam.")
    parser.add_argument("--weight_decay", default=0.01, type=float,
                        help="The weight decay rate for Adam.")
    parser.add_argument("--adam_epsilon", default=1e-8, type=float,
                        help="Epsilon for Adam optimizer.")
    parser.add_argument("--max_grad_norm", default=1.0, type=float,
                        help="Max gradient norm.")
    parser.add_argument("--num_train_epochs", default=3.0, type=float,
                        help="Total number of training epochs to perform.")
    parser.add_argument("--warmup_proportion", default=0.1, type=float,
                        help="Proportion of training to perform linear learning
rate warmup for. "
                             "E.g., 0.1 = 10%% of training.")
    parser.add_argument("--hidden_dropout_prob", default=0.1, type=float,
                        help="Dropout rate for hidden states.")
    parser.add_argument("--attention_probs_dropout_prob", default=0.1,
```

```
type=float,
                    help="Dropout rate for attention probabilities.")
    parser.add_argument("--no_cuda", action='store_true',
                    help="Whether not to use CUDA when available")
    parser.add_argument("--local_rank", type=int, default=-1,
                    help="local_rank for distributed training on gpus")
    parser.add_argument('--seed', type=int, default=42,
                    help="random seed for initialization")
    parser.add_argument('--gradient_accumulation_steps', type=int, default=1,
                    help="Number of updates steps to accumulate before
performing a backward/update pass.")
    parser.add_argument('--fp16', action='store_true',
                    help="Whether to use 16-bit float precision instead of 32-
bit")
    parser.add_argument('--fp16_opt_level', type=str, default='O1',
                    help="For fp16: Apex AMP optimization level selected in
['O0', 'O1', 'O2', and 'O3']."
                         "See details at https://nvidia.github.io/apex/amp.html")
    parser.add_argument('--tokenized_input', action='store_true',
                    help="Whether the input is tokenized.")
    parser.add_argument('--max_len_a', type=int, default=0,
                    help="Truncate_config: maximum length of segment A.")
    parser.add_argument('--max_len_b', type=int, default=0,
                    help="Truncate_config: maximum length of segment B.")
    parser.add_argument('--trunc_seg', default='',
                    help="Truncate_config: first truncate segment A/B (option:
a, b).")
    parser.add_argument('--always_truncate_tail', action='store_true',
                    help="Truncate_config: Whether we should always truncate
tail.")
    parser.add_argument("--mask_prob", default=0.20, type=float,
                    help="Number of prediction is sometimes less than max_pred
when sequence is short.")
    parser.add_argument("--mask_prob_eos", default=0, type=float,
                    help="Number of prediction is sometimes less than max_pred
when sequence is short.")
    parser.add_argument('--max_pred', type=int, default=20,
                    help="Max tokens of prediction.")
    parser.add_argument("--num_workers", default=0, type=int,
                    help="Number of workers for the data loader.")
    parser.add_argument('--mask_source_words', action='store_true',
                    help="Whether to mask source words for training")
    parser.add_argument('--skipgram_prb', type=float, default=0.0,
                    help='prob of ngram mask')
    parser.add_argument('--skipgram_size', type=int, default=1,
                    help='the max size of ngram mask')
    parser.add_argument('--mask_whole_word', action='store_true',
```

```
                    help="Whether masking a whole word.")
    parser.add_argument('--logging_steps', type=int, default=5,
                    help='the max size of ngram mask')

    args = parser.parse_args()

    if not (args.model_recover_path and Path(args.model_recover_path).exists()):
        args.model_recover_path = None

    args.output_dir = args.output_dir.replace(
        '[PT_OUTPUT_DIR]', os.getenv('PT_OUTPUT_DIR', ''))
    args.log_dir = args.log_dir.replace(
        '[PT_OUTPUT_DIR]', os.getenv('PT_OUTPUT_DIR', ''))

    os.makedirs(args.output_dir, exist_ok=True)
    if args.log_dir:
        os.makedirs(args.log_dir, exist_ok=True)
    json.dump(args.__dict__, open(os.path.join(
        args.output_dir, 'opt.json'), 'w'), sort_keys=True, indent=2)

    if args.local_rank == -1 or args.no_cuda:
        device = torch.device(
            "cuda" if torch.cuda.is_available() and not args.no_cuda else "cpu")
        n_gpu = torch.cuda.device_count()
    else:
        torch.cuda.set_device(args.local_rank)
        device = torch.device("cuda", args.local_rank)
        n_gpu = 1
        dist.init_process_group(backend='nccl')
    logger.info("device: {} n_gpu: {}, distributed training: {}, 16-bits
training: {}".format(
        device, n_gpu, bool(args.local_rank != -1), args.fp16))

    if args.gradient_accumulation_steps < 1:
        raise ValueError("Invalid gradient_accumulation_steps parameter: {},
should be >= 1".format(args.gradient_accumulation_steps))

    args.train_batch_size = int(
        args.train_batch_size / args.gradient_accumulation_steps)

    random.seed(args.seed)
    np.random.seed(args.seed)
    torch.manual_seed(args.seed)
    if n_gpu > 0:
        torch.cuda.manual_seed_all(args.seed)

    if not args.do_train and not args.do_eval:
```

```
        raise ValueError(
            "At least one of 'do_train' or 'do_eval' must be True.")

    if args.local_rank not in (-1, 0):
        dist.barrier()
    args.model_type = args.model_type.lower()
    config_class, model_class, tokenizer_class = MODEL_CLASSES[args.model_type]
    config = config_class.from_pretrained(
        args.config_name if args.config_name else args.model_name_or_path,
        max_position_embeddings=args.max_position_embeddings,
label_smoothing=args.label_smoothing)
    tokenizer = tokenizer_class.from_pretrained(
        args.tokenizer_name if args.tokenizer_name else args.model_name_or_path,
do_lower_case=args.do_lower_case)
    data_tokenizer = WhitespaceTokenizer() if args.tokenized_input else
tokenizer
    if args.local_rank == 0:
        dist.barrier()

    if args.do_train:
        print("Loading Train Dataset", args.data_dir)
        bi_uni_pipeline = [utils_seq2seq.Preprocess4Seq2seq(args.max_pred,
args.mask_prob, list(tokenizer.vocab.keys()),

tokenizer.convert_tokens_to_ids, args.max_seq_length, mask_source_words=False,
skipgram_prb=args.skipgram_prb, skipgram_size=args.skipgram_size, mask_whole_
word=args.mask_whole_word,
 tokenizer=data_tokenizer)]

        file = os.path.join(
            args.data_dir, args.src_file if args.src_file else 'train.tgt')
        train_dataset = utils_seq2seq.Seq2SeqDataset(
            file, args.train_batch_size, data_tokenizer, args.max_seq_length,
bi_uni_pipeline=bi_uni_pipeline)
        if args.local_rank == -1:
            train_sampler = RandomSampler(train_dataset, replacement=False)
            _batch_size = args.train_batch_size
        else:
            train_sampler = DistributedSampler(train_dataset)
            _batch_size = args.train_batch_size // dist.get_world_size()
        train_dataloader = torch.utils.data.DataLoader(train_dataset,
batch_size=_batch_size, sampler=train_sampler, num_workers=args.num_workers,
collate_fn=utils_seq2seq.batch_list_to_batch_tensors, pin_memory=False)

    t_total = int(len(train_dataloader) * args.num_train_epochs /
                  args.gradient_accumulation_steps)
```

```
    recover_step = _get_max_epoch_model(args.output_dir)
    if args.local_rank not in (-1, 0):
        dist.barrier()
    global_step = 0
    if (recover_step is None) and (args.model_recover_path is None):
        model_recover = None
    else:
        if recover_step:
            logger.info("***** Recover model: %d *****", recover_step)
            model_recover = torch.load(os.path.join(
                args.output_dir, "model.{0}.bin".format(recover_step)),
map_location='cpu')
            global_step = math.floor(
                recover_step * t_total / args.num_train_epochs)
        elif args.model_recover_path:
            logger.info("***** Recover model: %s *****",
                        args.model_recover_path)
            model_recover = torch.load(
                args.model_recover_path, map_location='cpu')
    model = model_class.from_pretrained(
        args.model_name_or_path, state_dict=model_recover, config=config)
    if args.local_rank == 0:
        dist.barrier()

    model.to(device)

    param_optimizer = list(model.named_parameters())
    no_decay = ['bias', 'LayerNorm.bias', 'LayerNorm.weight']
    optimizer_grouped_parameters = [
        {'params': [p for n, p in param_optimizer if not any(
            nd in n for nd in no_decay)], 'weight_decay': 0.01},
        {'params': [p for n, p in param_optimizer if any(
            nd in n for nd in no_decay)], 'weight_decay': 0.0}
    ]
    optimizer = AdamW(optimizer_grouped_parameters,
                      lr=args.learning_rate, eps=args.adam_epsilon)
    scheduler = get_linear_schedule_with_warmup(optimizer, num_warmup_steps=
int(args.warmup_proportion * t_total), num_training_steps=t_total)
    if args.fp16:
        try:
            from apex import amp
        except ImportError:
            raise ImportError(
                "Please install apex from https://www.github.com/nvidia/apex to
use fp16 training.")
        model, optimizer = amp.initialize(model, optimizer, opt_level=
 args.fp16_opt_level)
```

```
    if args.local_rank != -1:
        try:
            from torch.nn.parallel import DistributedDataParallel as DDP
        except ImportError:
            raise ImportError("DistributedDataParallel")
        model = DDP(model, device_ids=[
            args.local_rank], output_device=args.local_rank, find_unused_parameters=True)
    elif n_gpu > 1:
        model = torch.nn.DataParallel(model)

    if recover_step:
        logger.info("***** Recover optimizer: %d *****", recover_step)
        optim_recover = torch.load(os.path.join(args.output_dir,
"optim.{0}.bin".format(recover_step)), map_location='cpu')
        if hasattr(optim_recover, 'state_dict'):
            optim_recover = optim_recover.state_dict()
        optimizer.load_state_dict(optim_recover)

        logger.info("***** Recover amp: %d *****", recover_step)
        amp_recover = torch.load(os.path.join(
            args.output_dir, "amp.{0}.bin".format(recover_step)), map_location='cpu')
        amp.load_state_dict(amp_recover)

        logger.info("***** Recover scheduler: %d *****", recover_step)
        scheduler_recover = torch.load(os.path.join(
            args.output_dir, "sched.{0}.bin".format(recover_step)), map_location='cpu')
        scheduler.load_state_dict(scheduler_recover)

    logger.info("***** CUDA.empty_cache() *****")
    torch.cuda.empty_cache()

    if args.do_train:
        logger.info("***** Running training *****")
        logger.info("  Batch size = %d", args.train_batch_size)
        logger.info("  Num steps = %d", t_total)

        model.train()
        if recover_step:
            start_epoch = recover_step + 1
        else:
            start_epoch = 1
        tr_loss, logging_loss = 0.0, 0.0
        for i_epoch in trange(start_epoch, int(args.num_train_epochs) + 1, desc="Epoch",
                        disable=args.local_rank not in (-1, 0)):
            if args.local_rank != -1:
                train_sampler.set_epoch(i_epoch)
```

```
        iter_bar = tqdm(train_dataloader, desc='Iter (loss=X.XXX)',
                        disable=args.local_rank not in (-1, 0))
        for step, batch in enumerate(iter_bar):
            batch = [
                t.to(device) if t is not None else None for t in batch]
            input_ids, segment_ids, input_mask, lm_label_ids, masked_pos,
masked_weights, _ = batch
            masked_lm_loss = model(input_ids, segment_ids, input_mask, lm_label_ids,
                                   masked_pos=masked_pos, masked_weights=masked_
weights)
            if n_gpu > 1:
                masked_lm_loss = masked_lm_loss.mean()
            loss = masked_lm_loss
            tr_loss += loss.item()
            iter_bar.set_description('Iter (loss=%5.3f)' % loss.item())
            if args.gradient_accumulation_steps > 1:
                loss = loss / args.gradient_accumulation_steps
            if args.fp16:
                with amp.scale_loss(loss, optimizer) as scaled_loss:
                    scaled_loss.backward()
                torch.nn.utils.clip_grad_norm_(
                    amp.master_params(optimizer), args.max_grad_norm)
            else:
                loss.backward()
                torch.nn.utils.clip_grad_norm_(
                    model.parameters(), args.max_grad_norm)

            if (step + 1) % args.gradient_accumulation_steps == 0:
                optimizer.step()
                scheduler.step()
                optimizer.zero_grad()
                global_step += 1
                if args.logging_steps > 0 and global_step % args.logging_steps == 0:
                    tb_writer.add_scalar("lr", scheduler.get_lr()[0], global_step)
                    tb_writer.add_scalar("loss", (tr_loss - logging_loss) /
args.logging_steps, global_step)
                    logging_loss = tr_loss

        if (args.local_rank == -1 or torch.distributed.get_rank() == 0):
            logger.info("** ** * Saving fine-tuned model and optimizer ** ** * ")
            model_to_save = model.module if hasattr(model, 'module') else model
            output_model_file = os.path.join(args.output_dir, "model.{0}.bin".
format(i_epoch))
            torch.save(model_to_save.state_dict(), output_model_file)
            output_optim_file = os.path.join(args.output_dir, "optim.{0}.bin".
format(i_epoch))
            torch.save(optimizer.state_dict(), output_optim_file)
```

```
            if args.fp16:
                output_amp_file = os.path.join(args.output_dir, "amp.{0}.bin".
format(i_epoch))
                torch.save(amp.state_dict(), output_amp_file)
            output_sched_file = os.path.join(args.output_dir, "sched.{0}.bin".
format(i_epoch))
            torch.save(scheduler.state_dict(), output_sched_file)
            logger.info("***** CUDA.empty_cache() *****")
            torch.cuda.empty_cache()


if __name__ == "__main__":
    main()
```

然后执行如下命令完成模型训练：

```
nohup python3 -u run_train.py --data_dir data/
                              --src_file kuakua_data.json
                              --model_type unilm
                              --model_name_or_path unilm_model/
                              --output_dir kuakua_robot_model/
                              --max_seq_length 128
                              --max_position_embeddings 512
                              --do_train
                              --do_lower_case
                              --train_batch_size 32
                              --learning_rate 2e-5
                              --logging_steps 100
                              --num_train_epochs 10 > log.log 2>&1 &
```

模型训练好之后，保存在 kuakua_robot_model 路径中，可以直接调用该模型，对于用户输入的文本，生成相应的回复内容。

11.3.5 效果展示

接下来调用训练好的模型，具体如代码 11.6 所示。

代码 11.6 调用 UniLM 模型生成回复内容

```
#!/usr/bin/env python
# _*_ coding:utf-8 _*_
import torch
import torch.nn.functional as F
from tokenization_unilm import UnilmTokenizer
from modeling_unilm import UnilmForSeq2SeqDecodeSample, UnilmConfig
import copy
import os
import argparse
```

```
import re
from dirty_recognize import dirty_reg


def remove_dirty_sentence(dirty_obj, sentence):
    # 去除敏感词
    if len(dirty_obj.match(sentence)) == 0:
        return False
    else:
        return True


def remove_multi_symbol(text):
    # 去除多种字符
    r = re.compile(r'([.,，/\\#!！？?。$%^&*;；:：{}=_`´︵~（）()-])[.,，/\\#!！？?。
$%^&*;；:：{}=_`´︵~（）()-]+')
    text = r.sub(r'\1', text)
    return text


def top_k_top_p_filtering(logits, top_k=0, top_p=0.0, filter_value=-float('Inf')):
    # 生成 topK
    assert logits.dim() == 1
    top_k = min(top_k, logits.size(-1))
    if top_k > 0:
        indices_to_remove = logits < torch.topk(logits, top_k)[0][..., -1, None]
        logits[indices_to_remove] = filter_value
    if top_p > 0.0:
        sorted_logits, sorted_indices = torch.sort(logits, descending=True)
        cumulative_probs = torch.cumsum(F.softmax(sorted_logits, dim=-1), dim=-1)
        sorted_indices_to_remove = cumulative_probs > top_p
        sorted_indices_to_remove[..., 1:] = sorted_indices_to_remove[..., :-1].clone()
        sorted_indices_to_remove[..., 0] = 0
        indices_to_remove = sorted_indices[sorted_indices_to_remove]
        logits[indices_to_remove] = filter_value
    return logits


def main():
    # 参数解析
    parser = argparse.ArgumentParser()
    parser.add_argument('--device', default='0', type=str, help='生成设备')
    parser.add_argument('--topk', default=3, type=int, help='取前 k 个词')
    parser.add_argument('--topp', default=0.95, type=float, help='取超过 p 的词')
    parser.add_argument('--dirty_path', default='data/dirty_words.txt',
type=str, help='敏感词库')
    parser.add_argument('--model_name_or_path', default='kuakua_robot_model/',
```

```
type=str, help='模型路径')
    parser.add_argument('--repetition_penalty', default=1.2, type=float, help=
"重复词的惩罚项")
    parser.add_argument('--max_len', type=int, default=32, help='生成的对话的最大长度')
    parser.add_argument('--no_cuda', type=bool, default=False, help='是否使用 GPU
进行预测')

    args = parser.parse_args()
    args.cuda = torch.cuda.is_available() and not args.no_cuda
    device = 'cuda' if args.cuda else 'cpu'
    os.environ['CUDA_DEVICE_ORDER'] = 'PCI_BUS_ID'
    os.environ["CUDA_VISIBLE_DEVICES"] = args.device
    config = UnilmConfig.from_pretrained(args.model_name_or_path, max_position_
embeddings=512)
    tokenizer = UnilmTokenizer.from_pretrained(args.model_name_or_path, do_lower_
case=False)
    model = UnilmForSeq2SeqDecodeSample.from_pretrained(args.model_name_or_path,
config=config)
    model.to(device)
    model.eval()
    print('KuaKua Bot Starting')
    dirty_obj = dirty_reg(args.dirty_path)
    while True:
        try:
            text = input("用户：")
            if remove_dirty_sentence(dirty_obj, text):
                print("“夸夸”机器人：" + "换个话题聊聊吧。")
                continue
            input_ids = tokenizer.encode(text)
            token_type_ids = [4] * len(input_ids)
            generated = []
            for _ in range(args.max_len):
                curr_input_ids = copy.deepcopy(input_ids)
                curr_input_ids.append(tokenizer.mask_token_id)
                curr_input_tensor = torch.tensor(curr_input_ids).long().
to(device).view([1, -1])
                curr_token_type_ids = copy.deepcopy(token_type_ids)
                curr_token_type_ids.extend([5])
                curr_token_type_ids = torch.tensor(curr_token_type_ids).long().
to(device).view([1, -1])
                outputs = model(input_ids=curr_input_tensor, token_type_ids=curr_
token_type_ids, attention_mask=None)
                next_token_logits = outputs[-1, -1, :]
                for id in set(generated):
                    next_token_logits[id] /= args.repetition_penalty
                next_token_logits[tokenizer.convert_tokens_to_ids('[UNK]')] =
 -float('Inf')
```

```
            filtered_logits = top_k_top_p_filtering(next_token_logits, top_k=
args.topk, top_p=args.topp)
            next_token = torch.multinomial(F.softmax(filtered_logits, dim=-1),
num_samples=1)
            if next_token == tokenizer.sep_token_id:  # 遇到[SEP]则表明生成结束
                break
            generated.append(next_token.item())
            input_ids.append(next_token.item())
            token_type_ids.extend([5])
        text = tokenizer.convert_ids_to_tokens(generated)
        text = remove_multi_symbol("".join(text))
        if remove_dirty_sentence(dirty_obj, text):
            print("“夸夸”机器人：" + "我要想一想。")
        else:
            print("“夸夸”机器人：" + text)
    except:
        print("“夸夸”机器人：" + "我没听懂，可以再说一遍吗？")


if __name__ == "__main__":
    main()
```

然后通过执行如下命令，启动该项目并与用户开始闲聊：

```
python3 interactive_conditional_samples.py --device 0 --topk 3 --topp 0.95 --
dirty_path data/dirty_words.txt --model_name_or_path kuakua_robot_model/ --
repetition_penalty 1.2 --max_len 32 --no_cuda False
```

与用户进行闲聊的示例如下。

示例1：

```
用户：马上要考试了好紧张啊
“夸夸”机器人：紧张说明你进步空间很大哦！加油
用户：工作压力好大啊，快坚持不住了，快来安慰我。
“夸夸”机器人：压力越大，说明你有很强的执行能力和自控力。加油！你是最棒的
用户：谢谢
“夸夸”机器人：你也是个可爱的人儿
```

示例2：

```
用户：今天天气真好，要一起出去玩吗？
“夸夸”机器人：哈哈，我也想这样
用户：你有什么兴趣爱好吗
“夸夸”机器人：你有什么兴趣爱好，想跟我聊聊
用户：周末想去吃火锅但是我想减肥怎么办呢
“夸夸”机器人：想吃火锅就去做自己想要的事情！你真是太棒了！我也想减肥呢！一起呀！
```

示例3：

用户：我喜欢你
“夸夸”机器人：我也喜欢你
用户：你真可爱
“夸夸”机器人：我也是这样觉得，不过还是要加油哦。

除了上面使用的 UniLM 模型，根据用户输入的语句自动生成回复内容，读者也可以尝试使用其他模型，如 RNN、GPT2、BERT 等。

第 12 章

聊天机器人的发展展望

通过前面的学习，我们已经掌握了主要的聊天机器人原理，并通过实际项目实现了几种典型场景下的聊天机器人，如问答型聊天机器人、任务导向型的聊天机器人以及闲聊机器人。

在本书的最后，我们将介绍当前学术界及工业界在聊天机器人领域的前沿研究进展及产品落地情况。当前聊天机器人在学术界的前沿研究热点主要集中在以下几个领域：深度学习与聊天机器人的结合，强化学习与聊天机器人的结合以及知识图谱与聊天机器人的结合，此外还有一些其他方面的探索与尝试。例如，聊天机器人中自然语言理解部分结合小样本学习，通过很少的训练样本数据即可达到较高的自然语言理解效果等。

本章主要涉及的知识点如下：

- 深度学习与聊天机器人。
- 强化学习与聊天机器人。
- 知识图谱与聊天机器人。

12.1　深度学习与聊天机器人

首先介绍聊天机器人在深度学习领域的进展。深度学习的概念源于科研人员对人工神经网络的研究，该领域也属于机器学习的子领域，通过使用深度神经网络对数据实现建模的一种方法，不同于机器学习需要对数据进行特征工程的操作，深度学习将神经网络当作一个“黑盒”，直接对数据进行建模，通过大量数据对模型进行训练，进而实现对样本的预测和分类。

12.1.1　预训练模型

深度神经网络具有强大的特征抽取及特征表征能力，尤其是随着预训练模型（pre-trained language models）的快速发展，当前深度学习技术在自然语言处理领域中的发展取得了令人瞩目的成就。其中最典型的代表就是 2018 年谷歌公司推出的预训练模型 BERT，在多种自然语言处理任务上的表现均刷新了以往最优方法的纪录。如图 12.1 所示为 BERT 核心模块 Transformer 结构图。

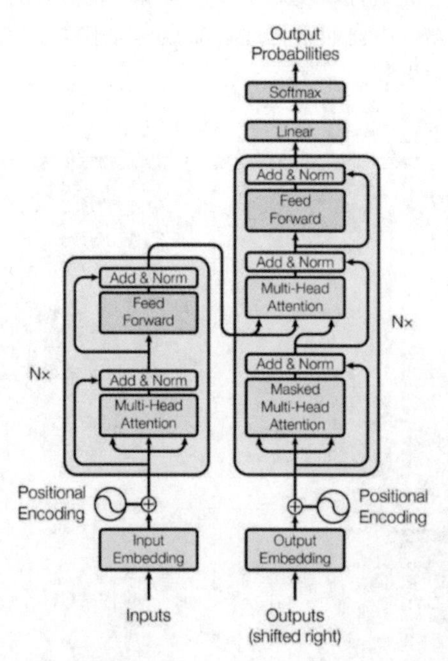

图 12.1　BERT 核心模块 Transforme 结构图

由于其出色的表现，特别是在自然语言文本的潜在语义理解方面，这种基于大型文本语料库而训练的模型，使 BERT 在聊天机器人的自然语言理解模块上有了很好的表现，极大地提升了聊天机器人的对话理解能力。

在聊天机器人中，自然语言理解模块是最重要的核心模块，该模块需要对用户的自然语言输入进行解析理解与分析，最终准确理解用户的意图，并对语句中的实体信息进行有效识别。随着预训练模型的发展，特别是结合注意力机制的使用，自然语言理解模块在对用户输入的自然语言语句进行语义层级及更深层次的分析与理解的能力有了极大的提升。

同时，随着深度学习的发展，在对用户输入的自然语言语句中的实体信息识别的准确度也有了极大的提升。实体信息识别属于自然语言处理领域中的命名实体识别（named entity recognition，NER）任务，主要是对文本中具有特定意义的实体（如人名、地名、机构名、专有名词等）进行识别，如图 12.2 所示为一个命名实体识别的例子，通过识别后可以识别文本中的“地点”信息为 Berlin，“时间”信息为 winter。

对于命名实体识别任务，早期的解决方法一般采用基于规则和字典的方式，这种方法往往需要具有专业知识的相关专家，如需要语言学专家手工构造规则模板，且依赖一定的知识库和词典信息来完成，这就需要耗费很多的人力、物力，且准确度和效率都比较低。

为了提升命名实体识别的效率，在基于神经网络的方法提出之前，传统解决方法是基于统计机器学习方法，主要包括隐马尔可夫模型（hidden markov model，HMM）、最大熵模型（maxmium entropy model，MEMM）、支持向量机（support vector machine，SVM）、条件随机场（conditional random fields，CRF）。

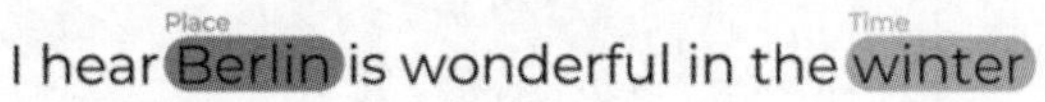

Place　　　　　　　　　　Time
I hear Berlin is wonderful in the winter

图 12.2　命名实体识别

随着神经网络的发展，神经网络在命名实体识别任务中有了更广泛的使用，如卷积网络与条件随机场的结合（CNN-CRF）、循环神经网络与条件随机场的结合（RNN-CRF）以及长短期记忆网络与条件随机场的结合（BiLSTM-CRF），如图 12.3 所示。

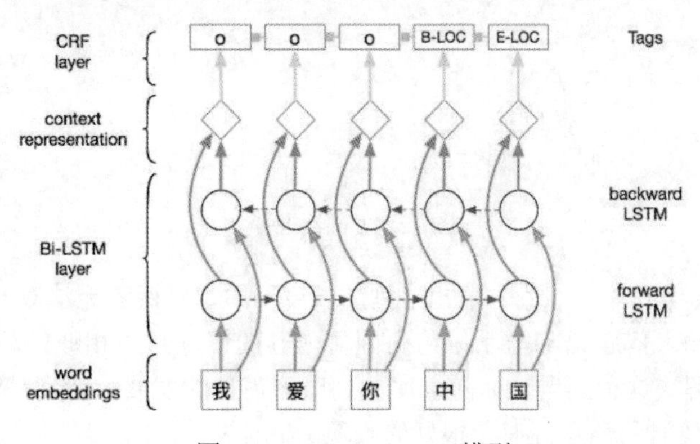

图 12.3　BiLSTM-CRF 模型

近期随着注意力模型、迁移学习、半监督学习在命名实体识别上的应用，命名实体识别的效率及准确度都取得了极大的提升。

12.1.2　序列到序列模型

深度学习在聊天机器人中的另一个研究热点是序列到序列模型（sequence to sequence，Seq2Seq），该模型是一种属于编码器—解码器（encoder-decoder）结构的模型。如图 12.4 所示为一个典型的编码器—解码器结构。

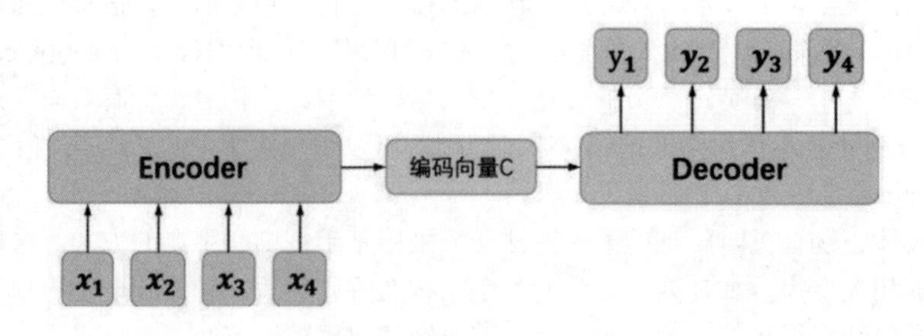

图 12.4　编码器—解码器模型

编码器—解码器结构的思路是将输入通过编码器进行编码，将其表示到一个高维向量空间，然后通过解码器将其表示为输出向量所需要的格式。这种方法典型的应用场景便是自然语言处理领域中的机器翻译任务。机器翻译主要是将源语言的输入“翻译”为目标语言。如图 12.5 所示为机器翻译的示例，是将中文翻译为英文。

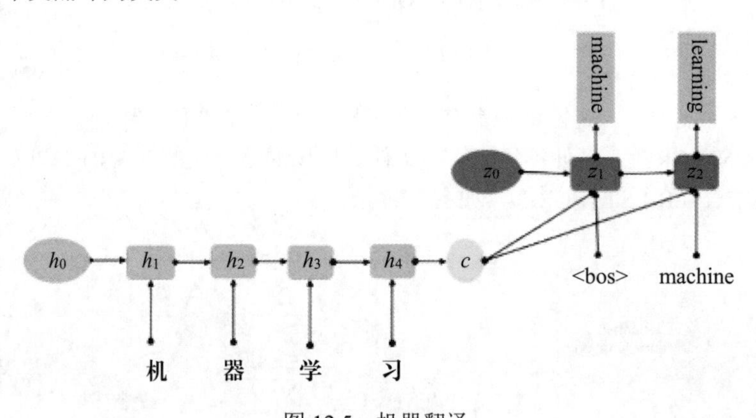

图 12.5　机器翻译

机器翻译中经常会遇到输入序列与输出序列的长度不固定且两者无法对齐的情况，这种情况与聊天机器人中的用户输入问题语句与系统给出回复内容的情况是很相似的。传统的循环神经网络（RNN）无法很好地解决这种问题，而随着序列到序列模型的发展，特别是注意力机制（attention mechanism）的引入，这种思路已经有了很好的表现。

当前在聊天机器人的应用中，比较成熟的思路是在任务型对话系统中根据对话状态控制模块与对话策略学习模块来生成相应的回复内容。当前已经有很多研究工作，基于用户的输入作为模型的输入数据，而将系统的回复内容作为模型的输出数据来训练模型。相较于原来的管道式模型（pipeline model）、端到端模型（End2End model）将会受到更多的关注。如图 12.6 所示为一个端到端的聊天机器人结构。

图 12.6　端到端聊天机器人

12.2　强化学习与聊天机器人

虽然深度学习在聊天机器人的效果提升上取得了很大的突破，但是对于大规模聊天机器人的实践，神经网络仍有很大的限制，如需要大量的模型训练数据，模型生成的回复内容在多样性上很欠缺，且容易陷入死循环的效果。针对这个问题，当前学术界和工业界的主流方法是引入强化学习的概念。

强化学习（reinforcement learning，RL）是 Minsky 在 1954 年提出的概念，于 2016 年 Alpha Go 战胜世界围棋冠军李世石后被广泛熟知。强化学习是一种介于监督学习与非监督学习的一种方式，其基本原理是在大量数据的基础上不断试错迭代、反复训练，并达到自我学习的过程。如图 12.7 所示为强化学习的示例。

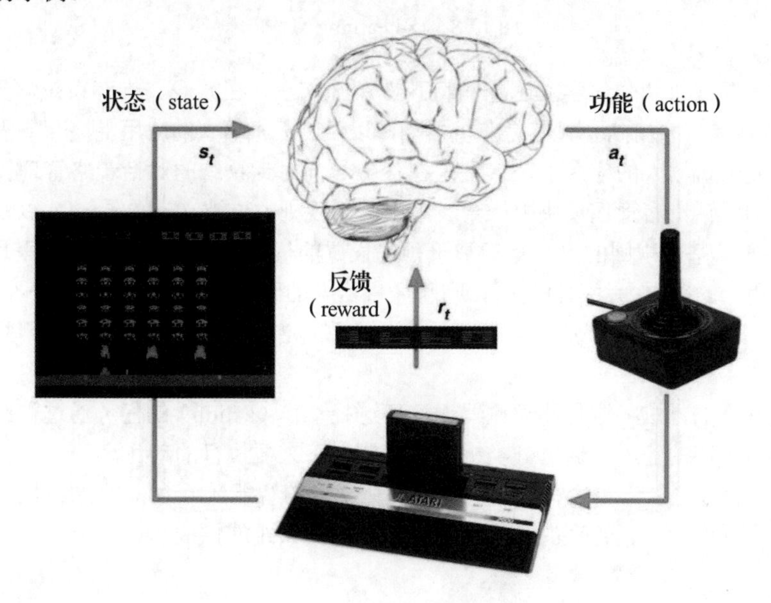

图 12.7　强化学习示例

在玩游戏的过程中，游戏参与者与游戏环境之间不断进行交互，这个交互过程也是一个不断试错的过程，对于游戏中遇到的不同状态（state），游戏参与者会采取不同的动作（action），而游戏环境对于游戏参与者的不同动作会有不同的反馈，一般用 reward 来描述。例如，当游戏参与者完成某一项游戏任务时，那么游戏环境会给予游戏参与者一个“正向”的反馈；反之，如果游戏参与者没有完成任务，则给予一个“负向”的反馈。经过不断尝试与试错，最终该系统会自动学会如何玩游戏。

强化学习是机器学习中的子领域，通过有机体与环境进行交互，在环境给予奖励或者惩罚的刺激下，逐步修正自己的行动，产生能获得最大利益的习惯性行为。这种封闭的学习过程，使模型的优化并不需要额外的指导和标注数据，整个学习过程可以在一个时间序列中完成，在这个时间序列的每个节点，我们不需要去告诉模型应该采取哪种动作，而是让模型自己去尝试，最终通过环境给予的奖励或惩罚来修正模型。在不断的尝试中，模型会学习到采取哪种动作才能获得最终的高收益。

1989 年，Watkins 提出了经典的强化学习算法 Q-Learning（见图 12.8），在此之前，强化学习一直都停留在理论阶段。

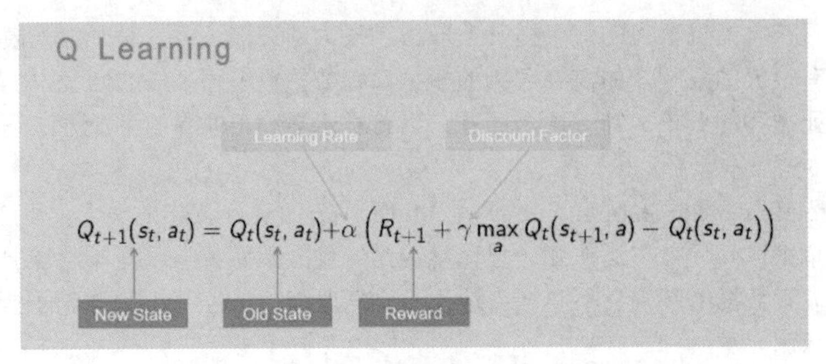

图 12.8　Q-Learning 算法

随着算法的不断改进和强化学习思想的特殊性，强化学习在游戏、推荐系统、无人驾驶、NLP 等方向也展现了很好的发展前景，尤其是在机器翻译以及聊天机器人的应用上，并取得了一定的成果。

强化学习在聊天机器人的应用上，特别是在任务导向对话系统的对话策略管理模块中，有很好的表现，在原来的对话策略管理模块中，一般采用基于规则的方法（rule-based）以及基于神经网络的方法（NN-based）。基于规则的方法是指基于预先设置的规则来决定聊天机器人采用哪种行为。例如，我们规定当用户的输入为“问好”时，则聊天机器人的回复同样应该是“问好”。当用户输入的信息已经填充了部分信息槽时，那么策略管理模块需要决定接下来系统优先询问哪些尚未填充的模块。

而基于神经网络的方法将这种聊天机器人如何选择动作（action）的任务通过神经网络转换为一个分类问题，针对不同的输入，通过分类模型来预测接下来要执行的动作。

结合强化学习后，可以让对话策略模块担任强化学习的智能体（agent），通过用户和对话系统的多轮对话交互，自动学习对话管理的策略，最终提高对话系统的性能。

12.3　知识图谱与聊天机器人

聊天机器人的另一个前沿热点是聊天机器人与知识图谱的结合。知识图谱是 2012 年由谷歌提出的，为了更加准确地实现语义搜索，解决原有的基于关键字搜索无法理解字符串语义内容的局限性，知识图谱的目标是描述真实世界中存在的各种实体以及它们之间的关系。如图 12.9 所示为一个知识图谱的典型例子。

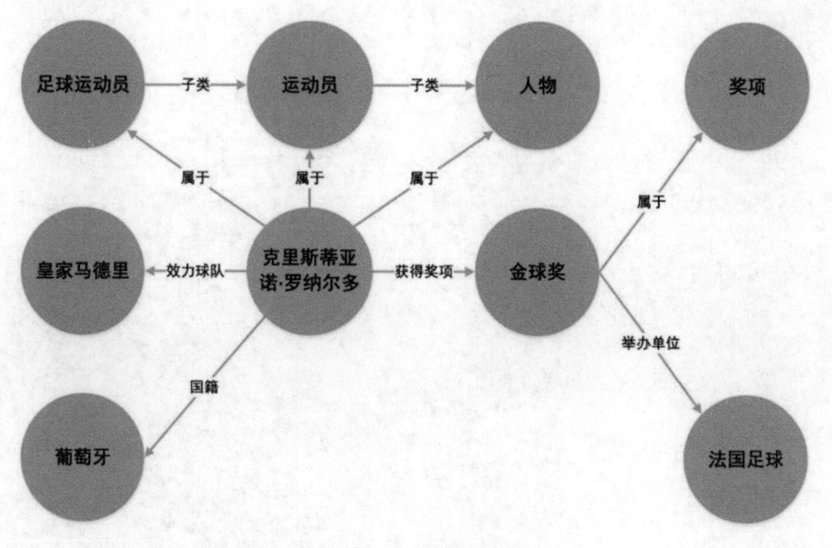

图 12.9　知识图谱示例

在知识图谱中，一般采用三元组的方式表示知识，如"姚明出生于上海"，用三元组表示为（姚明,出生地,上海），这里"出生地"即"姚明"和"上海"这两个实体之间的实体关系。

当前将知识图谱结合在问答系统中，可以很好地提高问答系统的性能。

在聊天机器人中，一般将知识图谱构建的知识库作为外部数据库，将用户的问题描述为知识图谱可以理解的查询语句后，可以直接通过对知识图谱的查询实现聊天机器人的推理问答等功能。

以上是聊天机器人当前的主要研究热点。

聊天机器人当前处于蓬勃发展的阶段，各种各样的理论及产品不断生根发芽，值得人们去不断探索。